本书由2018年广东省促进经济发展专项资金（海洋经济发展用途）的“粤港澳大湾区海洋经济发展战略与机制创新研究”项目（项目编号：GDME－2018E006）以及粤港澳发展研究院资助

中山大学粤港澳发展研究院

中山大学港澳珠江三角洲研究中心

中山大学粤港澳
研究丛书

粤港澳大湾区海洋经济发展制度创新研究

袁持平　陈静　等◎著

中国社会科学出版社

图书在版编目（CIP）数据

粤港澳大湾区海洋经济发展制度创新研究/袁持平等著．—北京：中国社会科学出版社，2022.7

（中山大学粤港澳研究丛书）

ISBN 978-7-5227-0325-1

Ⅰ.①粤… Ⅱ.①袁… Ⅲ.①海洋经济—区域经济发展—制度建设—研究—广东、香港、澳门 Ⅳ.①P74

中国版本图书馆 CIP 数据核字（2022）第 101840 号

出 版 人 赵剑英
责任编辑 喻 苗
责任校对 胡新芳
责任印制 王 超

出 版 中国社会科学出版社
社 址 北京鼓楼西大街甲 158 号
邮 编 100720
网 址 http://www.csspw.cn
发 行 部 010-84083685
门 市 部 010-84029450
经 销 新华书店及其他书店

印 刷 北京明恒达印务有限公司
装 订 廊坊市广阳区广增装订厂
版 次 2022 年 7 月第 1 版
印 次 2022 年 7 月第 1 次印刷

开 本 710×1000 1/16
印 张 20
字 数 261 千字
定 价 108.00 元

“粤港澳大湾区海洋经济发展战略与机制创新研究”课题组成员

负责人 袁持平 陈 静

成 员 （按字母顺序排列）

陈汉青 李晨辉 李杏筠 罗雨茵

孙莹莹 杨继超 原 峰

目　　录

第二编　研究基础与模型构建

第三编　粤港澳大湾区海洋经济发展的系统动力学分析

第四编　海洋创新发展实证分析及政策建议

前　言

海洋是我国经济社会发展的重要战略空间，是孕育新产业、引领新增长的重要领域。粤港澳大湾区具有天然的港湾优势，凭借优越的地理位置，在过去的几十年里发展成为“世界第四大湾区”，其中海洋的地位和作用不言而喻。粤港澳大湾区过去粗放的发展已呈现疲态，产业结构亟须转型，与已然成熟的陆地产业相比，相对稚嫩的海洋产业如何升级无疑是大湾区未来发展的重要议题。然而，粤港澳特殊的制度背景迫使三地在协同发展的沟通和合作层面面临更大阻碍。遗憾的是，目前国内在此方面的研究并不多，涉及粤港澳大湾区海洋经济及制度的文献更少。因此，本书从粤港澳大湾区既有制度的角度出发，基于系统动力学模型及实证分析，对粤港澳大湾区海洋经济的现状和未来发展进行分析，对本地未来海洋经济发展提出思考。

本书主要研究粤港澳大湾区海洋经济发展制度创新问题，全书以“认识问题—分析问题—解决问题”的总体思路行文，主要包括粤港澳大湾区海洋经济制度创新的内涵、文献回顾、世界湾区发展海洋经济的制度创新经验、粤港澳大湾区海洋经济发展的系统动力学分析、全国海洋创新发展实证分析以及粤港澳大湾区海洋经济发展总体制度创新政策建议共四编十三章。

第一编为粤港澳大湾区海洋经济制度创新的内涵，该部分主要对所研究的问题进行分析。本编从自然环境、海洋经济总量结构、海洋科技水平、主要城市海洋经济发展现状及基础设施等几个方面对粤港澳大湾区海洋经济发展现状进行介绍，从整体层面提出粤港澳大湾区海洋经济现存问题。

第二编叙述了本书的研究基础和建模思路。文献综述主要为本文后续实证及逻辑体系的构建提供支撑，包括现有粤港澳大湾区海洋经济研究和系统动力学研究两方面。第一部分厘清学者对于海洋经济发展的观点对研究海洋产业创新水平的影响因素及创新的空间溢出效应的文献进行梳理；第二部分对既有的系统动力学在经济学中的应用进行梳理，为本书系统动力学系统的建立提供基础。本书对发达国家的海洋经济管理经验进行借鉴，主要从海洋管理制度、法规体系、财政支持、金融支持、人才支持几个方面进行梳理，从而构建出包含海洋经济子系统、海洋经济一体化子系统、海洋生态子系统和海洋科技子系统的粤港澳大湾区海洋经济发展的系统动力学模型。

第三编为粤港澳大湾区海洋经济发展的系统动力学分析。该编以海洋金融、一体化发展、海洋科技、海洋生态等热点问题为立足点，建立了系统动力学模型，并从目前海洋经济的热点问题入手，建立了经济、经济一体化、生态及科技等四个子系统，对粤港澳大湾区海洋经济重点领域的制度创新进行分析并提出建议。其中经济子系统通过建模实现了反事实实证分析，而另外三个系统则形成思想层面的逻辑分析框架。

第四编是海洋创新发展实证分析及政策建议。由于海洋科技的发展具有重要意义，本编对海洋科技发展做进一步实证分析。利用2006—2016年中国11个沿海地区（不含港澳台）的面板数据，基于地理距离和经济距离构建空间权重矩阵，采用空间杜宾模型（SDM），对中国11个沿海地区（不含港澳台）海洋产业的创新力水平的空间差异性进行分析。最后，基于模型的分析结果，对粤港澳大湾区海洋产业创新水平提升提出相应的政策建议。

第　一　编

粤港澳大湾区海洋经济制度创新的内涵

海洋经济向来在经济发展中占据着相当重要的地位。改革开放四十多年来，我国经济飞速发展，创下不少“中国奇迹”，而其中广东省、江苏省、山东省、浙江省、上海直辖市等东部沿海地区更是中国经济发展的领头羊。海洋对这些地区的影响是多层次的，临海赋予地区成本最低廉的运输方式——海运，从而有效降低企业运输成本。更重要的是，临海意味着更频繁的对外贸易往来和更开放的国际市场，外来人口引起劳动力结构变动，入境企业带来国际竞争，从而形成更高层次的对外开放程度和更成熟的市场竞争机制。可见，海洋与地区经济的互动不仅停留在经济层面，还会深入制度层面，影响区域经济发展格局。

海洋与我们的生活息息相关，是人类社会发展的重要资源和物质载体。从经济学角度来看，海洋与海洋资源总是联系在一起的，提升海洋利用的生态、经济和社会效益，实现海洋资源可持续利用，优化海洋产业结构，是经济学重点关注和研究的问题。海洋经济一般包括为开发海洋资源和依赖海洋空间而进行的生产活动，以及直接或间接开发海洋资源及空间的相关产业活动，由这样一些产业活动形成的经济集合均被视为现代海洋经济范畴。海洋产业是指开发、利用和保护海洋所进行的各类生产和服务活动，主要分为海洋一、二、三产业。本书根据粤港澳大湾区海洋经济的发展情况，进一步对海洋产业进行区分：传统海洋产业、海洋新兴产业、海洋服务业、高端临海产业。

我国海洋经济的发展由来已久，随着海洋强国战略、“一带一路”倡议的相继提出，海洋经济日益被重视。从国家层面看，我国海洋经济增速与总体经济一致，且海洋产值占比稳步提升，呈现良好发展态势。作为海洋大省，广东海洋经济独占鳌头，年度海洋产值总值约占全国海洋生产总值的五分之一，可见粤港澳大湾区的建设拥有雄厚的海洋经济基础。在国家经济面临转型的大背景下，粤港澳大湾区的海洋经济也面临产业结构升级等问题，临海地区需要更高效合理的资源配置，制约经济发展的制度亟须创新。

第一章　全国海洋经济发展现状

我国是海洋大国，海洋经济对国民经济的支撑作用越来越突出。我国海洋经济发展也较快，除2020年受到新冠肺炎疫情影响外，近年来海洋产业创造的产值总量持续上升。2019年全国海洋生产总值为89415亿元，比上年增长6.2%，海洋生产总值占国内生产总值的比重为9.0%，占沿海地区生产总值的比重为17.1%。其中，海洋第一产业增加值3729亿元，第二产业增加值31987亿元，第三产业增加值53700亿元，分别占海洋生产总值比重的4.2%、35.8%和60.0%。从我国未来发展趋势看，海洋经济将长期具有增长快、效益好、市场占有率高、产业关联性大等特点，对保障国家安全、缓解资源和环境的瓶颈制约、拓展国民经济和社会发展空间具有重要作用。

第一节　海洋规模分析

整体来看，2011年后我国海洋生产总值持续稳步上升，但由于新冠肺炎疫情影响，2020年海洋生产总值为8万亿元，比2019年减少了9405亿元。近10年来，我国海洋经济发展比较稳定，生产总值的增速基本维持在6%—9%，具体情况如图1－1所示。

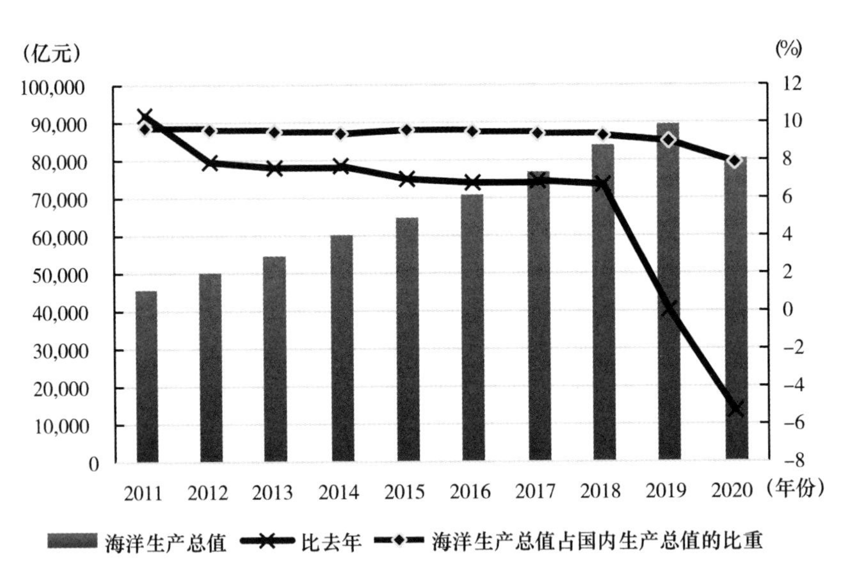

图 1－1 2011—2020 年全国海洋生产总值状况

数据来源：国家海洋局。

分区域来看，我国的海洋经济发展主要依赖三大海洋经济圈：北部海洋经济圈、东部海洋经济圈和南部海洋经济圈，[①] 图 1－2 显示，2012 年以来粤港澳大湾区所在的南部海洋经济圈生产总值占全国海洋生产总值的比重逐年上升，2019 年占比高达 40.8%，远高于北部海洋经济圈的 29.5% 和东部海洋经济圈的 29.7%。

全国沿海地区的海洋产值从 2006 年至 2016 年几乎都增长了三倍左右。具体产值额度如表 1－1 所示。全国海洋产值的区域格局变化较小，2006 年我国海洋产值最高的地区依次为广东、上海、山东，十年后福建跻身前三甲，上海位列第四，广东和山东则以万亿元产值位居第一、第二。

① 北部海洋经济圈指由辽东半岛、渤海湾和山东半岛沿岸地区所组成的经济区域，主要包括辽宁省、河北省、天津市和山东省的海域与陆域；东部海洋经济圈指由长江三角洲的沿岸地区所组成的经济区域，主要包括江苏省、上海市和浙江省的海域与陆域；南部海洋经济圈指由福建、珠江口及其两翼、北部湾、海南岛沿岸地区所组成的经济区域，主要包括福建省、广东省、广西壮族自治区和海南省的海域与陆域。

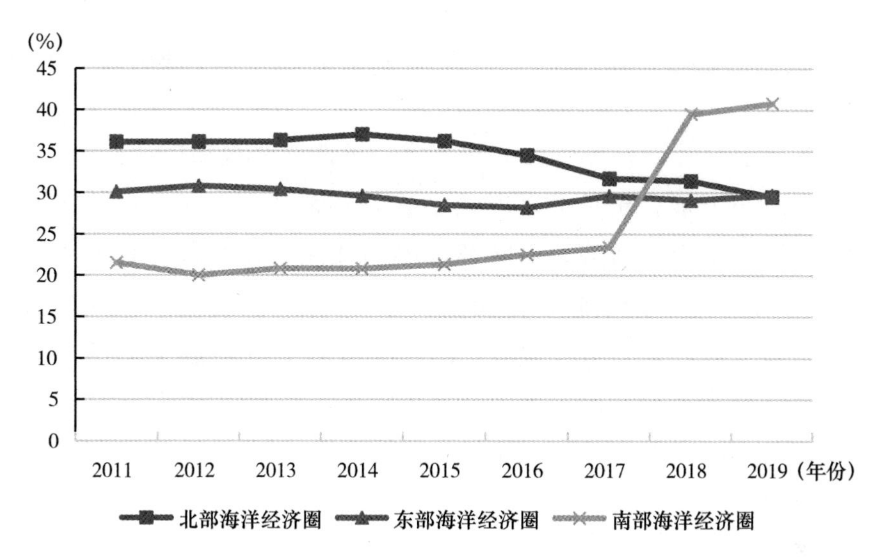

图 1－2　海洋经济圈生产总值占全国海洋生产总值的比重

数据来源：国家海洋局。

表 1－1　　2006 年和 2016 年各沿海城市的海洋产值

地区	海洋产业产值/亿元		年均增速/%
	2006 年	2016 年	
天津	1369.0	4045.8	10.8
河北	1092.1	1992.5	6.0
辽宁	1478.9	3338.3	8.1
上海	3988.2	7463.4	6.3
江苏	1287.0	6606.6	16.4
浙江	1856.5	6597.8	12.7
福建	1743.1	7999.7	15.2
山东	3679.3	13280.4	12.8
广东	4113.9	15968.4	13.6
广西	300.7	1251.0	14.3
海南	311.6	1149.7	13.1

说明：本书的图表数据来源若无特别说明，均来自《国家海洋统计年鉴》。

数据来源：《国家海洋统计年鉴》。

2006年全国沿海地区海洋产值大致可分为四个梯队，其中，第一梯队包括广东、山东和上海；第二梯队包括浙江和福建；第三梯队包括辽宁、江苏、河北和天津；第四梯队包括广西和海南。经过十年的发展，相对于2006年，全国沿海地区海洋产值的格局变化较小，主要是河北、上海和江苏的变化较大。河北省十年间平均增速约为6.0%，海洋产值大约翻了一番，但是相对于其余沿海城市而言，增速相对较缓慢，因此也从第三梯队进入第四梯队。江苏省和上海地处长三角地区，属于中国经济版图中的热点区域。江苏省十年间增速迅猛，年均增速约为16.4%，进入第二梯队。而上海受自身区域面积和基数较高的限制，年均增速仅6.3%，进入第二梯队。

海洋经济是沿海地区的经济发展的重要组成成分。通过计算全国各沿海地区的海洋产值占GDP比重，发现海南、福建、上海、天津四地的地区海洋产值占比在五分之一以上，广东省和山东省的这一比值也接近五分之一。2016年，海南、福建、上海、天津、广东和山东的海洋产值占本地生产总值比重较大，比重区间为19.5%—28.4%。从海洋经济在本省经济当中的比重可以看出以上地区都属于海洋经济极为重要的省份。因此，海洋经济的发展在支撑地区经济的发展起着关键性的作用，并且海洋经济在促进区域发展的同时，也同时推动着全国的整体经济发展。从全国空间布局来看，2016年沿海各地区占全国沿海地区海洋产值的比重中占比最大的是广东，占比约为22.9%，其次是山东，占比约为19.1%。由此可以看出广东省在全国海洋经济当中的作用极为重要，粤港澳大湾区的海洋经济发展将促进全国海洋经济的提升，成为全国海洋经济和全国整体经济的重要增长极。

第二节 海洋产值结构

海洋产业结构有多重划分，本节首先从三大产业的角度对海洋产业结构进行划分。一般而言，海洋第一产业主要包括海洋渔业等，其生产效率较低，因此第一产业占比较高的海洋经济结构往往意味着较低的海洋经济发展水平，而较高的第二产业、尤其是第三产业占比，则往往对应着更高的海洋经济发展水平。

我国海洋三大产业占比由 2011 年的 5.1∶47.9∶47 变为 2020 年的 4.9∶33.4∶61.7，海洋经济体系“三、二、一”的发展格局不断巩固。2011—2019 年间，我国海洋三次产业的增加值整体呈上升趋势，其中第三产业增速最快，第一、第二产业次之。2020 年受到新冠肺炎疫情的影响，第二、第三产业增加值有所减少，具体如图 1－3 所示。

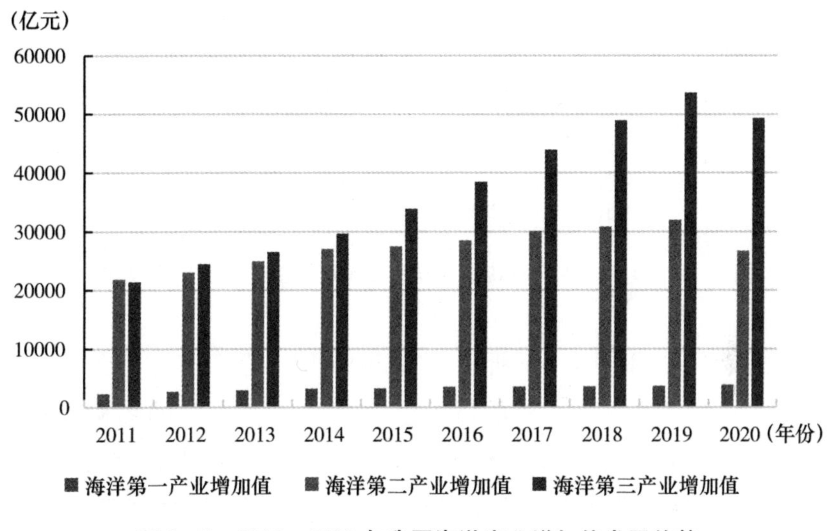

图 1－3　2011—2020 年我国海洋产业增加值发展趋势

此外，海洋产业也可以划分为传统海洋产业和新兴海洋产业。[①] 其中传统海洋产业增加值远大于新兴海洋产业增加值，如图

① 我国的传统海洋产业包括海洋渔业、海洋盐业、海洋矿业、海洋油气业、海洋交通运输业与滨海旅游业六大产业；新兴海洋产业包括海洋船舶业、海洋化工业、海洋工程建筑业、海水利用业、海洋生物医药业以及海洋电力业等六大产业。

1－4 所示，2012—2020 年间，无论是传统海洋产业还是新兴海洋产业，其增速波动均十分明显，特别是2020 年受到大环境的影响，传统海洋产业增加值在近十年中首次出现了负增长，新兴产业的波动则更大，近几年来呈现增长颓势。

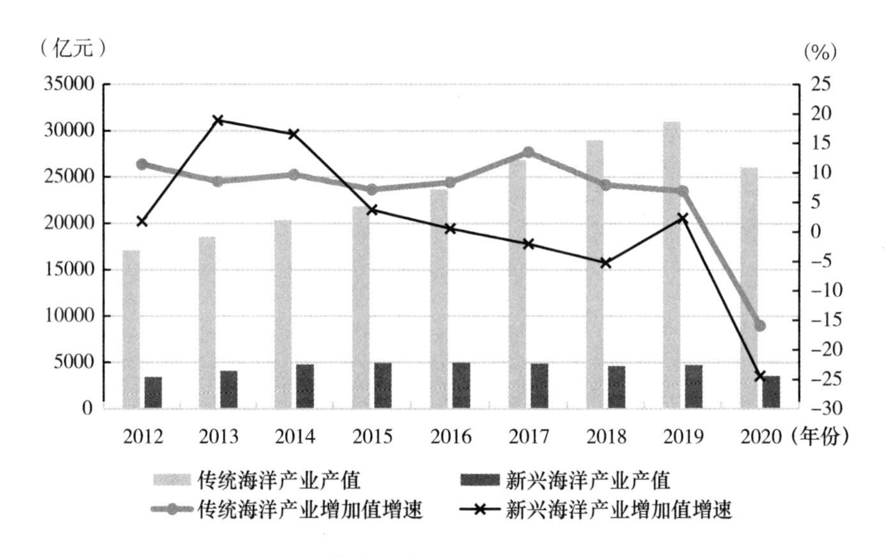

图 1－4 2012—2020 年传统海洋产业与新兴海洋产业产值及增速

如表 1－2 和图 1－5 所示，在 2016 年，除江苏省以外，全国沿海地区的海洋产业结构整体上已经从“二三一”的结构调整优化为“三二一”的结构，体现出我国海洋产业发展附加值不断提升，并且这样的产业结构意味着，目前中国的海洋产业已经成功从以工业为主导的重化工业阶段向以第三产业迅速崛起为标志的工业化后期阶段转变，这是我国海洋经济高质量发展要求的重要产业基础。

表 1-2　　2016 年我国各沿海地区海洋产业结构

地区	海洋第一产业产值/亿元	比重/%	海洋第二产业产值/亿元	比重/%	海洋第三产业产值/亿元	比重/%
天津	14.5	0.36	1838.6	45.44	2192.7	54.20
河北	88.6	4.45	738.6	37.07	1165.3	58.48
辽宁	424.9	12.72	1192.3	35.72	1721.1	51.56
上海	4.4	0.06	2571.1	34.45	4887.9	65.49
江苏	434.5	6.57	3290.6	49.81	2881.6	43.62
浙江	499.3	7.57	2292.6	34.75	3805.9	57.68
福建	584.5	7.31	2853.1	35.66	4562.1	57.03
山东	776.8	5.85	5730.7	43.15	6772.9	51.00
广东	273.8	1.72	6500.9	40.71	9193.8	57.57
广西	203.5	16.27	434.4	34.72	613.1	49.01
海南	266.1	23.14	223.8	19.47	659.8	57.39

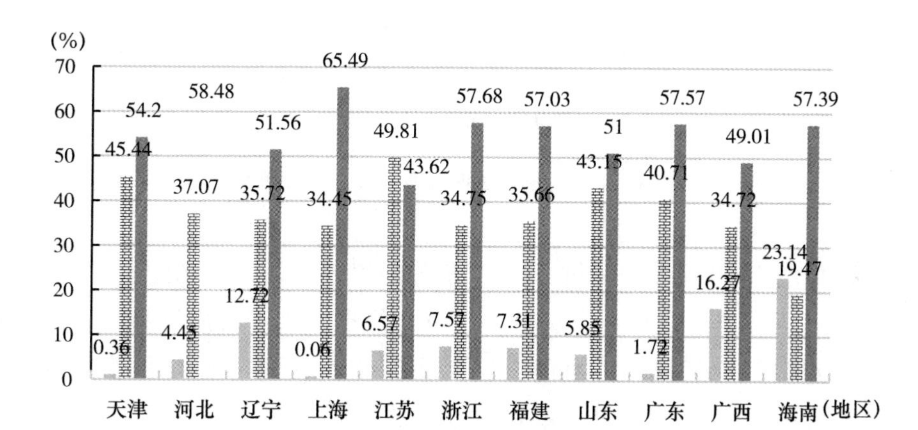

图 1-5　2016 年各地区海洋三产产值及结构

第三节　海洋科技发展

科技是第一生产力，地区海洋经济的长远发展离不开科技的投入以及科研技术人员的支持。整体而言，我国海洋科技从业人员的专业水平较高，其中广东省地区海洋科技从业人员的硕士、博士数量以及中高级职称研究人员的总量均仅次于北京地区，位居全国第二，体现出相对雄厚的人才支持和较大的发展潜力。

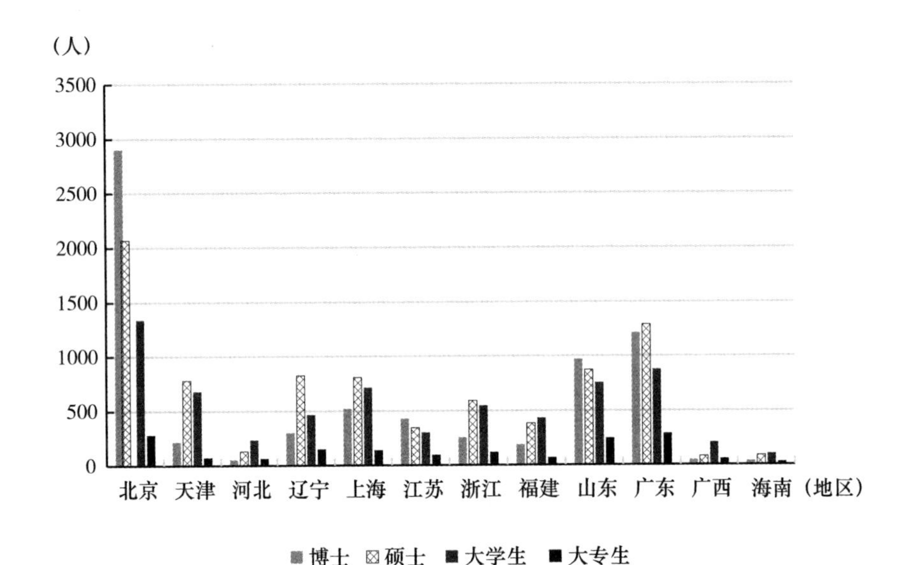

图 1－6　2016 年全国沿海地区海洋科技从业人员学历分布

如图 1－6 所示，除北京、山东等地以外，2016 年全国大部分沿海地区海洋科技从业人员的学历分布呈现以硕士为顶点的“倒 U 形”结构。这意味着，目前全国从事海洋科技的技术人员学历主要是以硕士居多，其次是本科和博士，其中大专学历的科技从业人员数量较少。目前而言，这样的学历分布也是符合我国的现有人才储备情况。值得注意的是，图中各学历人数的最大值都是由北京市贡献的，其中博士学历的海洋科技从业人员为 2904 人。而最小值主要是海南省的数据，其中博士学历的海洋科技从业人员为 11 人（见表 1－3）。严格来讲，北京并不属于沿海地区，但却聚集了大量海洋科技从业人员，可见沿海地区尚未倚仗沿海地域优势形成成熟的海洋产业研发运用体系。

表1－3　2016年全国沿海地区按学历和职称统计的海洋科技从业人员数

地区	海洋产业科研机构数/个	博士/人	硕士/人	本科/人	大专生/人	高级职称/人	中级职称/人	初级职称/人
北京	18	2904	2070	1340	283	3539	2081	719
天津	11	219	780	680	76	765	622	301
河北	5	55	132	236	67	278	176	26
辽宁	17	301	825	465	152	712	684	234
上海	11	520	808	714	141	913	824	383
江苏	8	429	346	303	97	746	336	149
浙江	19	257	592	546	121	626	513	253
福建	14	190	385	433	68	385	457	200
山东	20	970	872	755	248	1103	1224	480
广东	22	1211	1287	876	289	1427	1263	757
广西	8	20	79	210	54	107	120	124
海南	3	11	86	100	26	54	57	85

如图1－7所示，将2016年全国沿海地区海洋科技从业人员按职称分布统计，会发现与按学历分布不同的结构。虽然全国海洋产业科技从业人员的学历分布是以硕士学历为主，而职称分布则是以高级职称为主，并且中级职称的科技从业人员也具有较高的比重。同样，分布图中的各职称数的最大值是来自不沿海的北京市，其具有高级职称的海洋科技从业人员为3539人，其次是广东省，拥有高级职称的海洋科技从业人员为1427人。而最小值仍然是海南省的数据，其具有高级职称的海洋科技从业人员为54人。整体而言，全国海洋产业科技从业人员实际上在专业水平上处于较高水平，但地区差距明显，其中广东省以其人才储备优势成为最具海洋科技发展潜力的沿海地区之一。

此外，海洋相关科研课题及成果数量也是反映地区海洋经济发展水平的另一重要指标。目前我国海洋科技发展水平比较有限，一方面，与海洋相关科研课题数量偏少，且大多集中在基础研究

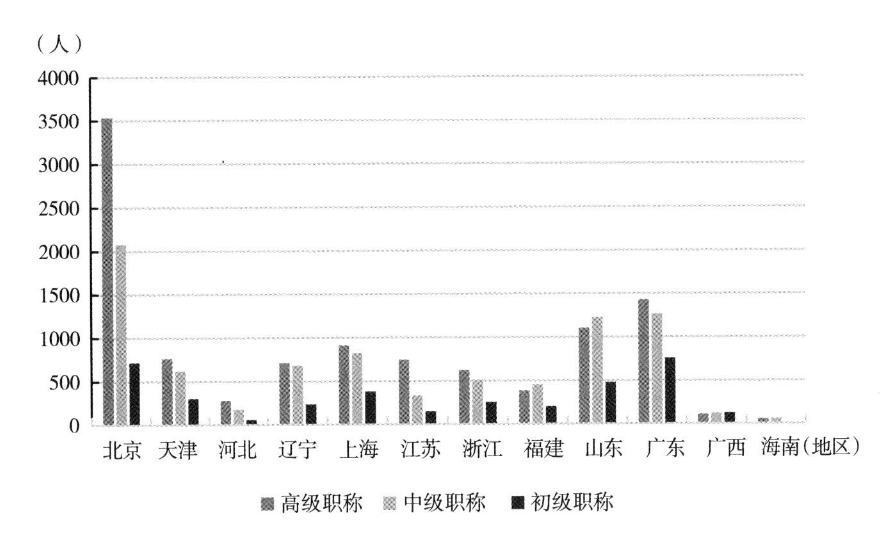

图 1－7 2016 年全国沿海地区海洋科技从业人员职称分布

及应用研究领域；另一方面，海洋相关成果数量则更少，科技成果转化量不高。

如表 1－4 所示，广东、江苏、山东和上海在课题研究和论文及著作发表上都占据全国领先地位。这样的结果与不同地区的海洋经济发展水平、整体经济水平等都有一定的关系。虽然在数量上来看各指标都较为可观，但是质量却良莠不齐。根据《国家海洋创新指数报告 2016》，全国海洋科技成果有将近一半是无法转化的，如果再计算转化后具体的使用效率，这个数据将会更低。因此，未来如何提高课题研究的质量和转化率是全国沿海城市需要解决的问题。

表 1－4 **2016 年沿海各地区海洋科研机构课题及成果情况**

地区	课题数/项	基础研究/项	应用研究/项	试验发展/项	成果应用/项	科技服务/项	发表科技论文数/篇	国外发表数/篇	著作数/本
天津	842	18	101	305	36	382	538	39	33
河北	63	9	17	13	13	11	383	3	31
辽宁	494	79	217	56	127	15	609	336	10

续表

地区	课题数/项	基础研究/项	应用研究/项	试验发展/项	成果应用/项	科技服务/项	发表科技论文数/篇	国外发表数/篇	著作数/本
上海	935	13	321	227	116	258	1092	230	23
江苏	2501	325	942	585	515	134	1118	275	25
浙江	709	141	55	140	100	273	519	160	13
福建	590	232	155	124	24	55	412	180	11
山东	1520	551	433	273	66	197	1945	871	33
广东	3047	1025	939	812	105	166	3072	1836	49
广西	52	18	12	20	2	0	69	12	2
海南	33	6	9	13	5	0	57	5	0

如表1－5所示，整体而言，专利申请和授权量呈现“东匀不高，北部凹陷，南高不均”的现象。地处我国南部的广东省在专利申请和授权量都独居全国榜首。这与前文分析所提到的广东省拥有大量海洋科技从业人员数量有着密切的关系，然而同样地处南部地区的广西和海南在专利申请和授权方面都占据全国末端。北部地区的河北、天津和辽宁组合呈现凹陷状，其中河北省的海洋专利水平居全国最低；东部海洋城市的海洋专利水平差异度并不大，但是整体水平处于中等水平。因此，探究沿海地区不同创新水平背后的原因是十分重要的议题。

表1－5　　**2016年沿海各地区海洋领域专利情况**　　（单位：项）

地区	专利申请数	发明专利申请数	专利授权数	发明专利授权数	发明专利总数
天津	123	57	94	38	168
河北	5	4	4	3	4
辽宁	350	283	211	142	703
上海	357	261	263	163	548
江苏	156	104	136	79	419

续表

地区	专利申请数	发明专利申请数	专利授权数	发明专利授权数	发明专利总数
浙江	241	203	126	70	220
福建	57	53	35	33	150
山东	443	341	370	208	1071
广东	1326	1103	788	600	2847
广西	26	8	10	6	78
海南	10	2	2	2	36

第二章　粤港澳大湾区海洋经济发展现状

在建设海洋强国的重大战略部署下，粤港澳大湾区作为重点支持建设对象，拥有开放的经济结构、充足的临海资源、集聚的创新投入和高效的资源配置能力。粤港澳大湾区凭借独特的区位地理优势，已然成为我国的重要经济增长极，大湾区的年度海洋产值占到全国海洋总产值的五分之一，占地区经济总量的五分之一，是重要的海洋经济发展区。从科技和基础设施的相关指标来看，粤港澳大湾区的海洋科技水平及海洋基础设施水平都处于全国领先地位。

第一节　地理位置及自然资源

粤港澳大湾区地处中国东南沿海，是海岸带经济发展的典型地区，是海陆统筹发展的重要区域。粤港澳大湾区涵盖广东省广州、深圳、珠海、佛山、惠州、东莞、中山、江门、肇庆 9 市，以及香港、澳门两个特别行政区，陆域面积约 5.6 万平方公里，大陆和岛屿海岸线总长 3201 公里，处于海陆交互作用地带，地理条件优越，资源环境承载能力较强。较长的海岸线给予了粤港澳大湾区广阔的海域面积，并且使其拥有得天独厚的海洋自然资源优势。例如，丰富的海洋生物资源给海洋生物工程、海洋生物医药产业的发展提供了条件，海洋的油气资源为海洋化工业的发展打下了基础，美丽的海岸线风景给滨海旅游业的发展提供了契机，等等。

粤港澳大湾区及周边海域油气和天然气水合物等能源开发利用潜力大，同时海洋能源、海上能源、海洋旅游等资源禀赋差异也较大。其中，海洋能源方面，粤港澳大湾区海域油气资源丰富，且多储藏于珠江口盆地，预测石油资源量为80亿吨；海砂资源丰富，探明远景资源量385亿立方米；天然气水合物可开发远景广阔，已圈定11个远景区、19个成矿区，锁定2个千亿方级矿藏。此外，以中海油深水海洋工程装备基地、中船珠海基地、中山海事重工造船基地、中铁南方装备制造基地等为代表的海洋工程装备制造项目快速发展，已经在湾区内形成产业集群，是能源资源开发与产业发展的有力支撑。

第二节 总量与结构

粤港澳大湾区海洋经济总量连年居全国首位，海洋产业不断优化提升，基本形成行业门类较为齐全、优势产业较为突出的现代海洋产业体系。十一个城市在海洋交通运输、海洋装备制造、邮轮旅游等领域的合作不断加强，临海能源、临海现代工业、滨海旅游业等海洋产业集聚效应凸显，成为我国海洋经济发展新增长极（广东省自然资源厅，2021）。以珠三角九市为例，2019年珠三角地区海洋生产总值约2.11万亿元，比上年增长9%，海洋生产总值约占全国海洋生产总值的23.2%。2020年由于疫情影响，粤港澳地区的海洋经济总量均有所下降，但仍然占全国海洋经济总量的五分之一以上。

产业结构是反映产业发展状况的重要指标之一。粤港澳大湾区各城市的海洋经济发展重心不同，香港则主要依托海洋港口发展

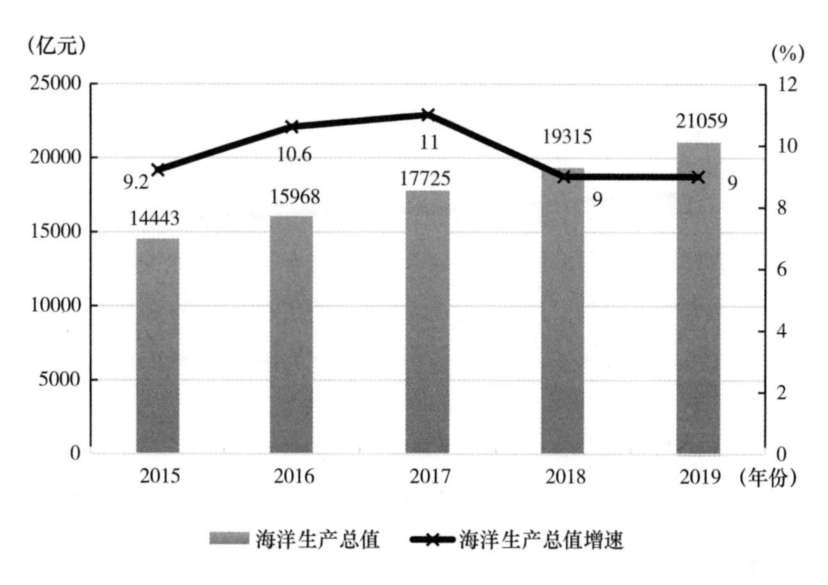

图 2－1　珠三角九市海洋产值与增速

数据来源：国家海洋局。

转口贸易，服务业占比较大，其依靠高增值海运和金融为主的产业结构体现了海洋服务业在海洋经济发展中的重要性。澳门博彩业发达，海洋经济占比较低。由于地理禀赋存在差异，珠三角九市的海洋产业结构与港澳的海洋产业发展存在较大不同，珠三角九市的海洋产业层次丰富，一二三次产业兼而有之，类型齐备。2020 年，珠三角九市海洋经济三次产业结构比为 2.8：26：71.2，海洋第一产业比重同比上升 0.3 个百分点，海洋第二产业比重同比下降 1.9 个百分点，海洋第三产业比重同比上升 1.6 个百分点。其中，滨海旅游业、海洋交通运输业、海洋渔业和海洋油气业增加值分别达到 2647 亿元、821 亿元、566 亿元、459 亿元，五个产业增加值占该地区主要海洋产业增加值的 92%，是珠江三角洲的优势海洋产业。海洋现代化产业在珠三角九市海洋经济发展中的贡献稳步提升，表明粤港澳大湾区的海洋经济结构正在不断优化。

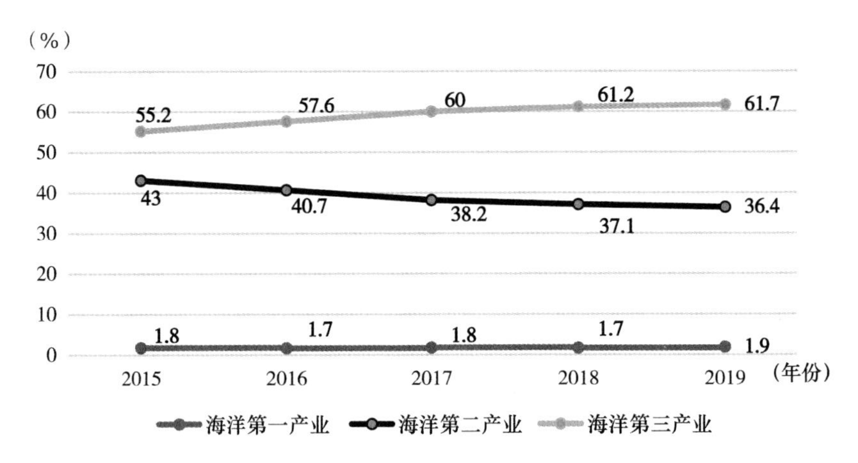

图 2－2 珠三角九市海洋产业结构

数据来源：国家海洋局。

同时，海洋经济对粤港澳大湾区高质量发展的支撑作用进一步增强。2019 年，珠江三角洲地区海洋经济增长对地区经济增长的贡献率达 22.4%，海洋经济对社会经济民生贡献进一步增大。2019 年，粤港澳大湾区内地九市海洋产业“四上企业”从业人数达到了 59.3 万人，占广东省全部“四上企业”总从业人数的 2.5%。

在总量扩增的同时，粤港澳大湾区海洋经济空间布局也不断优化，逐渐形成了以海洋交通运输业、海洋油气业、海洋高端装备制造业、滨海旅游业和海洋服务业为主的产业集群，形成了八大海湾和海岛旅游圈、“海上丝绸之路”系列旅游线路和“一核两带三廊五区”的空间布局。

第三节 海洋基础设施

港口作为开放经济发展运行的载体和基础，是湾区海洋经济发展的基本前提。粤港澳大湾区是典型的以港口为依托的城市群经济形态。目前，粤港澳大湾区内部有 11 个港口，拥有广州、香港、深圳、东莞、珠海等 5 个“亿吨级”世界大港，年货物吞吐量超过 16 亿吨，集装箱吞吐量近 8000 万标箱。粤港澳大湾区水上高速客运航线增至 29 条，沿海主要港口航线通达全球 100 多个国家和地区。其中深圳港、广州港、香港港三大港口规模尤其大，集装箱吞吐量在全球排名前十，分别位列第四、第五及第七，是全球港口最密集、航运最繁忙的区域之一（见图 2－3）。

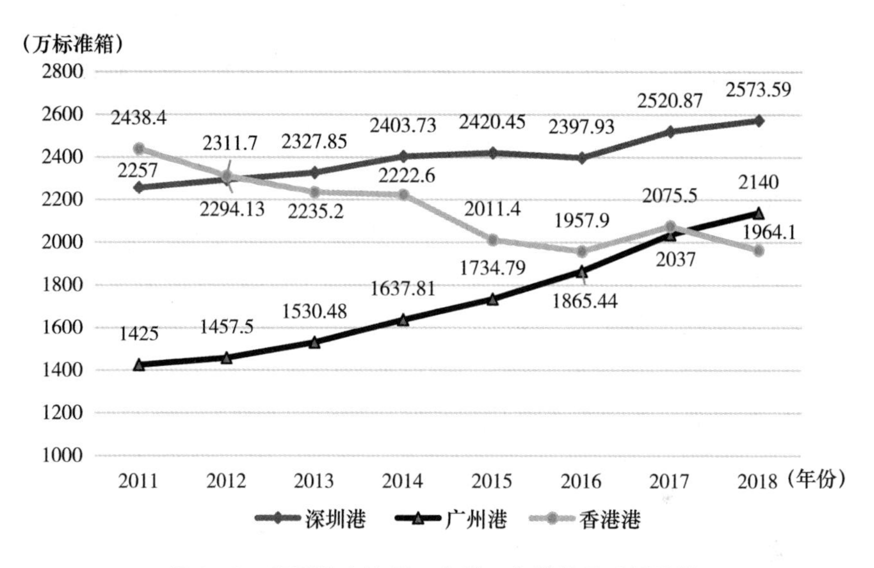

图 2－3 粤港澳大湾区三大港口集装箱吞吐量比较

数据来源：深圳市交通运输委员会（深圳市港务管理局）、广州市港务局、香港海运港口局。

深圳港位于广东省珠江三角洲南部，珠江入海口，伶仃洋东岸，毗邻香港，是珠江三角洲地区出海口之一。深圳全市 260 公里的海岸线被九龙半岛分割为东、西两大部分。深圳港西部港区位于珠江入海口伶仃洋东岸，水深港阔，天然屏障良好，南距香港 20 海里，北至广州 60 海里，经珠江水系可与珠江三角洲水网地区各市、县相连，经香港暗士顿水道可达国内沿海及世界各地港口。东部港区位于大鹏湾内，湾内水深条件优越，海面开阔，风平浪静，是粤港澳大湾区内的优良天然港湾。深圳港建有蛇口、赤湾等十个港区，多个专用码头，共有码头泊位155个，其中万吨级以上泊位78个，集装箱专用泊位51个，客运泊位19个，油气化工泊位24个，其中最大为22万吨级的邮轮泊位，生产性码头泊位岸线总长度32.80公里。深圳港共开通国际集装箱班轮航线239条，覆盖了世界十二大航区，通往100多个国家和地区的300多个港口。深圳港已与18个内河码头和6个内陆无水港签订组合港协议，开通覆盖52个珠三角支线码头的60条驳船航线和14条海铁联运班列线路，挂牌运营4个内陆港，进一步强化华南地区主枢纽港地位。

广州港是两千多年历史的大港，随着城市的发展广州港的发展重心逐渐向南沙转移，近年来货物吞吐量和集装箱吞吐量都稳居世界十大港口之列，是粤港澳大湾区最大的综合性主枢纽港、国内最大的内贸集装箱枢纽港。2018年，广州港货物吞吐量、集装箱量分别完成4.8亿吨和1903万TEU，广州港全港完成货物吞吐量6.12亿吨、集装箱量2191万TEU，同比分别增长3.7%和7.6%，均位列全国沿海港口第四，全球沿海港口第五位。近年来广州港股积极融入国家交通强国、粤港澳大湾区建设，不断夯实建设国际航运枢纽，高水平建设世界一流港口基石。其南沙港区首次开辟美东航线，新增了北欧等航线，全年净增集装箱外贸班轮航线8条，航线总数达156条，其中外贸航线111条。还新设立越南、柬埔寨海外办事处，加强与“一带一路”沿线国家的合作，目前共有6个境外办事处，已开辟达30个无水港（覆盖10省）、67条“穿梭巴士”支线、10条海铁联运班列。

香港港是全球最繁忙和最高效率的国际集装箱港口之一，也是全球供应链上的主要枢纽港，不仅拥有集装箱码头，而且还拥有石油、煤炭、水泥等专用码头，有15个港区，9个货柜码头及24个泊位，全部由私人拥有并经营，货运处理效率极高。香港在海运、金融、贸易、专业服务和基础设施建设方面拥有丰富国际经验，有超过800间与海运服务相关的公司提供多样的海事服务，包括船舶管理、船务代理、船务经纪、船舶融资、海事保险、海事法律和仲裁服务等，这些服务在全球占有率之高使香港成为亚洲首要的国际船舶融资中心。

广州港、深圳港和香港港三个港口业务各有侧重，广州港是综合性港口，吞吐货种多样，内贸货物比例达到75%左右。深圳港以集装箱吞吐为主，大多为进出口货种。香港港作为国际枢纽港，其集装箱吞吐量中有超过半数为国际中转箱。

第四节　海洋科技水平

粤港澳大湾区海洋科技创新发展是海洋经济的重点工作，广东省2018年开始连续设置海洋经济高质量发展专项资金，共支持海洋经济创新项目172个，涉及财政资金九亿元。建成了多个海洋科技创新平台，包括国家级重点实验室一个，粤港澳联合实验室两个、省重点实验室十一个、省海洋科技协同创新中心一个等，总计省级以上涉海平台超过150个。2020年，全省海洋创新成果显著。海洋可再生能源、舰载雷达、海洋油气及海底矿产开发利用产业、海洋药物、海洋生物及微生物等领域专利授权超1700项。2018年，南方海洋科学与工程广东省实验室建设启动，形成以企业为主体，产学研紧密结合的海洋科技创新体系，截止2020年底项目已汇聚47个海洋领域高层次科研队伍，获得授权专利66项，是海洋科技发展的重要平台。

整体而言，粤港澳大湾区在专利申请量和实际转化上均有一定成绩，其中广东专利技术创新在海洋药物、海洋生物、风力发电平台、预警监测平台等领域总体上处于领先水平。从专利申请量来看，近二十年间，广东省完成了21096件海洋经济产业相关专业申请，占全国同领域专利申请量的10.1%，位列全国第三。从专利授权量来看，2019年海洋药物、海洋可再生能源、舰载雷达、海洋油气及海底矿产开发利用产业专利授权分别为511项、167项、24项和455项。从创新成果的转化应用来看，广东省高新技术装备达到国际先进水平，2019年ST－246型饱和潜水作业支持船“海龙”号建造完成并交付，填补了国内高端饱和潜水支持船自主建造的空白；同年全国第一台4500米作业级ROV研发成功，突破了潜水器自动控制、深海液压单元、大深度浮力新型材料等重大关键核心技术；自主研制的海洋可控源电磁（CSEM）探测技术系统已成功应用于海底活动冷泉的发现；由深圳光启高等理工研究院研制成功的超材料技术打破了国外垄断等。

从全国层面来看，粤港澳大湾区现代海洋产业快速兴起，但是海洋科技创新能力依旧薄弱，虽然在海洋科研机构的经费收入、专利申请受理数和授权数等方面有了一定的增长，但数量和质量上与其他海洋经济大省仍有不少差距。另外，粤港澳大湾区的海洋科研机构大多研究的是基础性领域，如海洋渔业、海洋生物等，高新技术领域的研究不足制约了科技创新能力的提升。作为推动粤港澳大湾区科技发展的重要战略之一，“广州—深圳—香港—澳门”科技创新走廊正在逐步建立海洋经济创新支撑平台，成为地区海洋经济工作重点内容。基于此，下节对四座城市的海洋经济发展基础进行分析。

第五节 “广—深—港—澳”海洋经济发展基础

1. 广州市

广州市海洋产业发展整体水平较好，整体实力位居全国前列。产业类型涵盖了海洋渔业、海洋交通运输业、海洋船舶工业、海洋化工业、海洋工程建筑业、滨海旅游业以及海洋生物医药业等。

作为南方海洋科学与工程广东省实验室所在地，广州的海洋战略新兴产业配套能力持续提升，实现了多项重大科学装置项目落地。广州在各个产业领域中也培育了一批经济实力较为雄厚的重点企业，如广州水产集团有限公司、广州港股份有限公司等。目前广州市海洋主导产业以海洋交通运输业、滨海旅游业为主，对广州市的国民社会经济带动作用较大。海洋化工业、海洋船舶工业以及海洋交通运输业为广州市的优势产业，较珠三角其他沿海城市，广州发展海洋经济具有以下得天独厚的优势：

一是深厚的海洋历史文化积淀。广州有文字记载的港航历史达三千年之久，早在两千多年以前，广州就已经拥有了远洋航线，是我国古代海上丝绸之路的重要节点，在历史上长期居于中国第一大港地位。广州悠久的港航历史为其发展海洋经济积淀了深厚的海洋历史文化。

二是区位优势。广州位于珠三角的中心，地处珠江出海口，是连接珠江口两岸城市群的枢纽，出海可达世界 100 多个国家和地区的 600 多个港口，有广阔的经济腹地支撑，能有效辐射整个大珠三角地区，是我国对外开放的“南大门”和主要口岸之一，在我国实施南海开发战略中具有重要战略地位。

三是较高的开放合作水平。作为省会城市，广州向来是粤港澳大湾区对外开放合作的先锋城市，已成功举办广东 21 世纪海上丝绸之路博览会、世界港口大会、中国邮轮产业发展大会、湾区港航发展论坛等对外交流活动，海洋领域对外合作不断拓展。

四是良好的海洋产业基础。广州的石油化工产业是传统优势产业，广州市石油化工产业有中石化广州分公司等产业链上游龙头企业，形成了较为完整的炼油、乙烯、合成材料、涂料、精细化学品和橡胶加工为主导的产业链，为陆地产业向海洋的拓展奠定了坚实的产业根基。此外，广州是全国三大造船基地、三大海运基地和四大港口城市之一，形成了海洋交通运输业、港口经营业、海洋船舶工业、滨海旅游业、海洋渔业和海洋生物医药业等海洋产业群，具备海陆互动发展的产业基础。

五是较强的海洋科技实力。广州作为广东省海洋科技研究中心，集聚了华南地区绝大部分的涉海科研开发机构和管理机构，聚集了众多的海洋科技人才，在海洋生物资源综合开发技术、海洋船舶工程技术、海洋矿产资源开发技术、海洋监测及灾害预报预警技术的研发方面具有较强实力，近年来形成了一批具有自主知识产权的海洋科技创新成果。

六是突出的海洋综合服务与保障功能。广州是国家中心城市，也是广东省政治、经济、文化、交通、科技中心，是全省海洋经济发展开发示范区，在综合经济实力、综合服务功能、政策保障等方面具有发展“蓝色经济”的强大实力。

2. 深圳市

深圳位于珠江三角洲中部沿海、珠江口伶仃洋东岸，是中国沿海地区的主要港口之一，也是华南重要的集装箱班轮港口。深圳东拥大鹏湾、大亚湾，西邻珠江口，海域面积1145平方公里，拥有宝贵的天然深水航道。全市岸线全长260.5公里，其中人工岸线160.1公里、自然岸线100.4公里，占比分别为61.47%、38.53%。2018年，深圳海洋生产总值约2327亿元，同比增长4.63%，海洋经济生产总值占全市GDP的9.6%。深圳港共开通国际集装箱班轮航线214条，通往100多个国家和地区的300多个港口，形成了完善的航运网络。目前，深圳已形成了以滨海旅游业、海洋交通运输业、海洋油气业、海洋设备制造业四大产业为主导的海洋产业体系。在建设现代化、国家创新型城市发展战略的指引下，深圳率先在全国实现了产业经济的转型，科技化、服务化的发展趋势进一步增强。在海洋油气业、海洋交通运输业和滨海旅游业等传统海洋产业的基础上，深圳通过大力实施“创新链+产业链”融合专项扶植计划、积极推动海洋电子信息技术引进及对外交流活动的举办以构建具有较强国际竞争力的优势现代海洋产业群，加速推动深圳海洋产业向产业链和价值链上下游的高端环节升级。深圳发展海洋经济具有以下优势：

一是邻港区位优势。深圳具有毗邻香港、面向南海的双重区位优势，为海洋经济的发展创造了无可比拟的优厚条件。一方面，深圳地处南海之滨，比邻香港，居于粤港澳大湾区的核心区位，拥有珠三角城市群的区域基础和辐射华南的腹地条件，具有对内对外开放的双重便利条件。另一方面，深圳是我国沿海城市中距离深海最近的经济中心城市之一，并且地处亚太主航道，邻近国际主要海运线，为深圳发展海洋经济、建设海洋城市奠定了良好基础。

二是特区政策优势。《全国海洋经济发展“十三五”规划》提出推进深圳、上海等城市建设全球海洋中心城市。2019 年，深圳市规划和自然资源局宣布推进“十个一”工程建设，着力打造全球海洋中心城市，进一步明确了建设全球海洋中心城市的目标定位。“十个一”建设工程包括：一所国际化综合性海洋大学、一个海洋科学研究院、一个全球海洋智库、一个深远海综合保障基地、一个国际金枪鱼交易中心、一个以“中国海工”为代表的海洋标杆企业、一家海洋开发银行、一支海洋产业发展基金、一个国际海事法院、一个中国国际海洋经济博览会。2019 年 8 月，《中共中央国务院关于支持深圳建设中国特色社会主义先行示范区的意见》（以下简称《意见》）发布。《意见》专门提出支持深圳加快建设全球海洋中心城市，为深圳海洋事业发展带来了前所未有的新机遇。此后，深圳市委、市政府又迅速出台了《关于勇当海洋强国尖兵加快建设全球海洋中心城市的决定》及其实施方案，从产业经济、创新驱动、综合管理、文化生态、全球治理五个方面，推出系列重点工程，预备全面提升深圳海洋产业的竞争力和影响力。深圳发展海洋经济已成为地区战略，各方面的政策红利为海洋经济的发展提供了良好机遇。

三是极高的市场开放度优势。作为中国特色社会主义先行示范区，深圳具有极高的政策灵活度和市场对外开放度，成功举办中国海洋经济博览会、中欧蓝色产业合作论坛等海洋经济对外交流活动。其中中国海洋经济博览会在广东省举办多年，累计接待观众超 29 万人次，成交和合作意向额度超 2460 亿元，是中国海洋经济第一展，可见深圳具有极强的海洋经济发展优势。

四是金融市场优势。经过多年的制度创新、政策创新、机构创新、产品和服务创新，深圳金融业已成长为全市战略性支柱产业。深圳的金融机构密度位居全国前列，已建立了多层次、网络化、科技化的金融市场体系。发达的金融市场为重大海洋基础设施建设提供银团贷款、为海洋高科技企业提供信贷融资、为海洋中小企业提供担保支持、为海洋科创企业提供风险投资，为深圳发展海洋经济、购买国际资产、投资新的海洋发展领域提供充足的资金保障，也为海洋金融产品创新与开发提供经验支持和制度保障。

五是创新优势。深圳作为首个国家创新型城市和国家自主创新示范区，科技创新生态体系及科技创新政策较为完善，以企业为主体的区域创新体系初步建立，创新载体、国家级科研机构和新型研发机构建设成效显著，科技成果转化能力优势突出，为海洋科技创新和产业化提供了良好的体制机制保障。近年来，深圳市持续加大对海洋科技创新载体建设的扶植力度，先后组建了一批涉海重点实验室、工程中心和公共技术平台。

六是制度优势。深圳走在全国前列，率先编制陆海一体的海岸带地区详细规划，并配套出台《深圳经济特区海域使用管理条例》《深圳市海域使用金管理办法》。更具体地，深圳印发实施《关于勇当海洋强国尖兵加快建设全球海洋中心城市的实施方案(2020—2025 年)》。各类文件为深圳切实发展海洋经济提供制度保障和行动指导，成功打造了全国海洋经济、海洋文化和海洋生态可持续发展的标杆城市。

3. 香港特别行政区

香港海洋经济具有明显的载体经济、全球经济和服务业优势特征，在粤港澳大湾区建设背景下香港海洋经济发展拥有着传统的港口运输优势和对外开放优势。2018 年，香港生产总值为 3657 亿美元，其中金融服务、旅游、贸易及物流、专业服务及工商业支援服务为香港的四个主要行业。香港海洋经济发展模式受新加坡经济影响，将海洋经济的发展重点定位为传统产业及配套服务业。传统产业上，香港渔业由捕捞、海鱼养殖及塘鱼养殖组成，基本功能是保证本地水产品的供应；香港航运业十分蓬勃，是亚洲重要的海上运输枢纽和卓越的航运中心。贸易及物流业是香港四大经济支柱之首。2019 年，香港贸易与物流增加值实现 5493 亿港元，海运承担的进出口贸易占进出口贸易总额将近五分之一；滨海旅游业是香港的重要产业之一，2018 年香港旅游业增加值为 1210 亿港元。在配套服务业上，香港的金融、法律、物流信息、船舶注册、培训等相关的服务行业都非常成熟，是香港保持海洋经济竞争力的重要支柱，海事仲裁、船舶注册和货运代理最具有代表性和典型性。香港发展海洋经济有着良好的基础：

一是优越的地理区位。香港背靠祖国内地，面对广阔的南海，北经台湾海峡，港口贸易可达祖国内地沿海各地和朝鲜、韩国、日本；东过巴士海峡通向太平洋；西经马六甲海峡而达印度洋，进而大西洋。四通八达的区位，为地区经济与社会的发展提供了良好的基础。

二是优良的海港条件。有人说维多利亚港像摇钱树一样给香港人带来了源源不断的财富，香港的繁荣、衰落，有赖于港口活动的强弱。香港对于港口的依赖是否真到了如此程度，在此无需准确地衡量，但可以肯定的是，良好的海港条件对成就香港的繁荣起到了不可替代的作用。维多利亚港是世界上最优良的天然海港之一，港阔水深，面积为5000公顷，水深在12米以上，港内有三大海湾、两个避风塘、70多个停泊所，每天平均有140多艘远洋轮船在港装卸。海港使香港成为世界经济的重要纽带。

三是自由市场优势。香港是典型的“小政府、大市场”，其市场机制完全与国际接轨，自由港的特殊地位让香港成为“一带一路”倡议和粤港澳大湾区的策略性窗口。香港在国际化、法制化和高度发达的金融服务方面拥有大湾区其他城市无法媲美的优势。

海洋经济对于香港经济发展有重要意义，一方面，海洋旅游资源支持了香港的旅游事业发展。香港拥有80公里的海岸线，200多个海岛，分布着许多奇异景观和海滩胜景以及可供开发建设的旅游景区。现已建成并投入使用的有海洋公园、水上乐园、青龙水上乐园、私营水上活动中心、郊野海滨公园和保留地与保护区等，丰富的旅游资源不断提升香港旅客数量，滨海旅游正在逐渐成为香港旅游的主要内容，更多以粤港澳大湾区为主题的滨海旅游产品的开发，将为香港带来不容忽视的经济效益。另一方面，海洋拓展了香港的发展空间。土地是宝贵的，在香港尤为宝贵，用寸土寸金形容亦不过分。海洋为缓解香港用地紧张提供了条件，通过围海造地开拓城市建筑用地，一直是香港利用海洋的一项事业活动。

4. 澳门特别行政区

2018年，澳门生产总值为4376.65亿澳门元，第二产业与第三产业分别占比4.2%及95.8%，其中博彩业及博彩中介业、银行业和酒店业比较发达，分别为2208.41亿澳门元、232.53亿澳门元、203.25亿澳门元，分别占本地生产总值的50.5%、5.3%和4.6%。澳门博彩业的高度发展刺激了入澳旅游的游客消费，2017年，澳门水路运输增加值总额为8.3亿澳门元，占运输及仓储业总额的11.37%，较2016年有所下降。澳门产业结构单一，海洋产业薄弱，粤港澳大湾区海洋经济发展对于澳门而言既是挑战也是机遇。

总体而言，珠三角已经初步形成海洋产业集群，广东省海洋经济实力雄厚，拥有较为完整的产业体系；香港海洋金融体系发达，具有成熟的资本市场和良好的市场环境；澳门海洋产业多元化发展，其自由港的优势为发展新兴海洋产业打开了新空间。经过多年发展，粤港澳大湾区经济有三大优势：第一，海洋经济布局进一步优化。发挥珠江三角洲的引领作用，海洋经济圈基本形成，广州南沙等国家级新区以及珠海横琴、深圳前海等重要涉海功能平台相继获批设立。广东等全国海洋经济发展试点地区工作取得显著成效，重点领域先行先试取得良好效果，海洋经济辐射带动能力进一步增强。一批跨海桥梁和海底隧道等重大基础设施相继建设和投入使用，促进了沿海区域间的融合发展，海洋经济布局进一步优化。珠三角以海洋交通运输业、海洋油气业、海洋高端装备制造业、滨海旅游业和海洋服务业等为主导且集聚效应较强，粤港澳大湾区海洋经济合作不断深化。第二，海洋经济结构加快调整。传统海洋产业加快转型升级，海洋油气勘探开发进一步向深远海拓展，海水养殖比重进一步提高，高端船舶和特种船舶完工量有所增加。新兴海洋产业保持较快发展。海洋服务业增长势头明显，滨海旅游业、邮轮游艇等旅游业态快速发展，涉海金融服务业快速起步。第三，海洋经济对外开放不断拓展。广东自由贸易试验区设立。涉海企业通过对外投资建港、承接海洋工程项目、收购涉海公司等方式，拓宽了海洋产业合作模式和领域。“一带一路”倡议的顺利推进，中国与“21 世纪海上丝绸之路”沿线国家在基础设施建设、经贸合作、环境保护、人文交流、防灾减灾等领域展开务实合作，对外贸易和直接投资显著增长。

第三章　粤港澳大湾区海洋经济现存问题

由于多年来粗放式的经济发展，粤港澳大湾区海洋经济发展质量不高，其发展劣势主要表现在产业结构、生态环境、科技创新、金融发展及经济管理五个方面。

第一节　产业结构方面

海洋经济大而不强。粤港澳大湾区海洋生产总值逐年攀升，但总体上存在大而不强的问题。海洋资源开发的低水平、粗放式发展模式仍未从根本上得以扭转，突出表现为海洋产业尤其传统海洋产业技术水平较低，深加工、高附加值产品较少，且生产粗放、分散，集约化程度较低。对大湾区海洋产业的比较劳动生产率分析发现，传统的海洋盐业、海滨砂矿等产业的比较劳动生产率最低，而作为海洋基础产业的海洋渔业，其生产技术水平仍相对落后，并已成为大湾区海洋经济发展的瓶颈产业。附加值较高的海洋新兴产业，如海洋生物医药研发、游艇制造等，因前期重视程度不足，尚欠缺产业规划和政策倾斜支持，行业技术和专业人才也相对缺乏（原峰、李杏筠、鲁亚运，2020）。2018 年，粤港澳大湾区内地城市主要海洋产业产值约为6000 亿元，其中，滨海旅游业、海洋交通运输业、海洋渔业、海洋油气业及海洋化工业这五大传统海洋产业增加值占海洋总增加值的比重高达92%。从细分行业来看，2018年大湾区内地城市海洋油气业、海洋化工业和海洋电力业等传统重化工业产业增速最快，增速分别为23.3%、13.0%、12.5%，而新兴产业如海洋生物医药业、海水利用业、海洋工程建筑业等增速则较为缓慢。

产业布局存在诸多乱象。一是海洋产业重构现象严重，各个海洋产业关联度低且缺乏主导产业带动。主要表现在海水养殖业内部趋同性与单调性明显、滨海旅游业旅游产品项目重复、沿海石化建设项目遍地开花等。粤港澳大湾区许多城市都将临港化工、海洋石油、钢铁等重工业作为当地海洋经济的主导产业，城市同质竞争严重。海洋产业重复建设的同时，粤港澳大湾区还未能形成高关联度、高辐射带动能力、高附加值的产业链。在粤港澳大湾区的海洋产业中，实力较强的如海上油气、海洋渔业、滨海旅游、海洋交通运输、海洋电力与海水利用、海洋船舶制造等产业，之前的相互关联程度很低。从大湾区的高度来看十一个城市的海洋经济，各城市之间未能发挥相对优势充分互补，支柱产业以重工业为主，香港的服务优势没有成为珠三角九市海洋第二产业的支撑。例如，围绕海上油气产业的产业链和产业集群没有建立，滨海旅游没有与渔业以及其他产业链接，海洋生物医药缺乏技术研发等支撑。二是产业布局混杂，行业用海矛盾突出。长期以来不可持续地开发海洋资源浪费了大量海洋资源，给海域生态环境带来巨大压力。由于目前粤港澳大湾区海洋开发利用活动主要集中于近海海域，开发组织程度不高，各种项目交错分布，部分海域和海岛开发秩序混乱，不同行业在分配使用岸线、滩涂和浅海方面的矛盾开始出现并日益加剧，如渔业、盐业、农垦争占滩涂的矛盾一直存在，养殖、滨海旅游、海港建设相互影响的问题也很突出。有些地方甚至把污染最大的项目布局在近海岸地带，不符合标准的排放物直接排至海洋，导致近岸局部海域因受陆源污染影响增大，水质较差，污染较重。海洋产业间布局不合理，导致相互间产生不利影响（蔡兵、张海梅、江依妮，2012）。

投入不足与开发过度现象并存。对于开发相对简单、时间短、见效快的领域进行过度开发，但是对于那些周期长、见效慢却符合海洋经济可持续发展要求的领域则普遍投入不足，难以实现规模有序扩张。如粤港澳大湾区海洋渔业的产量具有绝对优势，但是没有实行精深加工。

通道优势未得到应有发挥。港口群总体吞吐能力不足、结构失衡，严重滞后于腹地经济发展的需要。未形成层次分明的港口体系，导致各港口之间同质竞争激烈。港口腹地重合，湾区内各沿海港口的直接腹地均为珠三角地区，与内地的经济联系并不密切。港口与其他运输方式发展不协调。因其他运输方式发展较为缓慢，不能有效满足沿海港口巨大的货物需求。港口物流提供的增值服务不足。目前沿海港口物流业基本上以装卸、搬运、仓储、运输业务为主，而货物的加工、包装、配送服务不足，产业链未延长。

单位岸线产出水平不高。目前粤港澳大湾区海洋第三产业还不能适应新时期的要求，尤其是海洋信息咨询服务、海洋金融等海洋现代服务业发展滞后。产业结构的非均衡性导致了单位岸线产出水平不高。

第二节 生态环境方面

粤港澳大湾区海洋生态环境总体形势严峻。随着湾区内开发强度持续加大，人口密集度持续升高，2019 年粤港澳大湾区常住人口达到 7264. 92 万人。陆源入海污染物逐年增加，海洋渔业资源不断减少，海洋生态系统平衡难以维持，大湾区水质多年来难以改善。企业或城市由于缺乏污水处理系统，或为了节省成本，企业污水或城市生活污水未经处理直接排入海洋，导致海水水质变差。其中珠三角近岸海域年均优良水质面积约 89. 5%，是劣四类水质含量最高的河口海湾之一。2019 年，香港海水水质指标整体达标率为 89%，澳门水质较好，但在珠江口一侧的海域水质也处于较差水平，超标因子为无机氮和活性磷酸盐。[①] 在以珠江口为代表的经济活动频繁的近岸地区，水体富营养化现象严重，赤潮现象等生态问题频发。珠海东澳岛周边海域、深圳湾海域、深圳机场附近等珠三角地区一年内出现约 5 宗赤潮事件，而香港平均每年有 15 宗，给海水养殖造成一定经济损失。

生物多样性减少。由于水质污染，粤港澳大湾区海洋生物多样性受到严重威胁。珠江口河口生态系统呈现亚健康状态，海水水质状况差，水体呈富营养化，沉积物质量一般，浮游植物密度和浮游动物生物量偏高，大型底栖生物密度和生物量偏低。香港海域因工业废水排放，存在大量重金属以及微量有机污染物，东中西部地区均存在明显的环境污染问题，威胁到地区海洋生态。

资源衰退。长期盲目捕捞导致渔业资源严重衰退，尽管目前近海渔业资源衰退的势头有所缓和，但资源呈现个体小型化、低龄化和低质化趋势，使近海渔业资源保护修复形势依然严峻。

海洋资源开发利用效率亟待提升。近岸海域围填海、过度捕捞及过密化养殖等传统用海方式亟须改善。近岸近海生态环境未来面临较高风险，自然岸线锐减，大陆海岸线的自然岸线保有率低，海岸带后备资源极其有限。

近岸海域生态环境亟待改善。陆源污染尚未得到有效控制，对主要河口和部分城市近岸海域生态冲击大。近年来大湾区排污口超标率有所下降，但仍然在 30% 左右的水平范围；分类型来看，市政污水的超标率最高，高于工业污水和排污河。2019 年《广东省生态环境状况公报》显示，珠江口生态系统仍处于亚健康状态，

① 资料来源：《广东省生态环境状况公报》、《香港海水水质年报》、《澳门环境状况报告》。

海水富营养化、部分区域水体缺氧、浮游生物和大型底栖生物数量稀少。红树林湿地面积减少，一些具有典型海洋生态系统的海洋保护区、无居民海岛受到破坏，并呈恶化趋势。海洋生物多样性降低，鱼类产卵场、洄游通道等受到较大破坏，赤潮等生态灾害频发。

绿色海洋发展理念滞后。目前人们的绿色海洋意识虽然有所提高，但海洋知识贫乏，缺乏对海洋现状的关心；海权观念极为淡薄，对海洋的战略地位认识不足，仅限于“渔盐之利”和“舟楫之便”。

第三节 科技创新方面

海洋科技自主创新能力较弱。近年来粤港澳大湾区海洋科技创新力有所提升，2018 年大湾区内地城市群海洋经济产业专利申请量达到 21000 余件，在全国占比 10.1%，但与占比 15.3% 的山东、占比 12.4% 的江苏等部分沿海省市相比，仍有一定的差距。以高科技为支撑的海洋新兴产业规模不大，关键技术自给率和科技成果转化率低，与国内外领先水平的差距明显，许多成果距离产业化目标尚远，缺乏海洋高新技术创新平台，海洋高新技术对海洋产业的贡献明显不足，缺乏大型的拥有自主知识产权的科技龙头企业和产业园区，制约海洋强省的建设。

海洋要素投入未由旧要素转向新要素。由于长期粗犷式增长模式在粤港澳大湾区海洋经济发展过程中，一大突出的问题是过度依赖传统生产要素，如劳动力、以海岸线为代表的海洋资源等一般性传统生产要素，而新型高级的生产要素，如技术、人才、知识、信息等创新驱动力强的要素投入所占比重较低，导致粤港澳大湾区海洋产业低端产业较多、资源消耗大的问题。同时，在绿色、安全的重点领域高新技术的核心自给率低，缺乏相关的研究型人才及海洋经济创新性的投资，海洋科技成果转化的源头也出现了供应短缺的问题，这些已经成为制约粤港澳大湾区海洋经济创新发展的主要因素。

海洋科技创新平台质量有待提高。粤港澳大湾区海洋科研机构数量和海洋科研从业人员均居全国沿海区域第一，但应用型课题占总的海洋科技课题比重处于沿海区域中下游水平，在一定程度上说明粤港澳大湾区的科技研发成果转化率有待提高。从更深层次来看，粤港澳大湾区的海洋科研机构长期以国家在粤涉海研究机构为主，缺乏为海洋科研开发和产业化提供基础条件和公共服务、引领海洋科技创新的重要平台，未能形成海洋专业产学研战略联盟和区域创新集群，导致海洋经济的可持续发展缺乏科技支撑。同时，海洋科技产业多元化投资和风险投资机制还不完善，具有重大创新的海洋科技成果不多，海洋技术成果转化为生产力的周期过长，在粤海洋科技力量发挥不足、互动不足。此外，粤港澳大湾区的现有创新平台类型较为单一，重埋头研发而轻交流合作。一方面政产研学合作较少，目前专利资源多由高校和科研院所掌握，涉海企业基础较为薄弱、资源较为缺乏，不利于海洋经济产业专利技术转化及产业整体竞争力的提升；另一方面国内外技术交流合作较少，应积极与国内外高水平研究机构开展合作，加强对海洋经济前沿技术的研究，帮助突破技术瓶颈，进而提高创新能力、实现成果转化。

数字海洋工程建设缓慢。“数字海洋”是海洋信息化建设的重要支撑，在海洋经济发达国家和地区，数字海洋建设已进入全面应用阶段。疫情加速了数字经济和海洋经济的融合，目前，粤港澳大湾区通过持续推进海洋信息化工程，已构建完善的数字海洋基础框架，但由于对海洋数据融合、深加工、综合性信息产品制作能力不足，数字海洋框架的应用服务领域不够广泛。

第四节　金融发展方面

中小型海洋企业难以取得资金。当前粤港澳大湾区融资模式较为单一，以直接融资为主，间接融资较少，企业的主要资金来源仍然是银行。而对于涉海企业而言，海洋经济中有很多海洋产业属于技术密集型和资本密集型的企业，具有技术含量高、研发周期长、风险较高等特点。在银行贷款方面，涉海企业具有较高贷款门槛和严苛的贷款条件，因此导致了涉海企业融资困难，进而影响涉海经营或扩大再生产等一系列生产活动，总的来说，融资模式单一化将严重阻碍粤港澳大湾区海洋经济的发展。而仅靠政府投入、银行贷款和企业自筹资金很难使企业得到迅速发展，再加上海洋开发的自然环境恶劣，各种自然灾害频繁发生，因此，要实现海洋经济全面繁荣，必须突破资金瓶颈。传统的金融服务忽视海洋经济的价值评估，并侧重透过银行融资模式，使得中小海洋企业融资难。粤港澳大湾区当前的金融机构仍以银行为主体，同时长期采取分业经营，在粤港澳大湾区海洋产业急需投融资的背景下，亟待商业银行拓展与资本市场有关的中间业务，加强与保险、证券业、私募、对冲基金的合作。拓宽大湾区海洋经济的融资模式，不仅仅局限于直接融资，致力于开发多样化的海洋经济间接融资，形成包括股票、债券、商品期货等多品类的海洋金融模式。

缺乏湾区层面的系统政策支持。海洋产业的属于金融机构的蓝海领域，但由于政策的原因，金融机构对该产业尚未形成系统的机制。虽然国家在“十二五”、“十三五”规划中提出来纲领式的海洋金融发展理念，但是并未有实际意义上的行动方案。粤港澳大湾区的海洋经济发展处于全国前列，在《广东省海洋经济发展“十三五”规划》中对海洋金融业做出规划，包括“引导金融资本支持海洋经济发展”、“构建海洋金融服务平台”、“构建海洋金融服务产品体系”三大行动规划，但由于配套实施细则滞后，导致海洋金融发展只能简单地依靠传统的融资模式。此外，尽管粤港澳三地各有发展海洋金融的基础和优势，但缺乏顶层设计和行动方案指引，并未形成跨区域海洋金融合作机制，导致大湾区海洋金融发展实际进展不足。

缺乏有助海洋产业发展的金融服务人才。与陆地经济的产业不同，海洋金融必须有相应的人才、制度、业务模式和产品作为支撑。粤港澳大湾区高校中虽也有一批院校开展海洋高等教育，但所开设的涉海类专业覆盖面相对较窄，缺乏契合海洋经济发展需要的新专业。另外，涉海类的高层次人才培养机制不健全，除了缺乏硕士与博士点外，也缺乏跨学科与产业应用的科研人才。

第五节　海洋经济管理方面

海洋综合管理服务能力不足。目前粤港澳大湾区尚缺乏具有高度权威的综合管理机构对海洋事业发展进行有效的规划、监督及服务，相关涉海部门职能交叉，用海项目仍存在多头管理现象，严重制约着海洋经济的发展效率。海洋综合管理服务能力建设已严重滞后于海洋经济高速发展的需求，主要体现在海洋防灾减灾保障能力和应急处理有待提升，海洋资源市场化管理技术体系尚未形成，岸线精细化管理能力不足，海洋事业综合发展战略与规划研究水平不高等。由于目前缺乏开展海洋综合管理的配套管理办法及相关经费支持，也尚无海洋综合管理专项资金，未能通过强有力的海洋宏观调控实现社会、经济、生态、环境的和谐发展。

海洋政策体系不够健全。粤港澳大湾区尚未形成能够有力支撑海洋经济发展的完善的行政管理、技术支撑以及财政金融投入体系。由于涉海部门众多，行业管理各自为政，导致了环保、海洋、交通、渔业、科技及部队等多部门多头管理的局面。在财政资金投入机制上，财政金融支持力度明显较弱。

海洋统筹协调机制亟待建立。在开发、利用、保护和综合管理海洋资源方面协调管控能力不足，缺少部门间重大用海项目沟通机制。部分沿海城市过于注重当前经济价值，护海意识相对淡薄，在项目布局上，局部利益与整体利益不协调，眼前利益与长远利益未兼顾。

本编总结

本编对全国及粤港澳大湾区海洋经济发展现状进行了讨论。粤港澳大湾区因其独特的湾区地理特点，有发展海洋经济的天然优势，其海洋经济发展由来已久，在区域经济中占有重大比例，也是我国重要的海洋经济区。在粤港澳地区雄厚的经济基础及诸多政策红利的加持下，粤港澳大湾区的海洋经济发展前景广阔，发展潜力巨大。

然而粤港澳大湾区海洋经济发展仍存在一些问题。第一，产能结构性过剩与产业低质化、同构化并存。三地仍以对海洋资源的低层次开发利用和初级产品生产为主，产业结构低质化、同构化现象严重，难以突破传统海洋经济发展的既有思维和利益格局的束缚，缺乏明确的、具有比较优势的主导型海洋产业。第二，海洋生态环境遭到破坏。随着近海岸线资源的过度开发和工业经济的快速发展，粤港澳大湾区海洋环境和生态系统也遭到了破坏，水质状况和近岸海域环境质量日益恶化，海洋生态承载能力持续下降。第三，海洋战略性新兴产业发展势头良好但海洋科技自主创新能力薄弱。粤港澳大湾区海洋经济布局明确，以广州为海洋服务中心，以深圳为海洋科创中心，以香港为海洋金融中心，战略性海洋新兴产业以东岸为主，海洋工程装备制造业则多集中在西岸。然而共建粤港澳大湾区的战略实践时间有限，三地一国两制三关税区的诸多制度壁垒还需逐个突破，海洋科技与海洋战略性新兴产业之间并未实现同步发展，海洋科技自主创新能力薄弱，科技成果转化率低，特别是深海科研成果转化率和关键技术自给率不高，海洋科技对海洋经济的贡献率远低于发达国家和地区。

第　二　编

研究基础与模型构建

要构建粤港澳大湾区海洋经济发展的制度创新分析模型，需要回答三个问题：第一，用什么方法来构建分析框架；第二，影响海洋经济发展的制度要素有哪些；第三，制度因素如何作用于海洋经济发展。本编围绕以上三个问题展开，梳理了海洋经济的相关文献，分析了粤港澳大湾区三大制度基础，并通过总结国际海洋经济发展经验，构建了粤港澳大湾区海洋经济发展的系统动力学分析框架。

CEPA（Closer Economic Partnership Arrangement）、自贸区及联席会议是粤港澳大湾区最重要的三个制度基础，也是海洋经济发展制度创新的基础。其中CEPA大大降低了三地海洋产业的商品贸易及服务贸易的门槛，自贸区在贸易便利化、投资便利化及金融创新发展等方面推行制度创新，联席会议则在三地民生工作、基础设施建设等层面做出努力。三大基础制度从不同的方面为粤港澳三地发展海洋经济提供支持，为提升海洋经济活力、进一步推动海洋经济发展奠定基础。

国外海洋发展经验亦为我们的分析提供了良好的思路和经验支持，一个极为普遍的现象是，海洋经济的发展进程往往都有政府的影子，政府给予的资金支持、管理体制的完善、海洋金融的发展以及不断丰富的人才支持是多个海洋经济发达国家和地区所共有的特点。

第四章　文献综述

由于数据等因素的限制，现有文献对粤港澳大湾区海洋经济发展制度的研究十分有限，大部分仍为定性分析或是在全国层面做定量分析。本章对国内外与本书主题相关的研究文献进行梳理，并分为海洋经济研究、系统动力学研究两个部分。

第一节　海洋经济研究

海洋经济研究的梳理为本书后续建模提供了坚实的理论支撑。对于海洋经济增长的研究，现有文献主要从海洋产业结构升级的角度着手，并通过各种方法研究海洋产业结构升级对海洋经济增长的影响。目前学界基本形成共识，即海洋结构优化对海洋经济产生显著的促进作用。对于海洋金融的研究，大部分文献停留在定性分析水平，大部分学者均认可金融发展对于海洋经济发展存在正向影响。对于海洋科技的研究，国内学者通过相关指数测度或实证等方法对海洋科技与海洋经济发展的关系进行研究，实证结果表明，尽管诸多研究表明科技的发展能够有效促进经济增长，但是目前我国海洋科技对海洋经济发展的促进作用并不显著，可见我国海洋经济的发展层次仍处于较低水平。对于海洋生态问题的研究，相关研究表明海洋生态与海洋经济存在“倒 U 形”的关系，且我国尚处于曲线的左侧，且十分靠近顶峰。

一 海洋产业结构升级与海洋经济增长

海洋产业结构升级与海洋经济增长的关系是国外学者研究海洋经济发展的重要方向之一，他们的研究基本一致认可了海洋产业升级对海洋经济发展的促进作用。N. Rorholm（1967）首次运用投入产出法研究了不同海洋产业部门对英国南部地区经济的影响，他明确提出海洋经济需要可持续发展；类似的，Pontecorvo et al（1980）使用国民账户法对美国海洋经济进行了研究，评估了海洋经济的贡献程度。Nazir 等（2016）对巴基斯坦的渔业资源及其经济价值进行了评估，并认为海洋产业能够刺激海洋经济发展，进而推动国家经济发展。Kwak 等（2005）发现韩国航运业前向联动效应低、后向联动效应高、生产诱导效应高、供应短缺成本低、价格变动普遍效应低、就业诱导效应高的特点，提出海洋产业布局有经济拉动效应和产业带动效应。Putten 等（2016）使用国家层面的投入产出（IO）数据来量化行业与不同海洋产业的联系，并评估那些对海洋部门的持续存在或未来增长可能至关重要的因素，他们发现传统海洋产业的衰退将对某些社区的经济安全和社会福祉产生不成比例的影响，并强调需要有针对性和针对具体地点的治理和政策响应，以提升沿海地区相关海洋部门的复原力。具体到政策层面，他们提出，政府的投资（包括基础设施投资等）如果将渔业、水产养殖和海洋旅游业结合起来，可能会对沿海社区产生最直接的积极影响。为确保渔业部门的直接利益，并促进水产养殖和海洋旅游的增长机会，私人和公共投资最好投资于同时支持这两个行业的关键上下游行业，促进每个行业的增长并可能导致当地社区增加当地就业（Morrissey 和 O'Donoghue，2013 年）。由此可知，国外学者多运用投入产出法对海洋产业及海洋经济发展进行研究，肯定了政策支持的作用。

国内学者有关海洋产业与海洋经济发展的研究方法十分多样。

有学者研究认为在经济新常态下，海洋经济与海洋产业结构形成了良性互动机制，海洋产业结构的升级能够促进海洋经济的发展、加快海洋强国建设的进程，并提出我国海洋经济在实现高质量发展的进程中需要对海洋产业结构进行优化，以此来满足海洋经济发展的需要；部分学者分别通过使用主成分分析法、静态和动态相结合的计量分析法、比例性偏离份额模型、三轴图和 Divisa 模型、灰色关联模型等多样化的方法来说明海洋经济的良性发展需要对海洋产业结构进行优化升级，海洋产业结构越优化越能够促进海洋经济的发展（杜军、寇佳丽、赵培阳，2019）。

二　海洋经济发展与金融

一是金融与海洋经济关系的研究。Goldsmith（1969）和 Levine（1997）指出，在海洋经济投融资方面，政府资金要占主导并且要发挥引导市场资金的作用。Meersman（2005）对海港经济区投融资机制进行研究，提出港口基础设施投资项目具有规模大、不可逆性强、时间跨度长、项目收益高度不确定等五个主要特点，并认为无论是公共资本还是私人资本都应覆盖海洋基础设施。Winskel（2007）揭示了社会资本与金融资本之间的互补关系，指出社会私人投资可以在海洋能源创新中的重要地位。张继华和姜旭朝（2012）认为金融资本应当服务于海洋经济发展的整个周期，打造蓝色经济区需要配套的可持续性金融服务体系支持。俞立平（2013）认为金融通过以下三个机制促进海洋经济发展：一是促进海洋经济增长；二是优化海洋资源配置，促进海洋产业结构调整；三是突破原有的金融中介功能，为海洋经济发展提供全方位支持。同时，提出海洋经济在发展中存在“金融抑制”情形。陈明宝（2018）认为金融要素的国际流动与融合可以促进海洋经济开放与合作，粤港澳大湾区是现代金融的聚集带，拥有金融推动海洋经济发展的良好优势。

二是关于金融支持海洋经济发展的路径研究。Hershman（1988）研究认为，在港口等海洋基础设施投融资上需要政府补助和给予相应的税收减免。杨涛（2012）对海洋第一、二、三产业发展的金融需求进行了分析，提出了融资性支持、风险控制性金融支持、辅助型金融支持三种金融支持海洋经济发展模式。马翔（2012）从海洋保险、海洋产业引导、蓝色信贷、直接融资等方面，提出构建海洋经济金融支撑体系的构想，并建议开展海洋政策性银行试点，设立海洋发展银行，并鼓励现有银行机构调整信贷结构，加大对海洋运输、旅游等产业的支持力度。龙勇（2014）提出设立政策性海洋发展银行，以此解决我国金融支持海洋经济发展中存在的财政与金融合作水平不高的问题。肖立晟（2015）通过对亚欧地区海洋金融发展经验进行总结，强调了政府对海洋金融发展的导向作用，指出产业集群是海洋金融发展的基础。田文（2015）则提出要注重风险控制，提出要完善保险机构的组织体系，设立专业性海洋保险公司，创新推出多元化保险产品。王海菲（2016）认为，海洋金融中心建设需要从政策支持、体制机制创新、高端人才引进、加大金融创新等多方面发力。温信祥（2016）建议应在海洋经济战略规划区选择某些产业特色突出、金融资源高度聚合的省份作为蓝色金融创新综合试验区，探索构建涉海金融产品创新、多渠道融资机制、海洋经济风险防控和分担机制等一系列涉海金融服务体系。陈婷婷（2017）认为构建蓝色海洋金融体系首先是要建立有效的增信分险机制，建立物化权益的海洋金融服务体系，发挥资本的良性导向，支持海洋经济创新与海洋经济绿色发展。胡金焱（2018）指出发展海洋金融需要设立国家海洋发展银行，培育蓝色金融集聚区，成立国家海洋信托基金，建立蓝色金融科技实验室，设立海洋战略性行业企业IPO绿色审批机制。张芳等（2018）建议变革资本市场准入制度、设计多元化资本市场产品、完善资本市场监管制度。王宏杰等（2020）认为要加强配套性金融支持，要组建跨海域跨机构合作平台，培养海洋金融人才，并引入境内外非银行金融服务机构。五是强化金融引导支持。

三　海洋经济与科技创新

2019 年2 月18 日，由中共中央、国务院于2019 年2 月印发实施《粤港澳大湾区发展规划纲要》，标志着粤港澳建设正式上升至国家层面，粤港澳三地进入湾区建设的新时期。世界银行数据显示，全球60%的经济总量集中在入海口，75%的大城市、70%的工业资本和人口集中在距海岸100 公里的海岸带地区。纽约湾区、旧金山湾区和东京湾区，目前都已成为具有国际影响力的重要增长极，并且在金融、科技等领域一定程度上都引领着世界变革。根据《粤港澳大湾区发展规划纲要》中的五大发展定位，粤港澳大湾区要建设成为具有国际影响力的科创中心。

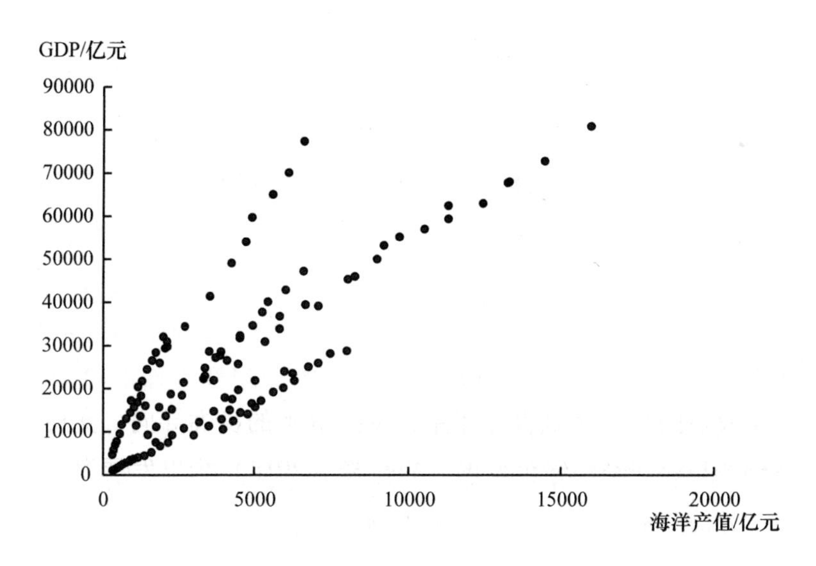

图4－1　沿海各地区海洋产值与本地生产总值散点图

从图4－1 可得出，海洋经济和本地生产总值之间整体上呈现为较强的正相关关系。广东省的海洋产业产值约占广东省GDP 的五分之一，并且广东省的海洋产值也约占全国海洋产值的五分之一。这就意味着，海洋经济是粤港澳大湾区整体经济的重要组成部分，海洋产业的创新对于整个粤港澳大湾区成为具有国际影响力的科创中心具有重要意义。其中，《粤港澳大湾区发展规划纲要》中明确提出“大力发展海洋经济，要坚持陆海统筹、科学开发，加强粤港澳合作，拓展蓝色经济空间，共同建设现代海洋产业基地。构建现代海洋产业体系，优化提升海洋渔业、海洋交通运输、海洋船舶等传统优势产业，培育壮大海洋生物医药、海洋工程装备制造、海水综合利用等新兴产业，集中集约发展临海石化、能源等产业，加快发展港口物流、滨海旅游、海洋信息服务等海洋服务业，加强海洋科技创新平台建设，促进海洋科技创新和成果高效转化”。因此，未来如何促进粤港澳大湾区海洋经济发展和海洋科技创新成为粤港澳大湾区建设的重要议题之一。

1. 海洋科技创新与海洋经济增长

海洋科技创新是引领海洋经济发展的第一动力，海洋经济质量提高需要海洋科技创新的支持。目前国内外已有十分丰富的相关研究成果，基本支持海洋科技发展对海洋经济增长有促进作用的观点。国外研究中，Brun 等（2002）对我国沿海地区和非沿海地区的技术创新进行了分析，发现海洋科技创新能够促进海洋经济发展。Sgobbi 等（2016）发现能源系统技术的改进能够降低成本或提高效率，则每年在船舶电力行业研发和创新方面的投资将可能具有成本效益，从而间接促进海洋经济发展。Andersson 等（2017）从知情政治角度出发，认为海洋能源技术创新能够推动海洋经济发展。Noailly 等（2017）认为太阳能等可再生能源能够推动电力业发展，从而促进海洋经济发展。Lingling Wang 等（2021）的研究表明，海洋科技创新对推动海洋产业结构合理化和进步具有重要作用。B. Liu 等（2021a）指出，海洋科技项目数量是影响海洋经济增长质量的重要因素。Yu and Zou（2020）发现海洋技术创新与海洋经济增长之间存在显着的协整关系。Y. Wang 等（2020）采用耦合模型测度中国福建省海洋技术创新与海洋生态经济协调发展状况，结果表明，海洋技术创新促进了海洋生态经济的增长。W. Ren 和 J. Ji（2021）提出海洋技术创新在环境规制与海洋经济 GTFP 之间起着中介作用。Q. Shao 等（2021）使用向量误差修正模型探索中国海洋经济增长、海洋技术创新和产业升级之间的关系。他们的研究结果表明，从长远来看，海洋经济增长和海洋技术创新是相互促进的。F. Wu 等（2020）分析了海洋技术创新不同研究类型对海洋经济高质量发展的积极影响。D. Zhang 等（2019）发现沿海各地区的海洋技术创新促进了海洋经济的发展。

国内研究中，学者们研究认为海洋科技创新是海洋经济发展的驱动因素，海洋科技创新能够促进海洋经济发展；有学者分别采用熵值法和协调度模型、VAR 模型、层次回归模型对海洋经济与海洋科技的关系进行测度，结果显示海洋科技与海洋经济基本保持同步上升。海洋经济发展水平可能会影响海洋产业的科技创新水平。中国沿海地区的海洋科技创新效率实际上存在较为显著的不均衡现象（闫实、张鹏，2019）。因此厘清这种不均衡现象背后的原因十分重要，大部分学者都将目光集中于海洋经济增长和海洋科技创新之间关系的研究。吴梵等（2019）采用门槛效应模型对 2007—2016 年中国沿海 11 省市进行了海洋科技创新对海洋经济增长的关系的研究，认为海洋科技创新对海洋经济增长有明显的双重门槛效应。具体而言，创新与海洋经济增长之间呈 U 形关系（李帅帅等，2018）。对于海洋经济增长对海洋科技创新的反向影响关系，孙才志等（2017）通过 VAR 模型的估计结果，认为全国海洋经济对海洋科技的影响较小，也就意味着海洋经济的发展对海洋科技创新而言不具有显著的促进作用。但杜军等（2019）同样也采用 VAR 模型进行估计，认为海洋经济增长是海洋科技创新的格兰杰原因。由于时间序列数据并没有考虑地区之间的个体差异性和空间关联性，因此 VAR 模型实际上无法完全验证海洋经济发展对于海洋科技创新的影响。李帅帅等（2018）通过引入沿海地区的空间相关性，采用空间计量模型进行估计，发现沿海某省海洋经济的增长对邻近省份海洋经济的增长具有抑制作用。姜艳艳（2018）和秦曼等（2018）认为，从生态的角度来看，对海洋科技创新的投资有利于促进该行业产业结构和技术的生态可持续性。鄢波等（2018）运用 C2R 模型对我国 11 个沿海省份的海洋科技投入产出面板数据进行实证分析，研究结果显示海洋经济发展对海洋科技投入产出效率具有显著影响。王艾敏（2016）运用 VEC 模型、空间面板回归和面板向量自回归对海洋经济与海洋科技之间的互动关系进行检验，研究发现海洋科技对海洋经济的贡献不显著，但是海洋经济的发展会带动海洋科技的进步，二者之间相互影响。

2. 海洋科技创新的其他影响因素

影响海洋科技创新水平的因素众多，包括上文提到的海洋经济发展但不限于海洋产业的产业结构、人力资本、金融发展水平、市场化程度、对外开放水平、基础设施水平和科研经费投入等。

关于海洋产业的产业结构的研究中，海洋产业的产业结构和海洋科技创新的关系没有统一定论。闫实和张鹏（2019）认为，海洋产业结构升级有助于提高海洋产业的资源配置效率，尤其是创新要素的整合和有效利用，进而促进海洋科技创新。杜军等（2019）通过考察海洋产业结构升级、海洋科技创新与海洋经济增长之间的动态关系发现，海洋产业结构升级首先会对海洋经济增长起到促进作用（孙康等，2017；王波和韩立民，2017），同时海洋经济增长又能提高海洋科技创新，通过这样的链条得出海洋产业结构的调整会对海洋科技创新产生显著的正向促进作用，但这种作用在短期并不明显，长期通过累积效应，才会逐渐变得显著。

除了产业结构调整以外，产业集聚与创新的关系研究也是学术界较为关心的议题。刘郷和孟勇（2020）运用随机效应模型对2009—2016年高技术产业进行研究发现，产业集聚对产业创新绩效存在倒U形影响关系，集聚度加强了区域内的网络关系，形成规模效应，促进产业创新；当集聚达到一定程度，网络关系密度过高产生拥挤、过度竞争等效应，导致要素、管理等各类成本增加，阻碍了产业创新绩效。市场化水平既可能促进集聚网络活跃度，又加剧了网络密度过高下的关系不稳定性。也就是说短期产业聚集可能会抑制产业的创新水平，但是长期产业聚集将会促进创新水平的提高。

人力资本是科技创新的核心要素，因此通过海洋教育，培养海洋人才，可以促进海洋产业的创新水平（闫实、张鹏，2019）。何元庆（2007）对比了人力资本、国际进出口及FDI对创新的影响关系，结果发现，人力资本是提高创新水平的最重要的因素。另外，科研经费的投入也是创新水平差异的关键性因素，但是科研经费的使用效率才是决定创新产出的内在原因。傅卫东（2019）以我国2006—2016年本科院校作为研究样本，发现科研经费投入对于高校专利创新确实有正向促进作用。但这种促进作用也存在显著的空间差异性，其中西部地区的科研经费对创新的促进作用存在一定的滞后作用。关于科研经费使用效率的内在机理，安同良等（2009）发现，由于存在信息不对称，企业经常发送虚假的创新类型信号以获取政府R&D补贴，而这其中大部分并不是用于创新生产活动，因此对创新产出并不会产生显著的促进作用。

金融是科技创新的重要支持。在海洋经济领域中，许林等（2019）通过面板SFA模型测算了中国11个沿海地区的金融支持效率，并通过灰色关联分析发现金融发展与海洋经济发展表现出显著的正相关关系。但是，全国沿海地区的金融对海洋经济增长贡献率在缓慢下降，并且全国沿海地区中存在较多地区金融对海洋经济而言并没有起到明显的促进作用（马树才等，2019）。同时，全国三大海洋经济圈的金融使用效率水平存在空间差异性，形成了三圈三极的格局，金融支持效率按东部、北部和南部依次递减。

市场化程度越高，对产权的保护往往越好，越容易产生创新的活动，提高创新产出。戴魁早和刘友金（2013）通过中国高技术产业 1995 ~ 2010 年的细分行业面板数据发现，市场化程度的提高对中国高技术产业的创新绩效产生了积极影响，并且在垄断程度较低、技术密集度较低、外向度较高的行业中，市场化程度的提高对创新绩效的促进作用更大。刘戅和孟勇（2020）进一步对市场化程度产业创新绩效提高的作用机制进行了研究，发现市场化程度提高可以正向调节产业集聚对产业创新绩效的“倒 U 形”影响关系，从而得出市场化程度提高产业创新水平的结论。

对外开放对海洋科技创新有正向作用。海洋经济的发展离不开对外贸易的发展，开放度越高的地区往往经济外向联系性更高，跨国企业的活动也会更丰富，从而可能会产生更多的知识和技术外溢现象，因此对外开放水平可能也会对海洋产业的创新水平产生影响（闫实、张鹏，2019）。冼国明和严兵（2005）利用 1998—2003 年省际面板数据建模发现，外资的引进确实能够产生一定的科技创新的外溢效应，但这些外溢效应并不涉及核心的技术层面，往往仅局限于外观设计等层面。何元庆（2007）采用数据包络法（DEA），通过测算 1986—2003 年各省经济的技术创新效率、技术进步和 TFP 增长，比较人力资本、国际进出口及 FDI 对创新的影响。结果表明对外开放能够提高技术进步，促进科技创新，但影响的力度并没有人力资本那么大。吴传清和邓明亮（2019）对 2005—2016 年长江经济带 108 个地级及以上城市面板数据构建模型发现，对外开放水平能够在一定程度上解决要素的边际递减规律的问题，从而提升创新的效率。

除了上述的影响因素外，基础设施的水平会通过影响要素间的流动，从而影响知识和技能的分享及外溢，从而对创新产出也可能会产生相应的影响。马昱等（2019）利用熵权 TOPSIS 法来衡量城市基础设施水平，基于 2005—2017 年间我国 30 个省市的面板数据，运用面板门槛模型发现，城市基础设施会对技术创新产生正向促进作用，并通过技术创新这一中介传导影响地区经济增长。

3. 创新的空间溢出效应

前文梳理的文献中，所采用的模型的前提假设往往都是独立观测值，大部分文献都没有考虑地区之间的空间相关性，根据地理学第一定律："任何事物之间都存在相关性，并且这种相关性跟距离成反比"（Tobler，1979），因此现实经济世界中，个体之间往往都不会是独立的存在，而是相互关联（Getis，1997）。并且如果数据具有一定的地理属性，往往都会遵从地理学第一定律，离得越近的个体之间影响越大（Anselin & Getis，1992）。地区之间的各要素相互自由流动、地区内的个体之间相互交流或地区之间紧密的贸易往来，都会产生不同程度的知识和技术外溢，而这种外溢现象会和区域自身的投入变量进行空间上的耦合，从而形成在空间上合成的作用（Anselin & Rey，1991）。

除了上述所分析的会产生空间溢出效应的原因外，在现实经济世界中，地区之间往往都会存在一定程度的模仿和竞争，在这个过程中，主动或被动的空间外溢效应便产生。如果设定地区 i 决策的"反应函数"为 $I_i = f(I_{-i}, X_i)$ ，I_{-i} 表示其他地区的策略，X_i 为影响地区 i 的自身的相关变量，I_i 为地区 i 的最优决策。樊纲等（1994）和林建浩在对我国转型期间地方政府行为的研究中已经指出，我国存在地方政府之间的"兄弟竞争"。在这种竞争模式下，当一个地区进行制度创新、技术变革的时候，往往其他地区就会竞相学习和模仿，在网络时代信息传播的速度加快，这种空间的外溢效应产生的速率极快，尤其是对于地理临近的地区。当然，除了地区间的模仿，在地区竞争的前提下，地区之间也有可能针对其他地区的创新而产生差异化的制度和技术变革，从而获取比较优势。陈国亮（2015）认为，海洋产业协同集聚存在空间外溢效应，并受区域边界约束，其中，长三角海洋产业协同集聚在500公里范围内存在溢出效应，珠三角的作用范围限于广东省内，而京津唐的辐射范围只有75公里。

四 海洋生态问题

海洋生态环境问题成为影响和制约海洋经济健康发展的重大瓶颈和突出短板。维护海洋生态健康与生态安全是保障海洋事业科学发展的重要基础，也是推动海洋经济高质量发展的题中之义。20世纪90年代初，Crossman（1991）将库兹涅茨曲线应用于生态环境质量与经济收入的实证分析，并提出环境库兹涅茨曲线理论。Halpern（2008）沿用Crossman的理论，将环境库兹涅茨曲线扩展至海洋经济与海洋生态环境的动态演变关系研究，认为海洋生态的恶化在很大程度上与经济快速增长背景下人类粗放的用海方式与不合理开发活动有关。Costanza（1999）针对发展中国家社会经济持续发展问题，提出发展中国家必须充分协调自身经济与全球生态环境的发展关系，才能遏制海洋生态恶化。国内相关研究显示，我国海洋经济与海洋生态污染之间的关系目前尚处于环境库兹涅茨“倒U形”曲线的左侧（Chen，2017），且朝“倒U形”曲线的极点移动，表明海洋生态环境压力随着海洋经济的发展而逐渐增大，但同时也对海洋经济的持续发展产生了日益明显的负面效应。狄乾斌（2007）以辽宁省海洋生态经济发展为例，构建了海洋经济可持续发展的概念模型和发展度的评价方法。高乐华（2012）针对海洋经济、生态系统与社会发展的交互胁迫关系，构建发展状态评价指标体系，证实三者之间存在着交互胁迫关系。具体到海洋经济的可持续发展能力研究方面，刘明（2008）立足海洋经济可持续发展的内涵与影响因素分析，构建了改进的三标度层次分析模型，对我国沿海地区海洋经济的可持续发展能力进行了量化评价。

第二节 系统动力学研究

本节首先介绍了系统动力学在国外及国内的发展历史，接着简单回顾了学科中的重要概念，最后对系统动力学在国内四个方向的应用进行了介绍。

一 系统动力学的发展历史

关于系统动力学（System Dynamics，SD）的研究，最先出现在 1956 年，美国麻省理工学院的 Forrester 教授为分析研究企业中存在的生产管理及库存管理问题而提出了系统仿真方法，也叫工业动态学。1961 年，Forrester 发表了经典著作《工业动力学》，此时系统动力学主要应用于工业企业管理。

1971 年，系统动力学研究对象拓展到了世界，Forrester 教授的团队出版了《世界动力学》，为研究全球发展问题提出“世界模型”、“世界模型Ⅱ”和“世界模型Ⅲ”。他的学生 Meadows 教授所在的小组发表了《增长的限制》和《趋向全球的平衡》，认识到迄今世界范围内的指数型增长势头是不可持续的，全球发展将逐渐过渡到某种均衡发展的状态。这是世界最早的“可持续发展”概念。

接着，Forrester 教授带领团队开展了国家模型的研究，历时十一年，建立起一个具有 4000 余个方程的美国全国系统动力学模型。该模型揭示了美国经济长波的内在机制，回答了长期存在的通货膨胀、失业率和实际利率同时增长的问题。

在我国，系统的整体观与中国哲学的特征恰好相符，国际学界对中国系统研究的结果给予很高的评价。国际著名的协同学创始人，德国的 Haken 教授提出，中国是充分认识到系统科学巨大重要性的国家之一，并认为“系统科学”的概念是由中国学者较早提出的。在中国大陆，钱学森教授20世纪70年代提出“系统科学论”，1981年提出“系统学”的设计，认为系统科学具有工程技术（包含系统工程、自动化技术、信息技术）与技术科学（包含运筹学、控制学、信息学）两大层次。1982年，邓聚龙教授则提出具有中国特色的“灰色系统论”。我国对于西方“系统动力学全国模型”的引进主要集中在20世纪80年代前后，杨通谊、王其蕃、许庆瑞、陶在朴和胡玉奎等专家学者发挥了积极的倡导作用。

二 重要概念

系统动力学是一种系统方法论，是将研究对象置于系统的形式中加以考察。系统行为主要是由系统内部的机制决定的，系统动力学在了解系统的组成及各部分的交互作用之后，对内部的反馈环进行建模，模型可以通过改变参数和策略因素输入，在计算机上进行仿真模拟，从而考察各种情境下系统动态变化的行为和趋势。系统动力学的出现，为认识和解决具有非线性、高阶次、多变量、多重反馈、复杂时变等特点的复杂系统问题提供了理论和方法。

构成系统动力学模型的基本元素包含“流”（Flow）与“元素”。“流”种类包括订单流、人员流、现金流、设备流、物流与信息流，代表着组织或企业运作的基本运作结构；“元素”包括“状态变量”（Level）、“速率”（Rate）和“辅助变量”（Auxiliary）。状态变量表示真实世界中随时间推移而累积的事或物；状态变量的值由控制该状态变量的速率决定，一个状态变量可由数个速率来控制。速率又可分为流入速率与流出速率，则状态变量即是由流入速率与流出速率之间的差经过一段时间的累积所形成。辅助变量主要有三种含义：第一表示数据处理的过程；第二表示某些特定的环境参数值，为一常数；第三为系统的输入测试函数或数值。

系统动力学建模有三个重要组件，分别是因果反馈图、流图和微分方程式。因果反馈图描述变量之间的因果关系；流图用符号表达出模型的复杂概念；而微分方程式则用来连接状态变量和速率，由此组成系统动力学模型的重要结构。常见的建模方法有因果与相互关系回路图法、流图法、图解分析法、流率基本入树建模法、反馈环计算法等。

三　国内应用

系统动力学在国内主要应用于以下几大方面：一是模拟预测；二是管理决策研究；三是系统优化与控制；四是创新驱动研究。

1. 模拟预测研究

应用系统动力学进行预测研究系统动力学方法主要依据系统内部诸因素之间形成的各种反馈环进行建模，同时搜集与系统行为有关的数据进行仿真，作出预测。

系统动力学进行模拟预测，最为广泛的是应用于自然资源方面，如预测土地资源承载力。高新才和赵玲（1992）从农作物供需差的角度建立了系统动力学仿真模型，以张掖市为例预测分析干旱区土地资源的人口承载力，预测张掖市未来 20 年里人口将日趋超过土地资源人口承载力。魏耀武和常军（2014）建立了系统动力学模型对区域土地资源人口承载力进行研究和模拟仿真，以考察山东省未来十几年不同情境下的土地资源人口承载力的变化。

针对能源预测方面，曹晓晨和张林华（2012）在系统动力学理论和方法的基础上建立农村能源可持续发展的系统动力学模型，并将农村能源系统分为人口、能源供给、可再生能源开发、建筑等子系统，对山东省农村能源模型进行动态模拟，分析预测未来一直到 2030 年山东省能源发展情况。黄元生和张茜（2016）运用系统动力学模型对我国 2015—2020 年的能源消费需求进行模拟预测，结果发现，为了满足能源需求必须调整能源结构，大力发展科学技术、提高能源利用效率，于是提出逐步引进碳排放税的建议。

针对矿产资源的预测，林启太（1999）提出可以应用系统动力学模型对矿产品产销前景进行分析预测；唐旭等（2010）等根据系统动力学原理构建了中国石油产量预测的系统动力学模型，确定了剩余可采储量、采油速度等规模变量参数；于晓勇等（2011）采用系统动力学方法预测了中国2006—2050年的煤炭投资需求；史立军和周泓（2012）用系统动力学方法预测了中国未来天然气的供需趋势；杨鑫等（2015）对可持续发展的中国石油供需进行了基于系统动力学的预测；谢丽琨和张力菠（2010）通过系统动力学模型仿真预测了石油价格与各影响因素之间的关系。

在水资源的应用方面，王晓昌（2004）分析了西部干旱缺水地区水资源再生利用问题，并构建了系统动力学模型，对水资源再生利用系统相关动态变量进行分析，同时建立动态反馈模拟模型，分析了预测系统的动态趋势；牛志强等（2009）、黄林显等（2008）利用系统动力学方法建立了区域水资源承载力模型，分别模拟了河南省和山东省水资源承载力和用水状况；杜梦娇等（2016）构建了江苏省水资源安全系统动力学模型，并对水资源安全问题进行了模拟仿真；刘婧尧等（2014）将系统动力学方法应用于区域水资源可持续利用，并模拟仿真预测了未来几十年天津市水资源的需求状况；张雪花和郭怀成（2002）应用系统动力学多目标规划整合模型对秦皇岛市城市水资源利用结构进行了优化研究。

除此之外，系统动力学方法还在人口数量预测、住宅市场价格预测、电力需求与价格预测、客流量预测、港口经济预测、粮食需求预测、风险预测、生命周期预测等方面得到广泛应用。

2. 管理决策研究

管理决策研究使用系统动力学方法对系统未来的行为进行动态仿真，得到系统未来发展的趋势和方向，并对此提出相应的管理方法和措施，使管理决策更加科学和有效。

项目管理方面的研究应用系统动力学较多。帅珍珍等（2017）运用系统动力学的基本原理和方法，对施工项目安全水平进行仿真计算，从而分析各个因素的安全投入增长率对系统安全水平的影响；黄晓光（2008）基于系统动力学的思想，按照建设工程项目建设过程的不同阶段，建立造价控制效果反馈图，以开发商的视角对项目进行造价管理，并分析影响造价的主要因素；袁红平等（2018）运用系统动力学理论方法研究建筑废弃物现场管理问题，分析影响建筑废弃物现场管理的主要因素及相互关系，建立包括废弃物产生、现场分类分拣和废弃物处理的 3 个子系统的建筑废料现场管理模型，同时借助软件 Vensim 进行模拟评估。

企业管理方面，周仕通（2006）等运用系统动力学仿真技术对影响资金循环的各个因素进行即时分析，从而达到维护资金循环、优化不同形态资金分布、高效利用内部资金、减少集团财务风险的目的；齐丽云等（2017）构建了企业社会责任信息披露的概念模型和系统动力学模型，以信息的“需求—供给”为基础，以“收益—成本”为约束，以“天津塘沽大爆炸”和“长江客轮翻沉”事件为例，探究企业社会责任信息的披露过程及其影响因素的作用机制；杨瑛哲和黄光球（2017）采用系统动力学方法构建了企业技术变迁路径的因果图和系统流图，并通过案例仿真实验得到影响企业技术变迁的关键因素，即 R&D 投入和企业信息系统上线率；吴静（2018）基于系统动力学建立了一个供电企业绩效预测模型，结合企业的自身特性研究供电企业的目标绩效实现问题；白书源（2018）则应用系统动力学构建出了一个民航企业竞争力系统动力学模型，以此来分析民航企业竞争力。

物流管理方面，杨涛等人（2020）系统地分析了 ULS 地下物流系统对城市经济、社会和环境的有利影响，并以北京市为例构建了 ULS 对城市发展影响的系统动力学模型，选取 ULS 分担率为控制变量进行仿真分析，结果表明地下物流系统对缓解交通压力、改善城市生态环境、缓解城市空间资源紧张和增加城市就业等方面具有重要的影响；陶经辉和王陈玉（2017）在研究物流园区和产业园区的服务功能联动时，采用了系统动力学理论构建模型并进行仿真，用 GDP、第三产业产值以及进口交易额和出口交易额四个状态变量的模拟值与真实值的误差值检验了模型的有效性。

3. 系统优化与控制

对系统进行优化和控制是系统动力学方法最重要的应用之一。影响系统运行和发展的因素复杂众多、而且随时间变化，系统动力学从动态的角度出发，构建系统模型，把握系统变化发展的规律，从而对系统进行优化和控制。

此方面的研究以库存控制和规模优化最为常见。黄金和周庆忠等（2010）基于系统动力学模型，结合油料收发的动态过程，对油库库存控制系统进行研究，并通过 Vensim 进行仿真决策；何晓兰（2009）基于 JMI 联合库存管理模式的农产品供应链管理研究，以系统动力学的相关理论为基础，以平武县农产品为例，并运用 Vensim 仿真软件，构建系统动力学模型，研究 JMI 模式的农产品供应链管理相比于原有的供应链管理技术的优点；王明葆和杜志平（2015）基于系统动力学原理，结合山东省某企业的食用油生产供应链现状，对食用油生产流通环节进行分析，建立出多级库存管理下的供应链模型，并运用 Vensim 仿真软件，将传统库存控制模式和 VMI 供应商管理库存模式进行比照；黄丽珍等（2006）将系统动力学和遗传算法相结合，用以探讨超市配送中心系统的最优库存和最优订货策略问题；刘丽丽（2009）研究了大型超市存货调节与控制系统动力学模型，引进初始在途库存量、延迟时间、初始库存量、订货速率、在途库存量等系统因子，并进行仿真研究；刘声亮、张旭凤和朱丹（2011）针对零售店库存优化的问题，借助系统动力学软件 Vensim 构建零售店配送与库存系统的因果图和流图，结合案例并进行仿真模拟分析。

城市发展方面也需要运用系统优化与控制。王其藩和李旭（2004）运用系统动力学方法探讨了社会经济系统的政策作用机制与行为优化的原理和方法。赵道致和孙德奎（2011）建立了农村居民消费与地区经济发展的动态机制的系统动力学模型，并以山东省莱阳市为例，进行系统仿真。莱阳市居民消费与经济发展的系统动力学仿真结果表明，经济发展与居民收入之间存在着正向的关系。最后指出，要拉动地区经济的发展，可以通过较少税收来增加农民的收入，从而促进经济发展。袁绪英和曾菊新（2011）构建了滠水河流域的经济环境协调发展的系统动力学模型，分析了滠水河流域的自然与社会经济特点，通过分析系统中 GDP、人口、产业结构、城市化水平、水环境容量等主要参数，构建了模型的正负因果循环图。同时建立了资源、人口、环境与经济四大子系统，确定了各种敏感因素，并以敏感因素为核心，通过设计不同的情景，得出经济环境系统发展的最优方案。

交通规划方面，杨浩雄等（2014）用系统动力学方法建立了治理城市交通拥堵的系统动力学模型，并对北京市典型治堵措施的实际效果进行仿真分析，从而优化我国治理城市交通拥堵的政策措施；范青青（2019）结合我国交通政策实施现状，借助系统动力学方法并通过 Vensim Ple 软件建立了城市交通治理干预的模型，在考虑到五种居民收入水平的基础上，分为征收拥堵费情形、征收车辆购置税情形、实施网约车政府补贴情形三种情况，最后通过仿真将得出的结果进行对比分析，并结合仿真结果对如何缓解我国城市交通拥堵状况提出相关的政策建议。

4. 创新驱动研究

创新和创新驱动是现阶段社会与学术界都高度重视的热点话题。运用系统动力学可以模拟创新生态系统，从而对创新因素的影响大小、内在作用机制以及相关问题进行研究。

李盛竹、马建龙（2016）根据2006—2014年间科技活动的相关数据，采用系统动力学仿真方法构建国家科技创新系统动力学模型，将国家科技创新系统划分为创新载体、创新资源、创新环境、创新服务、创新产出5个主要部分。通过国家政策、科技人员投入、经费投入3个因素数量上的改变并生成的仿真结果，发现知识产权保护、增加科技人员总量、增加企业科研经费投入对国家科技创新能力影响较大，因此得出结论：企业科研经费投入和科研人员对国家科技创新能力提升起决定性作用，且保护知识产权是提升创新能力的重要支撑。

针对企业的创新，孙冰和王为（2010）建立了企业自主创新动力系统SD模型，并对黑龙江省企业自主创新能力的动力效果进行了仿真分析；李柏洲和苏屹（2009）构建了大型企业原始创新的系统动力学模型，并通过分析模型主回路得出结论，发现优化大型企业内部各部门之间的投入比例可以提升大型企业原始创新能力；孙晓华和杨彬（2008）在构建企业自主创新系统动力学模型之外，分析了影响企业自主创新能力提升的主要因素。

应用于区域创新，杨剑等（2010）建立了一个区域创新系统的系统动力学模型，以研究区域创新系统的结构和运行机制，为区域创新战略制定提供依据；王灏晨和夏国平（2008）建立了区域创新系统动力模型，并以广西为例进行仿真模拟，结果发现资金和人才是制约广西创新系统建设的瓶颈要素；朱婷婷等（2019）基于系统动力学的理论依据，对国家自主创新示范区的聚力创新内在机理进行分析，发现创新驱动、创新服务、技术推动、环境建设是四大主要影响因素；王进富和张耀汀（2018）构建了一个系统动力学模型，以研究科技创新政策对区域创新能力的影响机理，通过模型中的反馈控制理论研究不同政策对区域创新能力的影响，结果发现科技创新政策利用不同的政策工具会产生显著的效果差异。

第五章　粤港澳大湾区制度创新基础

CEPA、自贸区及联席会议是粤港澳大湾区最重要的三个制度基础，三者对粤港澳地区的贸易便利化、金融创新发展、基础设施互联互通等方面有重要推动作用。

港澳回归前，粤港澳之间的合作以民间推动为主，工商社团和一些半官方机构配合其中，三地政府并未构建合作的推动机制，中央对广东涉港事务的授权以处理边境事务为主。经国务院批准，粤港和粤澳先后于1981年6月和1987年7月设立了粤港和粤澳边境联络制度。港澳回归后，粤港合作进入了通过制度安排推进全面合作的时期：1998年、2003年，广东省分别与香港、澳门建立起粤港、粤澳联席会议制度，三地的合作由以市场为主转向了市场、民间、政府协调等多方面推动。在产业合作的推进方面，2003年，商务部与香港、澳门分别签署的《内地与香港关于建立更紧密经贸关系的安排》《内地与澳门关于建立更紧密经贸关系的安排》（均简称为CEPA），以及于2008年开始在广东实施的CEPA“先行先试”政策，使粤港澳三地之间的经贸关系从由功能性合作推进，转向由功能性整合与制度性整合共同推进。2010年，为落实《珠江三角洲地区改革发展规划纲要（2008—2020年）》、CEPA及其补充协议，广东省人民政府分别与香港、澳门特别行政区政府签署了《粤港合作框架协议》和《粤澳合作框架协议》（以下简称《框架协议》）。这是首份经国务院批准的内地省份与港澳特区之间签署的综合性合作协议，《框架协议》具有法律效力，为合作制度的执行提供了法律依据和保障。2014 年末，国务院批准设立中国（广东）自由贸易试验区，并签订服务贸易自由化协议，所采用的“负面清单”管理模式被视为清除粤港澳服务业合作“最后一公里”障碍的重要举措。

第一节　CEPA

2003 年以后，在 CEPA 的推动下，珠三角地区逐渐由“前店后厂”向“厂店合一”转型，原有的合作互补关系也由此逐渐向竞争替代关系过渡，粤港澳的利益格局出现分化。尽管 CEPA 的目的在于推动粤港澳三地服务贸易的共同发展，在此制度下有利于港澳服务业扩大内地的市场需求，同时也促使珠三角地区的企业在港澳的引领下尽快转型升级。然而在巨大的共赢机遇面前，粤港澳三地的企业都未表现出预料中的热情，政府的制度安排未让企业真正形成利益共赢的认同感。这从本质上说明粤港澳三地的合作尚未找到利益共同点，制度层面也并未发生实质性的改变，三地的服务贸易合作力度仍有待提升。

一　CEPA 制度的演进

以澳门为例，为促进内地和澳门的共同繁荣与发展，加强双方经贸联系，2003 年 6 月，中央政府与澳门签订了《内地与澳门关于建立更紧密经贸关系的安排》（下称《安排》）（CEPA）。CEPA 是中国内地与澳门地区在 WTO 框架下深化经贸合作的制度性安排，旨在通过政策协调的方式降低贸易和投资障碍，促进经济融合，以实现双方经济共同繁荣与发展。其主要内容包括货物贸易、服务贸易和贸易投资便利化三方面，CEPA 允许两地对遵循原产地规则的货物实现货物贸易零关税，扩大服务贸易市场准入以及实行贸易投资便利化。自此开始，CEPA 成为内地全面接受并实施世界贸易组织（WTO）审议的一份自由贸易协议，是“一国两制”方针在经济领域的成功实践。

多年来，CEPA 的内容不断丰富，两地几乎每年都要召开会议，根据两地经贸发展需要不断深化和扩展 CEPA 的具体内容。CEPA 主体文件及其 10 个补充协议已形成内地对澳门较为系统的高标准开放体系，代表着内地对外开放的最高水平。CEPA 及其补充协议以超出世界贸易组织多边贸易自由化标准更高水平的开放和优惠措施，在降低和消除两地贸易、投资等方面的制度性障碍，加速双方资本、货物、人员、信息等要素自由流动，推动地区经济一体化进程等诸多方面成效卓著。随着内地服务业开放及服务贸易自由化进程加快，服务贸易逐渐成为 CEPA 及其补充协议的主要内容，也成为 CEPA 及其补充协议最具特色且最为核心的政策安排。

CEPA 自首次签署以来适用的领域在不断延伸，从最初的服务贸易领域到投资领域以及经济领域，囊括了经济活动的大部分领域。除此之外，CEPA 也在不断升级，2014 年前体现为正面清单事项的不断增加，2014 年后实施负面清单管理，其升级就体现为负面清单的缩短。2014 年 12 月签署的《关于内地在广东与澳门基本实现服务贸易自由化的协议》（下称《广东协议》）按照“一国两制”的原则和世界贸易组织的规则，采取“准入前国民待遇加负面清单”的管理模式，在《安排》及其 10 个补充协议的基础上进一步对澳门扩大开放。《〈内地与澳门关于建立更紧密经贸关系的安排〉服务贸易协议》在总结 CEPA 及补充协议和《广东协议》先行先试经验的基础上，进一步扩大对服务业的开放。《CEPA 投资协议》和《CEPA 经济技术合作协议》是 CEPA 升级的重要组成部分，是内地与澳门在“一国两制”框架下按照世贸组织规则作出的特殊经贸安排，是落实党的十九大报告提出的实行高水平贸易投资自由化便利化政策、支持澳门融入国家发展大局精神的重要举措，充分体现了中央对澳门长期繁荣稳定的支持。《CEPA 投资协议》进一步放开了投资准入标准，该协议全面涵盖投资准入、投资保护和投资促进等内容，对接国际规则，兼具两地特色，开放程度高，保护力度大，将为两地经贸交流与合作提供更加系统性的制度化保障。《CEPA 经济技术合作协议》既包括对 CEPA 及其 10 个补充协议中有关经济技术合作内容的全面梳理、分类和汇总，又结合现阶段内地与澳门各自经济发展的水平和特点，着重突出澳门特色。

表 5－1　　CEPA（澳门）的演进路径

CEPA（澳门）的演进路径			
CEPA（澳门）协议	货物贸易	服务贸易	贸易投资便利化
2003 年 6 月《CEPA 主体协议》	内地对澳门 273 类产品实行零关税	内地向澳门开放包括法律、会计、金融、旅游、运输等 18 个服务领域，涉及 73 项市场开放措施	7 个领域贸易投资便利化
2004 年 10 月《〈CEPA〉补充协议》	增 713 类原产于澳门的产品零关税	在法律、会计等 11 个原有服务领域作进一步开放，并在专利代理、商标代理等 7 个新增服务领域加入开放措施，共涉及 45 项市场开放措施	
2005 年 10 月《〈CEPA〉补充协议二》	增 261 类产品零关税	在法律、会计、试听、建筑、分销、银行、证券、旅游、运输及个体工商户 10 个原有服务领域作进一步开放，涉及 21 项市场开放措施	
2006 年 6 月《〈CEPA〉补充协议三》	37 项货物确定其原产地规则	在法律、建筑、旅游等 8 个原有服务领域作进一步开放，并在信息技术、会展 2 个新增服务领域加入开放措施。本次补充协议涵盖 10 个服务领域的 15 项市场开放措施	知识产权保护

续表

CEPA（澳门）的演进路径			
CEPA（澳门）协议	货物贸易	服务贸易	贸易投资便利化
2007年6月《〈CEPA〉补充协议四》		在17个原有服务领域作进一步开放，并在公用事业服务、养老服务等11个新增服务领域加入开放措施。本次补充协议涵盖28个服务领域的40项市场开放措施	进一步加强会展业的合作
2008年7月《〈CEPA〉补充协议五》		在15个原有服务领域作进一步开放，并在与采矿相关服务、与科学技术相关的咨询服务2个新增服务领域加入开放措施。本次补充协议涵盖17个服务领域的29项市场开放措施。至补充协议五，双方已在40个服务贸易领域公布了251项开放措施	双方进一步加强电子商务领域、知识产权保护领域和品牌领域的合作
2009年5月《〈CEPA〉补充协议六》		在18个原有服务领域作进一步开放，并在铁路运输、研究和开发服务2个新增服务领域加入开放措施。本次补充协议涵盖20个服务领域的29项市场开放措施。至补充协议六，双方已在42个服务贸易领域公布了251项开放措施	
2010年5月《〈CEPA〉补充协议七》		在12个原有服务领域作进一步开放，并在技术检验分析与货物检验及专业设计2个新增服务领域加入开放措施。本次补充协议涉及14个服务领域的27项开放措施，其中8项措施在广东“先行先试”。至补充协议七，双方已在44个服务贸易领域公布了278项开放措施	在通关便利化、商品检验检疫、教育合作等10个领域开展贸易投资便利化合作
2011年12月《〈CEPA〉补充协议八》	允许把原产自内地的原料及组合零件价值计算在“从价百分比”内，有助于利用《CEPA》给予澳门货物零关税的优惠	在13个原有服务领域作进一步开放，并在跨学科的研究与实验开发服务、与制造业有关的服务和图书馆、博物馆等文化服务3个新增服务领域加入开放措施。本次补充协议涉及16个服务领域的23项开放措施。至补充协议八，双方已在47个服务贸易领域公布了301项开放措施	加强商品检验检疫、食品安全、质量标准及创新科技产业领域的合作

续表

CEPA（澳门）的演进路径			
CEPA（澳门）协议	货物贸易	服务贸易	贸易投资便利化
2012年6月《〈CEPA〉补充协议九》		在21个原有服务领域作进一步开放，并在教育服务新增领域加入开放措施。本次补充协议涉及22个服务领域的共37项服务贸易开放措施。至补充协议九，双方已在48个服务贸易领域公布了338项开放措施	进一步加强商品检验检疫、食品安全、质量标准领域的合作
2013年8月《〈CEPA〉补充协议十》		在法律、建筑、计算机、房地产等28个领域进一步放宽市场准入的条件，新增加复制服务和殡葬设施的开放措施。本次补充协议涉及28个服务领域的共65项服务贸易开放措施。至补充协议十，双方已累计公布了403项开放措施	进一步加强商品检验检疫、食品安全、质量标准领域的合作，进一步加强知识产权保护领域的合作
2014年12月《关于内地在广东与澳门基本实现服务贸易自由化的协议》			《协议》是内地首次以准入前国民待遇加负面清单的方式签署的自由贸易协议。《协议》以负面清单为主，绝大多数部门以准入前国民待遇加负面清单的开放方式予以推进，少数敏感部门（跨境服务、电信领域、文化领域）继续采用正面清单的开放方式。在采用负面清单的134个部门中，保留的限制性措施共132项；采用正面清单扩大开放的部门新增27项开放措施
2015年11月《〈CEPA〉服务贸易协议》			推动内地与澳门基本实现服务贸易自由化，逐步减少或取消双方之间服务贸易实质上所有歧视性措施，进一步提高双方经贸交流与合作的水平

续表

CEPA（澳门）的演进路径			
CEPA（澳门）协议	货物贸易	服务贸易	贸易投资便利化
2017年6月《〈CEPA〉投资协议》			《CEPA投资协议》是CEPA的一个内容全新的子协议，全面涵盖投资准入、投资保护和投资促进等内容。在投资准入方面，《CEPA投资协议》将进一步提升两地间的投资自由化便利化水平。继《CEPA服务贸易协议》之后，内地在市场准入方面再次对澳门采用“负面清单”开放方式。根据协议，内地在非服务业投资领域仅保留了26项不符措施，在船舶、飞机制造、资源能源开采等方面采取了更加优惠的开放措施，并明确了在投资领域继续给予澳门最惠待遇，还新增了多项务实的投资便利化措施，这将使澳门继续保持内地对外开放的最高水平。在投资保护方面，《CEPA投资协议》对投资的征收补偿、转移等，给予国际高水平投资保护待遇。关于投资者与投资所在地一方的争端解决，双方共同设计了一套符合“一国两制”原则、切合两地需要的争端解决机制，包括友好协商、投诉协调、通报及协调处理、调解、司法途径等，为两地投资者的权益救济和保障做出全面和有效的制度性安排

续表

CEPA（澳门）的演进路径			
CEPA（澳门）协议	货物贸易	服务贸易	贸易投资便利化
2017年6月《〈CEPA〉经济技术合作协议》			《CEPA经济技术合作协议》既包括对CEPA及其10个补充协议中有关经济技术合作内容的全面梳理、分类和汇总，又结合现阶段内地与澳门各自经济发展的水平和特点，着重突出澳门特色。《CEPA经济技术合作协议》的重点内容包括：一是就“中葡商贸合作服务平台”建设设置专章，通过推进澳门“中葡商贸合作服务平台”建设，依托“中葡论坛”，使澳门在深化中国与葡语国家经贸合作中，不断提升国际竞争力；二是就“一带一路”建设设置专章，通过建立工作联系机制、畅通信息沟通渠道、搭建交流平台、联合参与产能合作和开拓“一带一路”沿线市场等措施，支持澳门参与“一带一路”建设；三是在重点领域合作方面，推动澳门关注的特色金融、电子商务、会展、中医药等新兴产业发展，支持澳门培育新的经济增长点；四是设立次区域经贸合作专章，除共同推进泛珠三角区域、粤港澳大湾区及自贸试验区的经贸合作之外，协议还根据澳门需要，支持粤澳全面合作示范区、苏澳合作园区建设，实现互利共赢；五是增加劳动培训就业和青年创业条款，为澳门青年就业培训和创业提供广阔空间

续表

CEPA（澳门）的演进路径			
CEPA（澳门）协议	货物贸易	服务贸易	贸易投资便利化
2017年12月国务院港澳办公布新一批便利澳门居民在内地发展的政策措施			2017年8月，国务院港澳办集中公布了一批中央各部门出台的便利澳门同胞在内地学习、就业、生活的政策措施。国务院澳门办公布以下新一批便利措施：根据新政策，在内地就业的澳门同胞，均可按照内地《住房公积金管理条例》和相关政策的规定缴存住房公积金

资料来源：根据商务部网站整理。

二 CEPA对海洋经济的影响

自2003年以来，CEPA极大地促进了两地经济融合发展，形成了内地与澳门的制度性合作，提高了澳门经济与内地经济发展的关联度，促进了内地与澳门经济优势互补、互利共赢。从短期看，CEPA的实施促成了香港和澳门经济的迅速发展，从中长期看，CEPA通过扩展内地市场，为澳门现代服务业发展和经济增长提供了支撑，同时促进了内地服务业的发展，进一步密切了两地的产业合作。具体来看，表现在以下三个方面。

一是建立了内地与港澳在经贸领域制度性的合作机制。通过CEPA制度性安排，建立了中央政府与香港、澳门特别行政区政府在经贸领域的全面合作机制和沟通平台，推动和保障了相互间的经贸交流和合作顺利进行。同时，制度性的安排也促进了内地深化改革和进一步扩大开放。

二是CEPA实现了内地最高水平的对外开放。货物贸易领域，从2006年起就对原产于澳门的产品全部实现了零关税。服务贸易领域，根据不同行业特点，不断扩大对澳门开放，并于2015年底签署《CEPA服务贸易协议》，与港澳基本实现服务贸易自由化。通过《CEPA投资协议》和《CEPA经济技术合作协议》，内地将进一步扩大对澳门的开放，保持CEPA作为内地对外开放的最高水平。

三是促进了港澳经济的繁荣稳定发展。通过CEPA高水平开放合作，不仅让香港和澳门在更大程度分享内地经济高速增长的好处，也为港澳产业开拓内地广阔市场提供了更低准入门槛、更广业务范围和先发优势，让港澳借助内地经济的稳定性，抵御经济风险的冲击，提升港澳的竞争优势，为港澳的繁荣稳定发展提供新的空间和创造更有利的条件。CEPA为港澳产业发展提供了长远支撑，创造了大量本地就业机会，有利于促进港澳经济适度多元、可持续发展，深度参与国家改革开放大局，实现粤港澳三地经济的全面深入融合，共同发展。

第二节　自贸区

一　自贸区制度的演进

从2004年正式实施的CEPA《框架协议》，到2015年挂牌成立的广东自贸试验区，再到当前广东自贸区改革创新的纵深推进，乃至未来可能进行自贸区扩区及升级为自由贸易港的探索实践，均旨在通过粤港澳尤其是粤港两地贸易和投资自由化便利化，由“区域特惠”机制及政策转化为在全国普遍推行的“普惠”机制及政策，为中国实现全面开放新格局探索路径、提供经验。2015年，广东自贸试验区正式批复成立，实施范围包括广州南沙新区片区、深圳前海蛇口新区片区、珠海横琴新区片区3个自由贸易区，共计116.2平方公里（见表5-2）。从功能定位来看，广东自贸区建设区别于以往构建由优惠政策叠加而成的“政策洼地”，而是以制度创新为核心，承担起“促进内地与港澳经济深度合作，为全面深化改革和扩大开放探索新途径、积累新经验，发挥示范带动、服务全国的积极作用”的国家使命。作为中国改革开放的最前沿，广东自贸区为国家进一步开放进行分领域、阶段性的“压力测试”，是国家制度型开放的试验场（见图5－1）。

表5－2　　　　　　广东自贸区构成概况

区域	面积	概述
广州南沙新区	60平方公里	功能定位：探索符合国际高标准的投资贸易体系，建设具有世界先进水平的综合服务枢纽和国际性高端生产性服务业要素集聚高地 重点产业：生产性服务业、航运物流、特色金融以及高端服务业
深圳前海蛇口新区	28.2平方公里	功能定位：建设我国金融业对外开放试验示范窗口、世界服务贸易重要基地和国际性枢纽港 重点产业：科技服务、信息服务、现代金融等高端服务业
珠海横琴新区	28平方公里	功能定位：文化教育开放先导区和国际商务服务休闲旅游基地，促进澳门经济适度多元发展新载体、新高地 重点产业：旅游休闲健康、文化科教和高新技术等产业

资料来源：笔者根据公开信息整理。

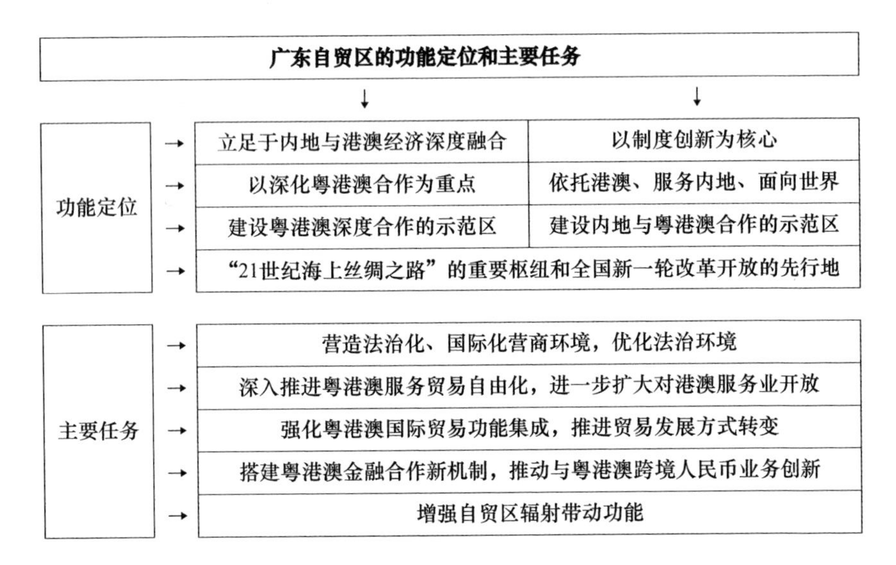

图5－1　广东自贸区的功能定位和主要任务

从制度创新的角度看，三大自贸区有不同的地理优势和发展基础，相应地也有不同的制度创新优势（见表5－3）。

表5－3　**自贸区优势分析**

地区	地理位置		产业基础	合作基础	创新环境
广州南沙新区	一般优势	南沙区是区域性水、陆交通枢纽，地处珠三角核心	先进制造业、现代服务业和高新技术产业等已开始发展	与香港、澳门多年合作	国家实施CEPA先行先试综合示范区的机遇
	独特优势	面积大、中心性突出	南沙的产业种类丰富性也比前海、横琴大	借助香港、澳门、广州市在科技、教育、商业服务方面的优势	合作模式的创新
深圳前海蛇口新区	一般优势	地处珠三角区域发展主轴和沿海功能拓展带的十字交会处	香港是国际金融、贸易、航运中心，全球服务业最发达的地区之一；深圳第三产业发展迅猛	深港已有多年合作经验	吸引人才环境优越、产业创新活跃
	独特优势	紧邻香港	几乎未开发，产业基础良好	借鉴香港发展现代服务业的优势	人才、文化优势
珠海横琴新区	一般优势	与澳门一桥相通，处于“一国两制”的交会点和“内外辐射”的结合部	澳门第三产业占主导；珠海先进制造业、现代服务业具有良好基础	粤澳合作日益密切	政策支持
	独特优势	紧邻澳门	几乎未开发，产业基础良好	承接澳门多元化发展	制度创新，先行先试

资料来源：笔者根据商务部网站整理。

2018年，国务院印发《进一步深化中国（广东）自由贸易试验区改革开放方案》，明确“广东自贸区建设开放型经济新体制先行区”，要求在转变政府职能、市场准入、贸易便利化、金融创新及监管、知识产权保护和运用、法治建设、人才管理改革等几乎“全领域”有重要突破和创新，涉及更深层次的制度改革；而开放型经济新体制不仅涵盖以上领域的改革，可能涉及更多领域，如属于中央事权的国际关系等领域。因此，广东自贸区建设是构建开放型经济新体制的重要组成部分，其所形成并在全国复制推广的制度创新成果是国家开放型经济新体制的“子制度”（见表5－4）。

表5－4 广东自贸区制度创新汇总

广州南沙新区	投资便利化	首创跨境缴税完善多元化缴税平台，开展城市级基础设施BIM技术应用，改善投资环境；研究出台《深圳前海蛇口片区反垄断工作指引》，发布国内自贸区首个对外直接投资指数，完善投资管理体制
	贸易便利化	深港陆空联运改革为打造以前海为中心的出口贸易生态圈创造了条件；"关检自贸通""原产地智慧审签"以及邮轮母港智能化旅检通关，进一步提升通关效率；"中国前海"船籍港国际船舶登记制度落地，对前海建设南方航运中心、国际物流中心和国际航运融资中心具有重要作用
	金融开放创新	推动国内首单区块链跨境支付业务、微众银行首个区块链跨机构金融、国内首家区块链图书馆应用落户前海，打造金融科技发展高地；全国首个私募基金信息服务平台在前海上线运行，构建防范金融风险屏障
	事中事后监管	发布前海廉洁指数，对前海的廉洁状况进行科学、系统和前瞻性评价；发布《前海管理局防止利益冲突暂行规定》，在党风廉政建设、反腐败工作与国际接轨方面进行了积极探索
	法治建设	适用香港特别行政区法律审理民事案件，探索涉港案件当事人送达制度，深化深港法律合作；创新司法行政管理机制，实施审判精品战略，推进司法体制改革；深圳市知识产权保护中心入驻前海，打造知识产权综合服务平台，促进知识产权生态体系建设
	体制机制创新	率先实施单元一体化开放模式，创新利益共享机制开展土地整备，进一步完善区域开发开放机制
深圳前海蛇口新区	投资便利化（21项）	1. 首创跨境缴税完善多元化缴税平台 2. "三步走"探索税银合作新道路 3. 发布国内自贸区首个对外直接投资指数 4. 设立"内港通"助港企开拓内地市场 5. 筹划"一带一路"创新项目国际路演中心 6. 开展城市级基础设施BIM技术应用 7. 成立深港国际区块链孵化器 8. 构建"实人＋实名＋实证"立体办税"防火墙" 9. "诚信纳税免打扰"管理新模式 10. 落实前海"双15%"税收优惠新模式 11. 推出"手机市民通"项目 12. 推进电子税务局二期建设 13. 推出"问税"2.0—多语种咨询服务平台 14. 基于物联网技术的园区智能化管理模式 15. 设立总部经济项目信息库优化总部项目跟踪手段 16. 创新产业资金管理模式 17. 通过银行"一站式"办理金融账户完善社保登记信息业 18. 制定前海复杂地质条件下的地铁安保区设计施工审批程序 19. 率先发布"前海特色"企业文化建设体系 20. 制定《项目预验收管理办法》提高工程验收质量 21. 试点粤港澳游艇"自由行"

续表

深圳前海蛇口新区	贸易便利化（16项）	22. 深港陆空联运改革 23. 关检自贸通 24. 首次实现全国自贸区原产地证智慧审签 25. 全国首个自贸区内口岸植物检疫初筛鉴定室运行 26. “中国前海”船籍港国际船舶登记制度落地 27. 跨境电商 B2B 交易一站式解决方案 28. 创新平行进口汽车试点模式 29. 开展“保税+实体新零售”式的保税展示交易 30. 自贸试验区报关企业注册登记备案制度改革 31. 推行邮轮母港智能化旅检通关模式 32. 推动 CEPA 框架下认证认可联系单位落地深圳 33. 实施跨境电商保税备货进口小批量 CCC 产品免特殊检测处理程序 34. 发布贸易便利化指数 35. 实现国际航行船舶联网核放功能 36. 实施港口建设费远程申报和电子支付 37. 打造自贸区航运绿色发展样板区
	金融创新（9项）	38. 不良资产跨境转让业务试点政策获重大突破 39. 国内首单区块链跨境支付业务创新落地 40. 国内首个区块链跨机构金融应用花落前海 41. 深圳前海微众银行“微业贷”产品 42. 全国首创区域性私募信息服务平台 43. 外商独资私募证券投资基金试点启动 44. 平安银行前海分行打造离岸服务支持平台 45. 中信银行前海分行自贸区跨境双币种融资 46. 前海大宗商品交易平台助力“一带一路”建设
	事中事后监管（3项）	47. 发布前海廉洁指数 48. 运用政府投资工程廉情预警评估系统防范廉政风险 49. 建立船舶“事中事后”安全监管机制
	法治建设（24项）	50. 审结全国首宗艺术品份额化交易案件 51. 审结首例适用香港特别行政区法律的案件 52. 探索涉港案件当事人转交送达制度 53. 全国率先制定《深圳前海合作区人民法院关于审理涉对赌协议纠纷的裁判指引》 54. 创设法官大会制度 55. 制定《涉合作区与自贸区案件审判指引》 56. 率先开拓保理新型公证业务 57. 率先推出遗嘱保管服务 58. 中国首个有关“一带一路”中文法律数据平台（“一带一路”法治地图）正式启动 59. 成立“中非联合仲裁深圳中心” 60. 创新司法辅助事务集约化管理 61. 召开前海法智论坛打造前海法治名片 62. 建立具有国际、区际公信力的涉外、涉港澳台案件审判机制 63. 建立全新的司法行政管理机制 64. 建立阳光高效便民司法服务机制

续表

深圳前海蛇口新区		65. 全面实施审判精品战略 66. 建立法治前海研究基地推动新型检察智库建设 67. 多举措推进涉税案件“两法衔接”工作 68. 试点第三方电子数据保全公共服务平台 69. 创新司法鉴定服务新流程 70. 成立前海香港商会商事调解中心 71. 创建“中国国际仲裁研究院”和“跨国投资与法律培训中心” 72. 发布涉自贸区新类型案件裁判指引 73. 聘请第三方专家评查案件
	体制机制创新（3 项）	74. 前海创新运用前沿科技确保地铁安全 75. 率先实施单元一体化开发模式 76. 创新利益共享机制开展土地整备
珠海横琴新区	实施多项清单管理	实施多项清单管理是横琴制度创新的一大亮点。横琴已制定对港澳负面短清单、发布政府部门权力清单、制定1748 项工商行政违法行为提示清单、制定横琴与港澳差异化市场轻微违法经营行为免罚清单，这些清单推动横琴形成了趋同港澳的国际化营商环境
	优化司法环境	司法环境的优化开创了多个在全国领先的改革举措：全国率先推行立案登记制、全国率先实行将“类似案件类似判决”引入法庭辩论制度、确立中国第一个现代化综合法院框架、全国率先推行第三方法官评鉴机制，使横琴的法治环境进一步得到提升
	创新政务服务	在政务服务领域，横琴率先推出商事登记主体电子证照卡和“三个零”政府服务，努力实现企业到政府办事“零跑动”、在法律规定之外对企业实施“零收费”、实现对企业“零罚款”。

资料来源：笔者根据公开资料整理。

二 自贸区对海洋经济的影响

自贸区是粤港澳大湾区试点经济实验室，其建立让粤港澳大湾区在产业升级、对外开放方面向前迈出一大步，为大湾区进一步加大开放、增大制度创新力度提供了土壤，为大湾区对标发达国家，保量提质发展海洋经济提供了平台。

一是创造优质营商环境。外源型经济对国际市场的高度依赖，常常受世界经济环境的制约，往往容易受国际市场波动的影响和国际垄断资本的控制，具有很大的风险性。外源型经济也使地区缺乏自主技术创新的动力，从而极大地影响了内生增长机制的加速形成。广东是我国典型的依靠外源型经济增长的地区。目前广东显示出对外资依赖程度过高，这种外源型经济反而限制内生力量的发展。迫切需要通过自贸区建设营造法治化、国际化营商环境，优化法治环境，实行负面清单管理和投资备案项目自动获准制，完善事中事后监管机制。

二是推动粤港澳深度融合。广东自贸区立足点就在于粤港澳深度融合。实现货物贸易、服务贸易、与贸易有关的投资、与贸易有关的知识产权等全方位对接。在贸易、投资、金融等方面互联互通，形成合力，共同发展。人员、资金、信息等经济发展要素无障碍流通和共享，在经贸规则层面实现互认和互鉴。目前可看到的公开资料显示出以下几点。

第一，深入推进粤港澳服务贸易自由化，进一步扩大对港澳服务业开放。推进粤港澳管理标准和规则相衔接，实现三地人员、资金、信息等要素便捷流动。第二，强化粤港澳国际贸易功能集成，推进贸易发展方式转变。建立与粤港澳海空港联动机制，建设“21 世纪海上丝绸之路”物流枢纽。第三，搭建粤港澳金融合作新机制，推动与粤港澳跨境人民币业务创新。扩大人民币跨境使用，开展双向人民币融资；推动适应粤港澳服务贸易自由化的金融创新。探索建立与港澳金融产品互认、资金互通、市场互联的机制；推动粤港澳投融资汇兑便利化。探索实行本外币账户管理新模式、设立面向港澳和国际的新型要素交易平台。

三是增强自贸区辐射带动功能。近年来，广东一直强调珠三角的辐射带动作用，并不是要把原属于珠三角的产业“搬动”到东西两翼和山区，而是希望通过转移为珠三角的产业和技术升级提供足够的空间，从而实现珠三角地区和东西两翼及山区的双赢发展。自贸区成功申报以后，要增强自贸区的辐射带动功能，以广东自贸区为中心，具体辐射有三个层次：第一层次，向北辐射“珠三角”，向南辐射港澳；第二层次，向北辐射“泛珠三角”，向南辐射东盟；第三层次，向北辐射全国，向外辐射至全球。广东自贸区的空间布局具有很强的辐射带动功能，建成之后可以真正实现珠三角和东西两翼及山区的双赢发展。

第三节 联席会议

一 联席会议制度的演进

联席会议主要包括粤港合作联席会议和粤澳合作联席会议，都已开展多年，在体制机制建设方面形成了诸多有效成果。

粤港合作联席会议制度建立于1998年，2003年升格为由双方行政首长共同主持，是目前粤港区域合作协调的主要形式。该机制使粤港合作上升至政府层面，使粤港合作由单纯的民间合作向政府推动的全方位合作转变。随着合作的日益加深，基本形成了相对稳定的联席会议举办机制和针对具体合作项目的专项小组制度；双方的议程也在不断深化，从最初注重经济发展合作，逐渐增加了环保、基础设施建设等合作，近年来更增加了包括教育、文化、社会服务等在内的多项民生项目合作，随着共同规划的兴起和跨境共同开发项目的增加，粤港合作逐步向全方位合作扩展（刘云刚等，2018）。

粤澳合作联席会议已开展多年，在体制机制建设方面形成了诸多有效成果。粤澳两地于2001年建立粤澳高层会晤制度，下设经贸、旅游、基建交通和环保合作四个专责小组以及多个专项小组，并设立粤澳合作联络小组作为常设机构，每年轮流在广东和澳门举行不少于一次的全体会议。自2003年12月9日起，粤澳合作联席会议制度取代粤澳高层会晤制度并定期举办。每次联席会议都对下一阶段粤澳合作方向、合作重点及重大经济社会问题进行磋商，使合作能够有计划、有组织地开展。粤澳合作联席会议下设联络办公室作为常设机构，同时双方根据需要设立若干项目专责小组；双方已在环保、科技、供水、服务业、食品安全、中医药产业、珠澳合作等领域设立了合作专责小组，在口岸合作、中医药产业、青年交流、教育、旅游等方面取得了突出进展。

在2008年之前，联席会议主要以两方协商与专项合作结合为主，两个合作联席会议的基本框架有所差异。粤港合作联席会议由广东省常务副省长与香港特区政府政务司司长为首长（即“双首长制”）主持会议。在2003年之前，粤港两地在这一框架下举行了五次会议，先后成立了粤港信息技术与产业化合作、旅游合作、口岸合作等专家组，研究和制定合作项目的有关计划，并同时成立珠江三角洲空气质素管理及监察专责小组研究两地环境问题。2003年粤港合作联席会议第六次会议由“双首长制”升格为“双首脑制”（由广东省省长与香港特区行政长官共同主持），形成了由全体大会、工作会议、联络办公室及专责小组等构成的联席会议基本框架。

表5－5　**粤港合作联席会议基本框架**

	组织	主要任务	具体内容
粤港合作联席会议	全体大会	确定合作协调原则和方向	由广东省省长和香港特区行政长官共同主持，专责小组、粤港发展策略研究小组、“大珠三角”商务委员会等代表出席。全体大会每年举行一次，一般在粤港两地轮流举行，大会主要从宏观层面回顾过去一年粤港两地的合作情况，就双方下阶段合作的重大议题进行协商，确定共同关注和着力推动的重大事项

续表

	组织	主要任务	具体内容
粤港合作联席会议	工作会议和联络办公室	工作会议督促各专责小组跟进落实；联络办公室负责港澳政府层面重大事务日常联络、协调、统筹及跟进工作	工作会由香港政务司司长和广东省副省长共同主持，主要职责是跟进落实粤港合作联席会议全体大会所确定的合作事项，督促各专责小组具体落实全体大会形成的议程。粤港合作联席会议下设粤港合作联席会议联络办公室，由广东省港澳事务办公室主任和香港政制及内地事务局局长分别担任粤方联络办公室主任和港方联络办公室主任，负责日常联络、协调、统筹及跟进工作
	专责小组	具体协调事务的跟踪协调	对粤港合作联席会议确定的具体合作事项和专项工作进行跟踪研究、对接磋商。截至2008年，形成了粤港持续发展及环保合作、高新技术合作、保护知识产权合作、粤港传染病情况交流与通报（2014年改为粤港医疗卫生合作）、推介大珠三角、扩大粤港经济合作腹地、落实CEPA服务业、文化体育合作、教育合作、旅游合作、口岸合作、协调粤港跨界大型基础设施建设项目、经贸合作研讨会、粤港澳大桥前期工作协调、铜鼓航道、携手推进“泛珠三角”区域合作、城市规划及发展、公务员交流合作、信息化合作、社会福利合作等方面的20个专责小组

资料来源：广东省城乡规划设计研究院：《大珠江三角洲城镇群协调发展研究之专题四：城镇群协调发展机制与近期重点协调工作建议》，2009年；李建平：《粤港澳大湾区协作治理机制的演进与展望》，《规划师》2017年第11期，第53—59页。

粤澳两地合作起步较晚，合作事项相对较少。2003年之前，粤澳之间的协作主要由粤澳高层会晤制度对重要事务进行协调。会晤制度的执行者主要为粤澳合作联络小组，在2000—2003年举行了三次粤澳合作联络小组会议。2003年，粤澳合作联席会议升格，粤澳之间也在粤澳高层会晤制度的基础上建立了粤澳合作联席会议制度，其总体架构分为联席会议、联络办公室、专责小组三个层次（见表5-6）。

表 5－6　　粤澳合作联席会议基本框架

<table>
<tr><th rowspan="4">粤澳合作联席会议</th><th>组织</th><th>主要任务</th><th>具体内容</th></tr>
<tr><td>联席会议</td><td>确定合作协调原则和方向</td><td>由广东省省长与澳门特区行政长官共同主持召开，主要就粤澳合作中的合作方向、合作重点及重大经济社会问题进行磋商和决策</td></tr>
<tr><td>联络办公室</td><td>日常联络、协调统筹；及时跟进、督促专责小组工作</td><td>双方在粤澳合作联席会议下设立粤澳合作联席会议联络办公室，针对有关粤澳合作的日常事务进行沟通联络</td></tr>
<tr><td>专责小组</td><td>事务的跟踪协调</td><td>就粤澳合作联席会议确定的具体合作事项和专项工作进行跟踪研究、对接磋商</td></tr>
</table>

资料来源：笔者根据公开资料整理。

2008 年以后，三地的联系越发紧密，2009 年 2 月，广东省副省长、香港特区政务司司长、澳门特区经济财政司司长在香港首次举行三地联络协调会议，就金融、产业、基础设施及城市规划、环保、教育培训等领域加强合作的提议达成共识，并以基础设施及城市规划、旅游等领域为突破口，试点推进共同编制有关专项规划、共建绿色优质生活圈的工作。三地又先后签订了《粤港合作框架协议》和《粤澳合作框架协议》。《粤港合作框架协议》共 11 章 37 条、《粤澳合作框架协议》共 8 章 38 条，涵盖了粤港（粤澳）跨界基础设施、产业发展与科技创新、营商环境、优质生活圈、教育与人才、区域合作规划等领域，明确了新形势下粤港（粤澳）合作的宗旨、基本原则和主要目标，确立了深圳前海地区、深港河套地区、广州南沙、珠海横琴及落实 CEPA 重点市等重点合作区，提出了一系列具体、务实、可操作的合作举措，并明确了完善合作机制建设等保障机制。从横向视角来看，粤港、粤澳合作不断加强，每年制定落实框架协议重点工作，完善联席会议和增辟专责小组，拓展协作治理的内容和深度，进一步建立互利共赢的区域合作关系，推动区域经济一体化（李建平，2017）。

二 联席会议对海洋经济的影响

联席会议所涉及的范围十分广泛，从纵向角度来分析协议内容，其对海洋经济的主要影响表现在以下几个方面，下以粤澳框架协议为例说明。

其一是跨界合作平台的建设。在联席会议的基础上，粤港澳三地通过完善联席会议和增辟专责小组的方式，拓展协作治理的内容和深度。三地通过探索建立合作联席会议专责小组联络员互访交流常态化机制，促进了两地部门之间的定期互动联络。专责小组机制的完善增加了三地合作默契，三方在策略研究、经贸金融、环境治理、社会民生、口岸基建等方面的合作为海洋经济深入合作分工提供了平台（见表5－7）。

表5－7 《粤澳合作框架协议》重点平台建设

深化粤澳合作重点平台建设	
2011年	建立粤澳合作开发横琴协调机制；在横琴合作建设粤澳合作产业园区；完善横琴开发配套政策
2012年	落实《关于横琴开发有关政策的批复》《关于加快横琴开发建设的若干意见》《珠海经济特区横琴新区条例》；建立粤澳合作产业园联合工作机制；实施“比经济特区更特”的优惠政策；加快粤澳合作中医药科技产业园、横琴休闲度假区建设；推进横琴与澳门轨道交通对接
2013年	落实《关于横琴开发有关政策的批复》《关于加快横琴开发建设的若干意见》《珠海经济特区横琴新区条例》；完善粤澳合作产业园联合工作机制；推进文化创意产业项目合作；加快粤澳合作中医药科技产业园、横琴休闲度假区建设；推进横琴与澳门轨道交通对接；落实《广州南沙新区发展规划》；推动南沙新区与澳门旅游学院合作；推进滨海休闲旅游产业发展；建设南沙实施CEPA先行先试综合示范区、南沙输澳鲜活农产品基地；密切跟进及协助落实澳门企业对南沙的投资发展机会及意向
2014年	全面推进合作开发横琴；拓展广州南沙新区合作内容；积极研究中山翠亨新区合作方向；研究推进江门大广海经济区合作
2015年	深入推进中国（广东）自由贸易试验区建设；全面推进合作开发横琴；推进澳门与广州南沙新区合作；加快推进珠澳跨境工业区转型升级；加快中山市与澳门的合作；研究江门大广海湾经济区合作新模式

续表

深化粤澳合作重点平台建设	
2016 年	深入推进广东自贸区建设；全面推进合作开发横琴；推进澳门与广州南沙新区合作；加快中山市与澳门的合作；推进江门大广海湾建设
2017 年	携手参与“一带一路”建设，与“一带一路”沿线国家、葡语系国家开展双向投资、旅游、法律服务、中医药科研、人才培养和成果转化合作；深入推进广东自贸区建设；全面推进珠海横琴新区开发合作；加快中山翠亨新区合作；推进江门大广海湾建设

资料来源：笔者根据商务部网站整理。

其二是三地在产业协同发展方面做出贡献，为之后三地海洋经济合作以及海洋产业与陆地产业衔接奠基。一方面为粤港澳大湾区推进陆海统筹发展、促进海洋产业与陆地产业交叉互动发展、推动三地企业合作提供基础。另一方面三地在金融、旅游、文创等产业和专业领域的合作为海洋产业合作提供示范和发展经验，促进三地以更低的成本优化海洋产业分工布局（见表 5 - 8）。

表 5 - 8　**《粤澳合作框架协议》产业协同建设**

产业协同发展	
2011 年	宣传推介“一程多站”旅游线路；落实澳门会展服务企业以跨境服务方式在广东举办会展活动；完善粤澳中医药合作机制；加强金融合作与创新；加强两地物流、标准工作、知识产权交流合作；联合在欧盟和葡语系国家举办经贸交流活动
2012 年	加强旅游合作、中医药合作；扶持中小企业发展；协助粤澳企业拓展葡语国家市场；推进广州南沙新区开发建设
2013 年	加强旅游合作、中医药合作；扶持中小企业发展；协助粤澳企业拓展葡语国家市场；支持澳门电信运营商与内地企业建立合资企业
2015 年	服务贸易自由化；粤澳金融、旅游、文化创意、会展、贸易投资、中医药产业、专业服务合作
2016 年	
2017 年	

资料来源：笔者根据商务部网站整理。

其三是三地基础设施互联互通建设，推动粤港澳大湾区陆海统筹建设。基础设施是地区经济发展的重要基础，联席会议在粤港澳大湾区内部实现基础设施互联互通方面做出重要贡献，降低三地要素流动成本，增强三地联系度，促进海洋经济一体化发展（见表5-9）。

表5-9 《粤澳合作框架协议》基础设施建设

基础设施与便利通关	
2011年	加快广珠城际轨道交通、港珠澳大桥、广珠西线高速公路、西部沿海高速公路建设；加强粤澳双方在港口发展策略、建设、经营管理等方面的合作；召开广州、深圳、珠海、香港和澳门五大机场联席会议；共同推进水利、输电项目建设
2012年	加快广珠城际轨道交通、港珠澳大桥、广珠西线高速公路、拱北口岸扩建工程、粤澳新通道项目建设；召开五大机场联席会议；共同推进水利、输电项目建设；加强电子商务合作
2013年	推进港珠澳大桥、西部沿海高速公路、粤澳新通道项目建设；共同推进机场、输电、天然气项目建设；推进货物"单一窗口"通关
2014年	推进港珠澳大桥、西部沿海高速公路、粤澳新通道项目建设；共同推进供水、输电、天然气项目建设
2015年	推进港珠澳大桥、广珠城际轨道交通延伸线项目、粤澳新通道项目、西部沿海高速公路、珠海220千伏琴韵至澳门CT220（莲花）站建设；推进澳门机场与珠海机场开展合作
2016年	落实《珠海口岸查验机制创新试点方案》；推进港珠澳大桥、粤澳新通道项目、珠三角高等级航道网、航道扩能升级项目建设；开展220千伏烟墩站至新澳站联网方案及工程前期可行性研究工作；加强珠澳机场合作
2017年	落实《珠海口岸查验机制创新试点方案》；推进港珠澳大桥、珠澳航空业、海域管理及围海方面、供水、输电合作

资料来源：笔者根据商务部网站整理。

其四是三地社会公共服务合作建设，为实现区域发展，促进人流、物流、资金流流动提供基础。人才交流、物流运输和资金投入是促进海洋经济发展的三大至关重要的因素，联席会议在高校、环保、医疗、食品卫生合作等社会公共服务方面的工作，以及在行业认证、交流方面的努力，为港澳人士来粤工作生活提供了良好环境，从而促进三地区域发展，进一步推动海洋经济发展（见表5-10）。

表 5－10　　《粤澳合作框架协议》社会公共服务建设

	社会公共服务
2011 年	支持粤澳两地高校、青少年开展合作交流；建立药品安全监管信息沟通和监督执法合作机制；建设环珠江口跨境区域绿道；建立污染联防联治机制；建立劳动关系和劳动监察合作机制；加强两地律师、公证行业交流
2012 年	推进澳门大学横琴新校区建设；加强卫生医疗、环保、食品卫生合作；加强两地律师、公证行业交流；建立健全粤澳跨区域突发事件固定联系机制
2013 年	加强高校、人才、卫生医疗、环保、食品卫生合作；加强两地律师、公证行业交流；粤澳应急平台互联互通
2014 年	加强高校、环保、医疗、食品卫生合作
2015 年	加强高校、环保、社保、医疗、食品卫生、法律、应急管理合作
2016 年	加强城市规划研究；加强社会保障、卫生医疗、文化交流、食品卫生、环保合作
2017 年	加强联合防控传染病和突发公共卫生事件应急处置、警务、青年人才、环保合作

资料来源：笔者根据商务部网站整理。

其五是三地共同规划机制设计，加大三地政策一体化的程度，为大湾区海洋经济实现统一发展提供沟通机制。特别是在旅游合作方面的跨境合作规划及口岸发展规划，为粤港澳大湾区港口升级、发展海洋服务业、打造大湾区特色滨海旅游提供规划基础（见表 5－11）。

表 5－11　　《粤澳合作框架协议》区域合作规划

	区域合作规划
2011 年	推进编制旅游合作专项规划、澳珠协同发展规划、澳门与珠江口西岸地区发展规划；全面推动"优质生活圈"、"基础设施"及"环珠江口宜居湾区建设重点行动计划"等专项规划的实施
2012 年	推进编制旅游合作专项规划、澳珠协同发展规划、澳门与珠江口西岸地区发展规划
2013 年	
2014 年	完善《粤港澳区域旅游合作愿景纲要》；推进编制《粤港澳文化交流合作发展规划 2014—2018》《环珠江口宜居湾区建设重点行动计划》《澳珠协调发展规划》《澳门与珠江口西岸地区发展规划》
2015 年	
2016 年	

续表

区域合作规划	
2017 年	对标国际一流湾区，研究粤港澳大湾区城市群建设；促进智慧城市之间的联系合作

资料来源：笔者根据商务部网站整理。

框架协议是在粤、港、澳三方政府的共同努力下达成的，促进粤港澳大湾区实现政策沟通、设施联通、贸易畅通、资金融通、民心相通，“五通”的实现使海洋经济更具发展潜力。

第六章　世界湾区发展海洋经济的制度创新经验

发达国家如日本、美国均为世界著名的海洋国家，拥有国际领先的海洋经济水平。本部分主要对发达国家及地区在海洋经济制度创新方面的经验进行梳理，这些经验一方面为后续系统动力学模型框架构建提供思路；另一方面为政策建议的提出提供支持。

第一节　海洋管理制度

一　美国海洋管理机构

美国联邦政府海洋管理机构体制主要可分为海洋管理统筹协调机构、海洋综合管理部门、海上统一执法部门以及其他涉海行业管理部门四个方面（见图 6 - 1）。

由于政府部门管理与区域行政管理的叠加导致职责分工不明确，职权交叉现象层出不穷。根据以行政边界划定管辖区域的管理模式，某一海洋区域的经济发展和海洋资源可能由若干个州、县、市政府共同管辖。由于政府不同层级或不同部门的工作和利益取向不同，加之管理界线的人为分割，使得在同一区域内存在多个海洋管理主体，这些主体往往在行政划界的势力范围内各自为政，结果使本来是有机整体的海洋区域变得支离破碎，从而损害了国家海洋管辖区域整体的发展。为了加强美国联邦政府高层

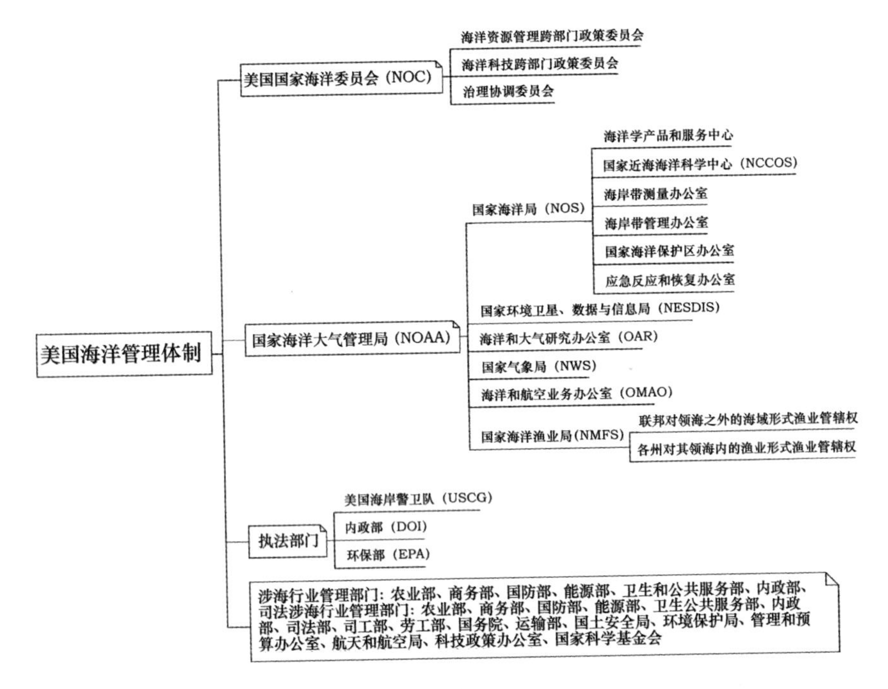

图 6－1 美国海洋管理体制

资料来源：笔者根据公开资料整理。

对海洋政策实施、海洋综合管理的协调和领导，美国联邦政府开展了新的海洋体制建设。2010 年 7 月，奥巴马政府颁布《政府部门间海洋政策特别工作组最终报告》，决定对现行的海洋政策委员会的结构进行一系列整合，建立新的国家海洋委员会（National Ocean Council），以发挥更强有力的指导作用，实现更高水平的管理；明确国家海洋委员会的角色，强化决策与争端解决的程序；加强国家海洋委员会与其他机构之间的协调。国家海洋委员会成为一个确立美国海洋管理高水平的政策导向的权威部门，鼓励联邦政府各部和其他机构持续高水平地参与海洋事务，使海洋管理工作更加高效。为更好地开展工作，海洋政策委员会成立了海洋资源管理跨部门政策委员会、海洋科技跨部门政策委员会两个附属机构，并设置有指导委员会协调上述两个附属委员会的工作，确保其活动完全支持国家海洋政策的执行，推进国家海洋委员会达成共识的重点工作（见图6-2）（夏立平、苏平，2011）。

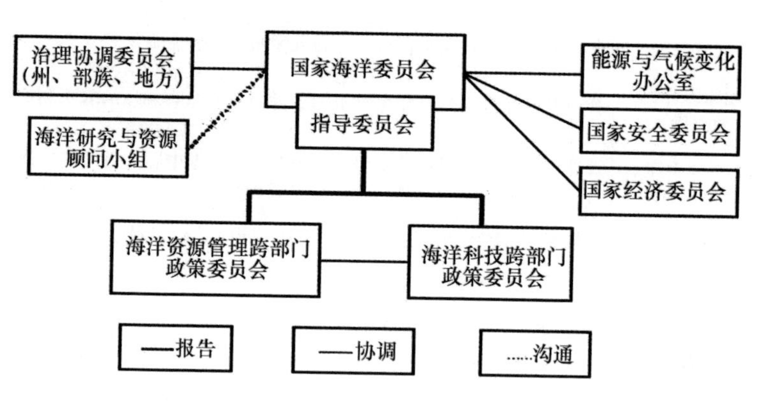

图6-2 美国海洋管理机构关系

美国联邦政府中管理海洋资源的主要部门是商务部下属的国家海洋大气管理局（NOAA）。它的任务是探索和预测地球的环境变化、保护与管理海洋和海岸带资源，以满足美国经济、社会和环境需求。这一任务可以细化为三类具体工作：评估、预测和利用海洋、海岸带和大气环境；海洋资源与海洋区域的管理；科学研究与教育。NOAA设以下一些部门：公共事务部、政策与战略计划部、可持续发展部、立法部、国际部、高性能运算与通讯部、军事部、财务管理部、海洋与大气运作部、系统购置部、项目协调部以及联邦气象协调部。此外NOAA还下设有国家海洋局、国家海洋渔业局、国家环境卫星、数据与信息局、国家气象局、海洋和大气研究办公室、海洋和航空业务办公室等直属机构（见表6-1）（钱春泰、裴沛，2015）

表6－1 美国各海洋管理机构职能分工

部门	职能
国家海洋局	观测海洋，保护沿海社区，保障安全高效的海上运输，保护海洋环境，降低海洋海岸地区健康风险
国家气象局	发布天气、气候和水资源的预报和警报，保护生命财产安全
国家海洋渔业局	管理专属经济区内海洋生物资源，并负责其生存环境的养护和保护
国家环境卫星、数据与信息局	管理运行中的国家环境卫星、NOAA 国家数据中心，提供包括地球系统监测在内的数据和信息服务，对环境进行官方评估，并进行相关研究
海洋和大气研究办公室	拓展 NOAA 的管理能力和业务能力，同时兼顾以科学发现为目的的基础研究
海洋和航空业务办公室	负责操纵多种专门飞机和船只

资料来源：钱春泰、裴沛：《美国海洋管理体制及对中国的启示》，《美国问题研究》2015 年第 2 期。

除去 NOAA 外，联邦的海洋管理事务还涉及众多部门，包括内政部（Department of the Interior，DOI）、环保部（Environmental Protection Agency，EPA）、太空总署、陆军工兵部队、海岸警卫队（U. S. Coast Guard，USCG）、海军和国家科学基金会等。虽然机构众多，但真正具有执法功能的却只有 DOI、EPA 和 USCG（见图 6－1）。

三个执法机构中，DOI 下属的鱼类与野生动物保护局和矿产管理局只在相当窄的范围内承担执法职责，EPA 也只在内水范围内承担执法职责，具体执法工作由环境执法办公室执行（Office of Enforcement and Compliance Assurance，OECA）。USCG 则是骨干力量，它承担了九成以上的海洋执法任务。USCG 的主要职责可以划分为非国土安全职责与国土安全职责两部分。非国土安全职责包括：海事安全、搜索与救援、助航、海洋生物资源（渔业执法）、海洋环境保护、海冰事务。国土安全职责包括：港口、水道和海岸安全，禁毒，移民查禁，防御准备，其他执法活动（郭倩、张继平，2014）。

纵观美国的现有海洋管理体系，其最大的特点是具有国家层面上的决策权与执行权相分离的设计。海洋事务具有明显的流动性与不确定性，NOAA 统揽海洋管理大局，可以充分利用其人力、技术和设备资源，宏观决策、最大限度地达成目标。这正是决策机构最需要的模式。反观 USCG，执法机构的定位异常明确。当执行不同任务时它除了向总统委员会负责以外，还需根据任务类型的不同，对内务部长、环保部长或 NOAA 局长负责。由于海洋事务牵涉众多部门与机构，因此白宫设有国家海洋委员会（NOC）作为议事协调机构。NOC 的性质是总统委员会，主要职责在于议事协调。

二　澳大利亚海洋管理制度

由于联邦与州政府的关系和现有的部门利益存在冲突，澳大利亚政府成立了一个跨部门的国家海洋部长委员会（OBOM），该委员会的负责范围涵盖环境、工业、资源、渔业、科学、航运和旅游（Juda，2003；Howard 和 Vince，2009），其主旨是保证 1998 年制定的澳大利亚海洋政策（AOP）的有效实施。为更好地保护和管理海洋产业，澳大利亚 1999 年成立 NOO（国家海洋办公室）以支持 OBOM 的工作。NOO 的主要责任是保障区域海洋计划（RMPs）的实施，但其功能仅限于联邦职能，因此不能解决联邦和州治理之间的各种冲突（Howard 和 Vince，2009）。

三　加拿大海洋管理制度

加拿大中央政府于 1985 年成立了海洋渔业部（DFO），扩大了原有的海洋渔业部，这也是海洋制度整合的一个典型例子。根据《加拿大海洋法》，加拿大 DFO 的职责是推动加拿大海洋战略（COG）的实施，并对沿海海洋环境和海洋保护区（MPA）实施综合管理（IM）（Juda，2003 ；Cho，2006）。在前加拿大沿海社区（CZC）的呼吁和奥巴马总统加强美国海洋委员会的行政命令的推动下，2010 年加拿大沿海社区声明呼吁加拿大政府成立加拿大海洋、海岸和五大湖委员会（又称为加拿大海洋和海岸委员会）（The White House Council on Environmental Quality，2010；Ricketts 和 Hildebrand，2011）。加拿大的海洋管理制度有两个重要特点，其一是重视合作。对内，加拿大重视联邦政府与省域政府、沿海社区以及主要利益相关者的合作，创建了独立的海洋与海岸带管理模式。对外，加拿大在联合国海洋公约组织、全球海洋论坛等国际海洋机构中发挥重要作用，与美国、墨西哥等国家进行了密切的海洋管理合作，并与美国共同成立了海洋工作委员会（OWC），共同管理海洋与海岸带。其二是重视生态环保。加拿大进行海洋生态健康维护的方式颇具新意，一方面，政府与省政府、市政府和其他海洋与海岸带利益相关者合作达成具体的生态系统目标，积极引入相关者的参与；另一方面，加拿大政府一直致力于在各海洋保护区间建立一个协调网络，将各个领域、海洋相关机构和技术开发人员有效连接起来，成立海洋科技合作伙伴关系（OSTP），出台统一的海洋保护区战略，形成对海洋和海岸线的高效管理（姜渊，2019）。

四 亚洲部分地区海洋管理机构

海洋制度整合是国际海洋治理的一个重要趋势，亚洲不少国家和地区遵循了这一趋势。以日本为例，随着海洋基本法和海洋基本计划的出台，日本在2007 年设立了海洋政策司，以首相为主席，其他相关大臣为成员，致力于整合和协调各部委执行的海洋政策（Terashima，2007）。韩国于 1996 年将其与海洋相关的职能，如渔业、海事和港口管理、海岸警卫队、海洋环境、航道管理等合并为一个部门，称为海洋事务和渔业部（MOMAF）（Cho，2006；

Hong 和 Lee，1995）。印度尼西亚于 1999 年成立了海洋事务和渔业部（MMAF）（KMI，CCMRS - IPB，2011；Muhammad，2007），专注于渔业和海洋资源管理。印度尼西亚于 2007 年成立海洋委员会（IOC，前称印度尼西亚海事委员会）作为咨询委员会，由总统担任主席，其他 14 位相关部长为成员，并有专家组参与磋商，整合各部委之间的海洋政策实施与对接，解决海洋部门之间的冲突（KMI，CCMRS - IPB，2011）。越南于 2007 年在自然资源和环境部（MONRE）下成立了越南海洋和岛屿管理局（VASI），负责制定海洋政策，包括但不限于沿海、海洋和岛屿利用和管理、ICM、海洋环境等事务（Hoi，2007；Minh，2010）。菲律宾于 2011 年 9 月成立了国家海岸监视系统（NCWS），以更协调地处理海事问题和海事安全行动，加强国家海洋领域的治理。其成员包括国防部（DND）部长和交通运输部（DOTC）部长、外交部（DFA）部长、内政和地方政府部（DILG）部长、司法（DOJ）部长、能源部（DOE）部长、金融部（DOF）部长、环境和自然资源部（DENR）部长和农业部（DA）部长等（Park，2011；The Philippine Star，2011）。

第二节　法规体系

美国拥有完善的海洋法律体系，总结有 5 个要点。其一，最核心的是海洋综合性立法，其中 2000 年的《海洋法》是美国国内海洋事务管理和国家海洋政策总结宣示的综合性立法。《21 世纪海洋蓝图》详细描绘了美国海洋事业发展的远景；《美国海洋行动计划》在宏观上全面阐述了美国整体海洋工作思路，酝酿构建海洋综合管理模式，在微观层面提出了具体措施，此外还设立了内阁海洋政策委员会，取代 2000 年海洋委员会来落实海洋和海岸带治理建议；《21 世纪海洋法》，即《21 世纪海洋保护、教育和国家战略法》统一了联邦和地区的海洋共识，弥补了海洋治理和执法体制、经费等问题的空缺。2006 年《海洋政策变革重中之重》强调了海洋开发利用和保护的重要性。2007 年《海洋研究优先计划和实施战略》规划了未来十年的海洋科学事业。2009 年，美国总统奥巴马提交了《关于国家海洋海岸和大湖区国家海洋政策总统备忘录》，呼吁新海洋政策的制定以及成立海洋政策特别工作组来完成备忘录中提及的任务。此后，该工作组于 2010 年向总统提交了《加强美国海洋工作的最终建议》。同年总统奥巴马签署了美国历史上第一个真正意义上的国家海洋政策：《海洋、海岸和大湖区国家管理政策》。其二，美国还有海洋主体权益保护法，与加拿大、墨西哥、古巴、委内瑞拉、新西兰、英国等主体均签有公约。国际社会就领海、毗连区、大陆架、专属经济区的最大宽度范围及各国的权利和义务虽然达成了共识，但是在相邻或相向国家有关海域划界的规定却语焉不详，缺乏可操作性，而公约则可以协调各国海洋利益主要是运用国际社会公认的海域制度来规范和平衡各国海洋利益需求和利益关系。其三，为海洋生态环境保护法，包括《国家环境政策法》《海岸带管理法》《海洋保护、研究和禁猎法》《国家海洋庇护区法》等。美国海洋环境保护立法体系健全，立法目标明确，调整范围全面，操作性强，拥有合理的、科学的、完备的管理体制和实施机制。例如《清洁水法》中规定的污染物排放控制制度将污染源分为点源和面源、直接污染源和间接污染源，重视对污染进行预处理等，全面遏制了污染的扩大，具有很高的技术性和专业性。实施制度亦是如此，包括对企业排污规定了严厉的刑事责任从而使排污申报制度得到有效运行，对揭露企业违法行为的员工予以保护，鼓励员工监督企业，通过环境审计政策鼓励企业自我管理自我纠正，加大企业违法成本的处罚制度设计，赋予环境管理机构有力的执法权，另外还建立了公民诉讼制度，倒逼企业和行政机关依法履行义务和职责。其四，海洋运输法，主要有港口和海上安全法，以及航运和商船法。美国航运法主要确立了国际航运协议组织反垄断豁免制度、运价管理制度、远洋运输中介人制度、受控承运人制度等。其五，海洋资源开发利用法，主要包括海洋能源与矿产资源法、渔业资源法以及其他生物资源保护立法。

第三节 财政支持

一 强化渔业补贴

在海洋渔业补贴方面，早在19世纪中期，美国就成立了鱼类和渔业委员会（现已演变成联邦海洋渔业局以及鱼类和野生动物局），并赋予其管理海洋资源和进行海洋项目补贴的职能。20世纪20年代，美国渔业局和私营部门就开始合作开发鱼类速冻工艺，并在这期间运用各种方式来资助新型鱼品和鱼类加工技术的研制和开发，如采用减免税收、加强银行信贷的方式等。除此之外，政府还通过多种渠道集资来为渔船建造提供贷款支持、向远洋舰队提供直接补贴以及回购渔船以压缩捕捞船队规模等。一方面，对鱼类加工等新技术提供减免税收的优惠措施；另一方面，通过贷款、补贴等方式压缩捕捞船队的规模，这些措施都有利于海洋渔业的可持续发展，也有利于海洋循环经济的发展。各国渔业补贴政策如表6－2所示。

表6－2 **各国渔业补贴政策**

	造船及利息补贴	营运补贴	进口船舶	船舶折旧	其他补贴
美国	对企业在国内建造的船舶造价与在外国建造的差额给予部分补贴	1996年实施营运补贴，每艘船补贴额前5年每年250万美元，后5年每年200万美元	进口船舶从事国际航运不纳关税	采取余额递减法，折旧年限仅为5年，还采取年限总和法及双倍余额递减法折旧	

续表

	造船及利息补贴	营运补贴	进口船舶	船舶折旧	其他补贴
日本	提供船价75%—90%的贷款，利率6.1%—8.6%，还款期13年，利息补贴2.5%—3.5%，1983年终止	对从事第三国运输的公司给予占利润3%—4.8%的补贴	进口船舶免征关税	远洋船舶折旧率18%，300总吨以上折旧率为12%；邮轮折旧为11—13年，其他15年	减免远洋船舶登记许可税，光船租金不缴纳所得税，远洋集装箱固定资产特例征税
德国	贷款额为船价的80%，利息率为8%，还款期12年	1996—1997年直接补贴达1亿马克，1999年采用吨税制	进口船舶从事国际航线运输免缴任何税项	大型客船16年，其他12年	对船舶非盈利项目减税
英国	贷款额为船价的80%，利率7.5%，还款期8.5年	设船舶建造调整基金对造船合同进行补贴，新船补贴最高为船价的9%	进口一年以上船龄的船的关税为船价的2%—3%	余额递减法对船舶固定资本进行折旧，降低应税利润比例	免固定资产税，减免船员所得税和社保费，增加回国、教育补助
韩国	提供船价90%的贷款，利率8%；减少建造新船的定金，购船本息最长5年	对在国际运输中做出重大外汇贡献的船东给予补贴	1000总吨以下船舶的进口税降至19%		减免登记税、所得税、特征税等
中国	造船利率过高，无任何直接补贴	无	进口税、增值税共约27%	大多船舶折旧年限20年	无

二 增大海洋环保投入

美国是最早开展海洋循环经济相关理论和方法研究的国家之一。早在2000年8月美国就通过了《2000年海洋法》，在该法律的第九部分中，阐述了强有力的经费保障是实施新的国家海洋政策的关键，而财政拨款是海洋经济和海洋循环经济发展的重要经费来源。美国政府财政拨款的相当大部分用于海洋新技术开发及其产业化，据统计，美国每年投入到海洋开发的预算在500亿美元以上，而对于有利于海洋环境保护和可持续发展的开发项目和技术，政府财政拨款会给予更大的倾斜。

日本也是较早提出并实施循环经济的国家之一，自从20世纪90年代实施可持续发展战略以来，日本正在把发展循环经济、建立循环型社会看作实施可持续发展战略的重要途径和方式。日本循环经济政策的研究和制定起步相对较早，覆盖面也相对较广，其主流理念已从侧重于“事后解决”转向“事前预防”，从侧重于“以个人权利为本位”转向“以社会为本位”，从侧重于约束、惩罚为主转向约束与激励相结合，从针对生产领域为主转向全面覆盖生产、消费和流通领域。《循环型社会形成推进基本法》对日本政府在循环经济发展中必要的财政措施做出了相应规定，虽然占总预算的比例还很低，但日本政府已经开始为循环经济给予经济支持。而中央各部门预算中关于推动循环型社会的这部分经费也在不断提升。日本政府用于海洋循环经济发展的财政拨款主要有两个用途。一方面，在21世纪初提出了要对海洋空间灵活运用的政策，指出要建立完善政府财政政策，加大拨款来大力推进那些与物质形态变化、化石燃料枯竭、信息共享化等相适应的海上港湾、海上机场、海上桥梁、海洋牧场、海底隧道以及海洋能源基地等方面的海洋空间利用程度，并开发只有在深水和有冰海域才存在的石油和天然气，推进风力发电等无污染自然资源的利用以及废弃物能源的回收和利用，建立海洋资源能源基地等。另一方面，利用财政拨款充实、强化和完善海洋监测系统。针对目前以水质、底质为对象的海洋监测系统，将利用金融支持增加有关浮游生物、海洋哺乳动物等受害物质浓度及浮游生物、海底生物和鱼类的群栖状况以及海藻物质、珊瑚礁等存在状况的监测调查，以便进一步加强海洋环境保护和海洋循环经济的发展。

三　完善税费制度

日本对于促进本国海洋循环经济发展的税费政策制订得也十分完善。在日本政策投资银行等的政策性融资对象中，那些与海洋循环经济发展中的“3R”事业、海洋废弃物处理设施建设等相关的项目，可以得到税收上14%—20%的优惠。例如，日本政府对投放到海洋的废弃物再生处理设备，在其使用年限内，除了普通退税以外，还可以按取得价格的14%进行特别退税。此外，日本政府为了促进海洋循环经济方面的科技创新，对于新增的海洋科技研发费的部分也进行了一定的免税。例如与此相关的税费政策规定：企业与国立或公立研究机构或大学合作研发促进海洋循环经济发展的相关技术时，所发生的研究经费的15%从法人税中扣除；对于购置相应研究用设备的企业，按价格的一半免税。由此可知，日本政府高度重视新科技、新技术在发展海洋循环经济中的研制、推广与应用，而利用完善的税费制度对其进行保障，则为日本发展海洋循环经济、构建资源建设型社会提供了强有力的金融支持。

第四节 金融支持

一 建立海洋信托基金

根据2000年8月通过的《2000年海洋法》，美国总统任命成立了由16名海洋各领域的资深专家组成的美国海洋政策委员会。并提出了建立国家海洋信托基金的建议。该基金的资金主要来源是联邦政府收取的海洋使用费，如沿海油气资源开发活动所上缴的费用以及即将出现在联邦水域从事海洋商业活动所交的各项费用，该基金将专用于海洋管理的改进工作。美国提出的建立海洋信托基金的构想，即政府将限制海洋使用和海上石油气等不可再生资源的开采所收取的费用等，以建立基金的方式，返还性地用于海洋管理的改进工作上，这充分体现了循环经济理念里建立绿色消费制度的原则。即限制不可再生资源为原料的一次性产品的生产与消费。

二　完善海洋保险制度

国际上对于海洋环境污染责任保险制度的运用已经十分广泛。其中，美国将海洋环境污染责任保险作为工程保险的一部分，无论是承包商、分包商还是咨询设计商，如果在涉及该险种的情况下而没有投保的，都不能取得工程合同。政府通过这项保险措施达到海洋污染物低排放的目的，从而确保了海洋循环经济的反馈式发展模式。船舶保险是海洋保险的主要险种，它以船舶为保险标的，承保船舶在航行或停泊期间因海上自然灾害或意外事故所遭受的损失。渔业保险是另一种主要的海洋保险。渔业保险制度，通常依托于政府财政补贴和渔民投保互助的双重架构，对渔业生产中因自然灾害、意外事故所造成的人身伤亡、财产损失给予经济补偿。以日本为例，日本建立渔业保险制度的宗旨是通过政府补贴和强制性手段，对渔业活动采取近乎全覆盖的风险补偿和风险转移，确保渔民在遭遇各种可能性的损失后依然能够生存。该制度包括渔船保险、渔协共济、渔业共济三大部分，其运作方式就是中央政府补贴（如保费补贴、后备保险、行政补贴，以及针对特殊灾害进行特殊资助）再加上渔民通过建立渔业合作社形成的互助保险。

三　有力的银行信贷支持

为了全面发展本国海洋循环经济，日本立足实际，准确定位，根据海洋循环经济发展中重点项目繁多、融资额度大、风险大和融资方式多样化的特点，积极调整信贷结构，加大了对海洋循环经济产业的信贷投入。同时，日本政府在充分了解各地区海洋循环经济发展情况与相关资金需求以后，积极引导商业银行组织银团贷款，不但加强了银行间的合作，实现了互惠互利，并且通过分散投资，减少了融资风险。此外，银行通过利率引导，运用浮动利率杠杆，对重视海洋循环经济产业发展的相关企业给予优惠政策，通过对不同的企业采取不同的贷款利率水平，促进了海洋循环经济的健康发展。

从事海洋产业贷款的银行可分为三种类型。一是政策性银行。一国政府设立政策性银行，向海洋企业提供低息或无息贷款，或提供比正常分期偿还期限长的贷款。日本政府在20世纪50年代就是通过政策性银行扶植涉海产业的发展。二是专业银行贷款。专业的海洋银行，以市场或者非市场化的利率对涉海产业提供贷款，如德意志船舶银行、挪威国家渔业银行。三是商业银行，它们通常由其内部专门负责海洋信贷的业务部门制定实施，贷款利率为市场利率，如德国北方银行、汇丰银行、苏格兰银行等。发达国家还采用贴息、担保等方式降低贷款风险，鼓励商业银行发放海洋贷款。德国联邦政府经常采用这种方式。挪威出口信贷担保局（GIEK）也向挪威出口信贷银行或商业银行发放出口信用贷款提供担保，有效降低了出口信贷的违约风险，促进了挪威海洋产业的发展。

四 企业债券及资产证券化

债券融资是企业非常愿意选择的融资工具。但是，海洋产业风险较高，部分重资产行业（如船舶、海洋工程装备等）的融资周期长，因而这些企业所发行的债券评级往往较低（投机级或以下），被称为高收益债券。航运业首支高收益债券发行于1992年，海洋集装箱公司发行了1.25亿美元的高收益债券。1992—2005年，超过60家航运公司在美国高收益债券市场发债，该投机级债券市场债券余额达101亿美元，平均收益率9.73%，平均期限9.5年，但评级基本不超过“B+”级。近年来，海洋产业高收益债券市场进一步发展。2008—2012年，美国船舶、海洋工程和油服企业在高收益债券市场新发行债券额达210亿美元，挪威同类行业企业高收益债券发行额也达160亿美元，韩国、加拿大、法国涉海企业发行额紧随其后，分别达67亿美元、37亿美元和19亿美元。高收益债券已经成为银行贷款和投资基金的重要补充，为重资产型海洋产业提供融资支持。近20年来资产证券化成了海洋产业发展的融资渠道。船舶证券化的模式通常是，船舶公司针对通过中长期光船租赁合同租赁给经营状况一流、但尚未达到最高信用评级的运营商的船舶组合，进行资产证券化。

第五节　人才支持

一　加大海洋人才培养

美国一直强调海洋教育对加强全国海洋意识的重要性，主张加大高等海洋教育和中小学海洋教育投入，将海洋科学知识编入中小学课本，可见美国对于个人海洋意识的培养很早且是通识性的。要增大海洋教育投资，普及海洋基础知识，提升整体国民的海洋忧患意识，让海洋文化成为我国文化的一部分。虽然在短期内，海洋教育投资难有立竿见影的效果，但长期而言，海洋经济可持续发展观的树立是促进海洋经济循环发展的有效方法。

日本也十分重视人才对国家发展发挥的作用。日本有意识地进行人才培养和完善本国教育，日本海洋新兴产业的快速发展很大程度上也得益于海洋专业人才的提前储备，其在海洋资源开发和技术创新中起到了重要的作用。依靠海洋人才对国外先进技术与知识的快速吸收消化，迅速转化为现实的生产力和战斗力，日本实现了海洋新兴产业跨越式的发展。目前，日本大学有关海洋研究的学部数量众多，如水产学部、海洋学部。日本还拥有许多有关海洋及其相关学科及技术的研究所，其中最有名的为日本东京大学的海洋研究所、东海大学海洋研究所以及千叶大学的海洋生物研究中心等。此外，日本还成立了有关海洋的学会，如日本水产学会、日本海流学会、日本海洋调查技术学会、日本气象学会、日本鱼类学会、日本浮游生物学会等，有力地推动了海洋人才的培养和学术交流（王双，2015）。

二 鼓励民间智库参与

产业界、学界、民间等参与官方海洋政策的酝酿和制定，在日本已经形成了一种惯例。比如，日本海洋政策研究会经过多年策划，于2006年12月完成了《海洋政策大纲》和《海洋基本法案概要》，并提交给总理大臣麻生太郎，成为日本政府制定海洋战略的蓝本。在日本政府推进海洋战略的进程中，日本海洋研究界大力参与、超前设计，为海洋战略的制订和决策提供学术性的资源。日本海洋研究财团负责筹集资金，为各种研究海洋问题的研究机构提供经费支持，包括日本海洋研究开发机构、海洋能源资源利用推进机构、日本海洋政策研究会、海洋基本法战略研究会、海洋产业研究会、水产学会、海洋政策学会、东京大学海洋研究所、东海大学海洋研究所（张晓磊，2018）。

第七章　粤港澳大湾区海洋经济发展的系统动力学模型

海洋经济是粤港澳大湾区整体经济的重要组成部分。海洋金融、一体化发展、海洋科技、海洋生态是海洋经济最具前瞻性和重要性的几大领域，也是粤港澳大湾区实现海洋经济高质量发展，进行制度创新研究的重点关注领域。基于前文的研究和国际经验，本书基于这几个热点话题建立了粤港澳大湾区海洋经济发展系统动力学模型，从经济、社会、科技、生态四个方面着手，建立了四个子系统。

海洋经济子系统以海洋金融为出发点，参考既有文献，引入了开放水平、投资环境、市场化程度、人力资本四个制度变量，着重对自贸区在推动海洋金融发展、提升对外开放程度进行了讨论。海洋经济一体化子系统以一体化发展为出发点，对联席会议在基础设施建设，以及 CEPA 在贸易往来方面的工作进行了讨论。海洋生态子系统以海洋生态为出发点，对生态政策、污染治理技术进行了讨论。海洋科技子系统以海洋科技为出发点，从创新环境建设、创新载体建设、科技成果转化三个方面进行分析，并采用 DEA-Malmquist 指数模型对海洋产业创新效率进行了进一步的实证分析。

海洋经济增长系统动力学模型建模流程如图 7 - 1 所示。

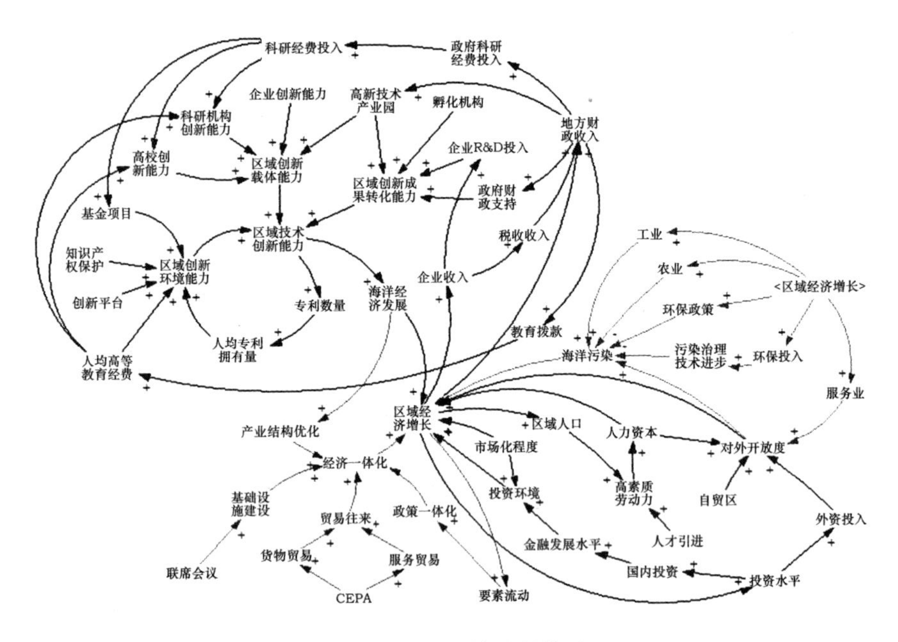

图7-1 总系统因果关系

因果关系图中四个子系统的主要反馈路线如下：

第一为经济子系统循环反馈路线：海洋经济发展→区域经济发展→区域人口增长→人力资本水平增加→区域经济发展→海洋经济发展；海洋经济发展→区域经济发展→投资水平提升→金融发展→投资环境优化→区域经济发展→海洋经济发展。海洋经济发展→区域经济发展→外资投入水平提升→对外开放程度→区域经济发展→海洋经济发展。该系统最基本的制度基础是自贸区，在自贸区推动粤港澳大湾区对外开放及金融发展的基础上进行讨论。

第二为经济一体化循环反馈路线：海洋经济发展→产业结构优化→经济一体化→区域经济增长→海洋经济发展。该系统最基本的制度基础为CEPA和联席会议制度，其中CEPA致力于推动三地货物贸易和服务贸易往来，联席会议则在基础设施建设、人员往来等方面做出贡献，推动粤港澳三地经济一体化发展。

第三为科技子系统反馈路线：海洋经济发展→区域经济增长→

企业收入增加→政府收入增加→科研经费投入增加→科研机构（高校）创新能力提升→区域创新载体能力提升→区域技术创新能力提升→海洋经济发展；海洋经济发展→区域经济增长→企业收入增加→政府收入增加→基金项目增加→区域创新环境能力提升→区域技术创新能力提升→海洋经济发展；海洋经济发展→区域经济增长→企业收入增加→政府收入增加→教育拨款增加→人均高等教育经费增加→科研机构（高校）创新能力提升→区域技术创新能力提升→海洋经济发展；区域技术创新能力提升→专利数量提升→人均专利数量提升→区域创新环境能力提升→区域技术创新能力提升→海洋经济发展；海洋经济发展→区域经济增长→企业收入增加→企业 R&D 投入增加→区域创新成果转化能力→区域技术创新能力提升→海洋经济发展；海洋经济发展→区域经济增长→企业收入增加→政府收入增加→高新技术产业园建设增加→区域创新载体能力（区域创新成果转化能力）提升→区域技术创新能力提升→海洋经济发展。该系统的制度基础主要为国家战略性制度安排以及粤港澳大湾区地区政府的各类政策支持。

第四为生态子系统反馈路线：海洋经济发展→区域经济发展→工业（农业）产业发展→海洋污染增加→区域经济发展（倒 U 型影响）→海洋经济发展；海洋经济发展→区域经济发展→环保政策出台增加→海洋污染减少→区域经济发展→海洋经济发展；海洋经济发展→区域经济发展→政府收入增加→财政环保投入增加→污染治理能力进步→区域经济发展→海洋经济发展；海洋经济发展→区域经济发展→第三产业发展→对外开放度提升→区域经济发展→海洋经济发展。该系统的主要基础为粤港澳大湾区地区政府的相关政策支持以及区域产业结构变化。

以上几个子系统相应地对应海洋金融、一体化发展、海洋生态、海洋科技热点问题，且基于粤港澳大湾区的已有制度基础，就海洋经济的制度创新提出了相应的建议。

本编总结

目前国内定量研究海洋经济发展的文献不多，研究粤港澳大湾区海洋经济发展的文献较少，而从制度角度研究海洋经济的文献则更少。而系统动力学适合用于长期性、周期性、处理精度要求不高的复杂问题的分析与处理，如经济增长与产业系统的发展变化，以及生态系统的平衡等都呈现周期性规律，并可通过较长时期的观察来分析。这些社会经济问题往往面临数据不足及某些参数的选取问题，而系统学动力学则可以通过借由各要素间的相关性及有限数据等进行一定程度的推算分析，从而弥补计量上难以解决的数据问题。本书所研究问题正是这一类问题，因此系统动力学将有效地帮助我们进行研究。

一方面，CEPA、自贸区及联席会议是粤港澳大湾区最重要的三个制度基础，也是海洋经济发展制度创新的基础，因此本篇的系统动力学模型必须以这三个制度为基础；另一方面，通过学习发达国家及地区的海洋经济的发展历程可以总结出以下关键经验。一是完善海洋统筹协调体制，加强海洋综合管理，完善实体办事机构，制定明确的章程，机构组成分工和运行机制，真正发挥高效的统筹协调作用。二是加强海洋行政主管部门职能，提高海洋管理服务水平，完善海洋相关法律章程，让监管和管理更有法可依。三是加大财政扶持力度，坚持政策先行，以实际优惠促进海洋企业发展。充分了解海洋经济中的许多高科技产业投资规模大、建设周期长、投资成本高的特点，拓宽财政投资项目，给予适当的税收优惠等。四是以金融发展推动海洋经济发展。以银行和金融机构为创新点，灵活放松银行门槛，支持金融产品创新为企业融资拓宽渠道，引导银行间、金融机构间、银行与金融机构间相互合作。五是重视海洋相关人才培养和人才引进，增加环保项目的财政拨款和海洋科研机构的经费支持，给予新兴项目财政补贴，增大海洋教育投资，设立专门的人才引进政策，为海洋经济未来发展提供持续动力。六是坚持以海洋生态为经济发展的根本立足点，鼓励区域各界的广泛参与，形成区域合作，解决实际的区域问题，实现共同确立的区域目标。

第　三　编

粤港澳大湾区海洋经济发展的系统动力学分析

系统动力学模型的构建一方面能够从逻辑层面为本书的讨论提供支撑；另一方面能够通过提供一定的实证支撑来帮助讨论制度优化的优先级问题。如第七章所言，本书建立了粤港澳大湾区海洋经济子系统、海洋经济一体化子系统、海洋生态子系统及海洋科技子系统共四个子系统。经济子系统综合了几大重要制度基础，对粤港澳大湾区海洋经济发展进行了仿真模拟；经济一体化子系统从要素流动的角度提供分析框架；生态子系统从政策治理的角度提供海洋生态的发展分析框架；科技子系统从政府行为的角度提供海洋科技发展的制度创新框架。

以往的研究表明，市场化程度、金融发展水平、对外开放程度以及人才供给是影响我国地区海洋经济发展的重要因素，本书在此基础上对粤港澳大湾区海洋经济发展进行经济建模，通过反事实的实证分析讨论了现有条件下几种因素的重要性排序，结果表明投资环境的改善具有最大优先级。在经济子系统结论的基础上，进一步构建经济一体化子系统对推进海洋投资环境改善的制度创新进行了作用机理和逻辑分析。根据国际经验，海洋生态和海洋科技是保证地区海洋经济长期发展的两大重要议题，因此，本书从制度创新的视角出发，分别对其构建了子系统并进行逻辑分析。由于各制度的经济贡献测度尚处于学术探索阶段，学界对于具体制度的经济效益衡量有较大争议，因此本书的后三个子系统主要在现有研究的基础上提供了逻辑分析和指标体系框架构建的思路，未做进一步实证分析。进一步的，本书在第四篇补充了计量经济学的实证分析，并将系统动力学分析及实证分析的全国层面的建议进行了集中讨论。

第八章　粤港澳大湾区海洋经济子系统分析

经济子系统提供了海洋经济发展与地区经济各层面的互动和相互作用分析框架。由于本书主要对粤港澳大湾区海洋经济发展的制度创新进行研究，故经济子系统模型以粤港澳大湾区的 CEPA、自贸区以及联席会议三大基础制度为基本点，在现有文献的支撑下选取了三个制度着重解决的领域为研究对象，构建了一个涵盖开放水平、投资环境、市场化程度、人力资本和海洋经济发展等多个重要经济发展指标的子系统。

第一节　系统动力学模型

一　基本思路

促进海洋经济发展是我们的根本目的，为使粤港澳大湾区的海洋经济可持续发展，需要大力发展海洋经济，在可持续发展的基础上，提高海洋经济发展水平，提升海洋综合实力。本模型从制度创新的角度出发，以开放水平、投资环境、市场化程度、人力资本四个因素为主要解释变量建立了系统动力学模型。因果关系如图 8－1 所示。

经济子系统主要存在三个正反馈循环。第一，粤港澳大湾区海洋经济是经济发展的一部分。一方面，经济发达地区往往具有更

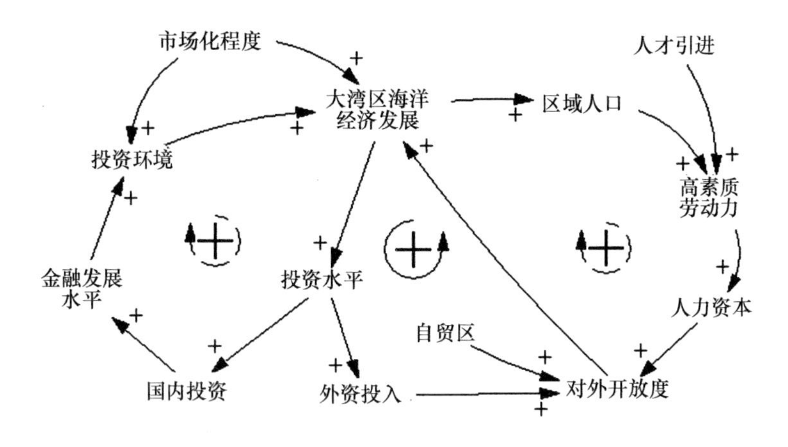

图 8－1 经济子系统因果关系

高的对外开放度；另一方面，地区经济的发展必然导致区域人口素质的提升，且伴随着政府人才引进和人才培养政策的实施，高素质人口往往在此聚集，其对外开放程度也会必然提高。第二，区域经济的发展促使地区投资水平增加，外资投入的增加往往伴随着更开放的外资引进政策，促使企业在技术交流、产品引进、管理模式等方面都更多地与外企互动，因而会促进地区对外开放程度的提升。第三，国内投资的增加带动粤港澳大湾区金融行业的发展，从而优化城市群投资环境，刺激国内外投资者的投资热情，增强投资者信心，促进经济发展。此外，更高的市场化程度也意味着更强的经济活力，对于区域投资环境的优化亦有促进作用。

图 8－2 为简化的经济子系统流量存量图，四个关键制度变量（人力资本、市场化程度、投资环境、开放水平）均以时间隐函数的形式引入模型。根据既有文献，这四个变量主要通过作用于经济增速影响地区经济总量，广东地区海洋经济总产值（GDP）占 GDP 比重稳定（几乎稳定为 20%），两者增速几乎一致，由于本章不做严格的实证模型，故而在此处做简单处理。

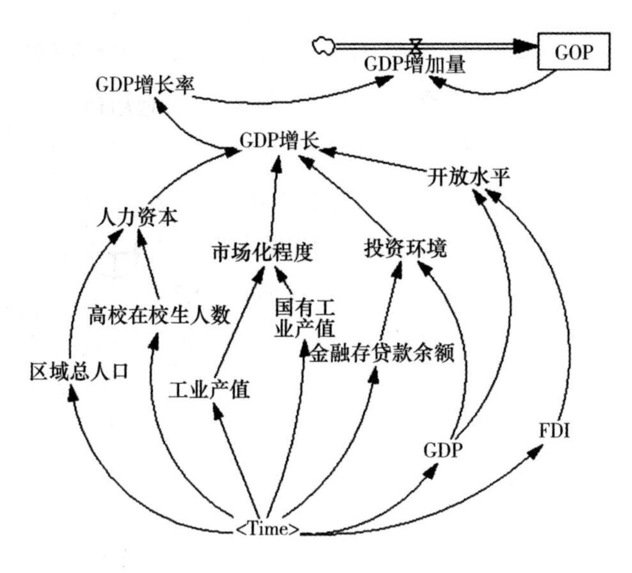

图8－2　经济子系统流量存量图

二　关键变量

1．开放水平

对外开放是推动我国经济发展的强大动力，习近平总书记在党的十九大报告中强调："要以'一带一路'建设为重点，坚持引进来和走出去并重，遵循共商共建共享原则，加强创新能力开放合作，形成陆海内外联动、东西双向互济的开放格局。"海洋是连接世界各国的蓝色桥梁，在全面开放的大背景下，推动海洋经济全面对外开放，对形成海洋经济全面开放新格局具有重要意义。对外开放对经济的正面影响有以下三个方面。一是升级产业结构，促进经济增长。Solow曾提出通过开展对外贸易可以在短时间内积累专业化、技术化的知识和人力资本，从而利用这些改进的生产要素进一步促进对外贸易的发展，进而带动该地区的产业结构升级。如邢军伟（2016）得出了升级产业结构和提高对外开放程度有助于减轻经济波动带来的负面影响的结论。二是提供良好的发展环境与发展机遇。当今世界各国各地区之间通过和平竞争的方式代替了之前的武力冲突与国家对抗，这在一定程度上为大多数国家和地区的贸易往来提供了良好的发展营商环境，从而带来更多的发展机遇。三是提高企业竞争力与经济整体素质。当前科技水平的提升、人才培养、管理等很多得益于对外开放。对外开放使得国内企业走向了国际，与此同时国际市场上的竞争产品也会走进国内。此时本国企业对于自身产品、研发、营销、管理等方面的提升都具有极其迫切的要求，迫使国内企业必须提高自身竞争力和经济素质。

提高海洋经济对外开放水平，是加快发展海洋经济、适应全球海陆一体化开发趋势的需要：海洋经济的发展和各行各业的进步已经使产业结构、科技格局、贸易态势和文化氛围发生划时代的演变，世界经济必将在更大范围、更广领域、更高层次上开展国际竞争与合作。在全球海陆一体化的大趋势下，粤港澳大湾区必须抓住机遇，抢占发展先机，积极开拓海洋相关产业、发展对外贸易，促进经济技术的合作与交流，不断提高对外开放水平。一方面充分发挥海洋的优势，运用两个市场、两种资源，通过全方位开放，聚集外引效能，增加经济外向度，促进海洋产业中技术密集型和高新技术产业的发展（郭军、郭冠超，2011）。另一方面依托海洋经济渗透力强、辐射面宽的特点，发挥其对陆地经济的拉动作用，增强对内陆的辐射力，通过联合开发拓展辐射能量，形成相互增益的发展态势，从而带动内陆腹地经济发展。

2. 投资环境

在世界经济一体化的形势之下，各地区纷纷选择改善投资环境以积极吸引外商投资，扩大引资规模，增强企业出口发展潜力。良好的投资环境是一个国家或地区吸引外资、增强经济活力的基础。世界银行首席经济学家尼古拉斯·斯特恩（Nicholas Stern）甚至曾经指出，“在真实世界中，改善投资环境是唯一最为重要的事情”。投资环境对于经济发展的重要性几乎成为学界的共识，如刘穷志（2017）的研究指出，如果投资环境改善，资本流入且促进经济增长，反之如果投资环境恶化，则会导致资本进一步流出至外地获取收入并使本辖区经济增长减速。谢国娥等（2018）运用突变级数法，从对外开放水平、政治制度环境、基础建设水平、劳动力可得性4个维度构建系统的投资环境评价体系，并认为国家之间应当加强双赢合作以促进经济增长。作为投资环境建设成果的重要层面，地区金融开放水平是部分学者用来评价地区投资环境的一个重要指标。由于数据资源有限，本书亦从地区金融发展的角度来衡量粤港澳大湾区投资环境，这同样与本书讨论海洋经济制度的初衷相吻合。这个视角评价投资环境，使得这个要素的影响变得更加立体。金融开放水平的提高对于相对落后的发展中国家在获得廉价的国际资本方面具有一定的积极作用：有助于改善投资结构，对这些国家构建多元化金融体系、更好地服务地方实体经济、带动服务业发展等同样具有积极作用，而且新古典主义经济学也揭示了国际资本流动对投资国经济发展的积极作用，即金融开放水平在空间上对其他国家的经济发展有一定的溢出效应。但是，也不能否认在金融开放初期由于监管欠缺和风险防范措施不到位，开放带来的国际资本流动会扩大一个国家的金融系统的不稳定性，对宏观经济和金融稳定带来一定的风险使得经济与金融的脆弱性上升，最终导致资本大量流出，经济崩溃（董骥、李增刚，2019）。

另外，金融开放带来的资本自由流动增加了发达国家向发展中国家转移金融风险的途径，如2008年美国次贷危机，在很短的时间内迅速蔓延至其他国家。因此，金融开放水平对经济发展的影响尚不明确，国际资本的流入与本国资本的流出是否对其他国家经济发展有积极的溢出效应也有待证实。张金清等（2008）认为，一个国家的金融开放不应该只包含对其他国家取消资本账户与金融服务进入限制即“引进来”，还应该包括本国境内的金融资本与金融服务“走出去”，即一个国家的金融开放是“引进来”“走出去”的双向开放。所以，许多学者参考贸易开放度的测量方法，从资本流动的角度来测度一个国家的金融开放水平。一般而言，金融开放的过程既包括其他国家金融资本进入本国的过程也包括本国资本流向其他国家的过程。一个国家“引进来”的国外资本会对本国的经济发展有一定的促进作用，而且“走出去”的国内资本会对其他国家的经济发展有一定的促进作用。

在粤港澳大湾区，投资环境通过影响内外资投资直接影响经济发展。改革开放以来，粤港澳大湾区企业在各行各业都得到了快速发展，技术实力不断增强，一定程度上得益于投资增加带来的技术溢出效应。在投资总量方面，随着金融的广化和深化，金融市场逐渐成熟，金融产品不断创新，粤港澳大湾区的内外投资额总量不断提升，为产业发展和转型提供了强大的资金支持。在引进民间投资的结构方面，初期主要是利用珠三角地区的劳动力和自然资源禀赋，引进以加工组装和低端制造的劳动密集型和资源密集型产业。近年来，一方面由于我国的技术进步、产业结构升级和政策引导；另一方面由于金融市场的成熟使资金的抗风险性增加，内外资投资产业结构进一步优化升级，越来越多资金投资于高新技术产业，而且随着地区人力资本和技术人才储备的提升，越来越多的跨国公司在粤港澳大湾区开设研发中心，投资对湾区创新水平和海洋经济增长的促进作用越加明显。

3. 市场化程度

市场化是指向市场经济转型的过程，强调自由竞争的产品市场和市场为主导的资源配置，因此，可以说市场化改革是强调市场起决定作用的变革。粤港澳大湾区市场化改革经过了几十年的发展历程，市场经济主体更加活跃，市场经济环境逐渐开放，更加包容，非国有企业发展更加活跃和繁荣，进而促进区域市场化水平不断提高。

市场化水平是吸引外商直接投资的重要区位因素，主要是通过以下四个方面实现的。其一，通过提高资源配置效率来降低企业成本。一方面，市场化水平能够通过提高资源配置效率来提升资源利用率，使得有限的资源发挥最大的效用。另一方面，市场化的完善使得跨国企业更加便利、快捷地获得资源信息，一定程度上减少了跨国企业对于固定资产的投入以及为获取资源和信息所付出的相关成本。跨国企业运营成本的降低，意味着实际利润的增加，从而吸引跨国企业进行更多的投资。其二，通过营造公平竞争的环境来降低企业投资风险。市场化水平提升的同时减少政府对市场竞争的干预，使得市场竞争的公平性和高效性得到充分发挥，有助于跨国企业与国内企业的公平竞争，加强双方合作既增强了企业的发展活力又有助于企业进行创新。市场化水平高的地区，营商环境越高，企业的投资风险和运营风险相对较小，预期收益较高。其三，营造国际化的市场环境从而提高企业适应性。市场化水平高的地区，市场机制更加趋于国际化和标准化，相关的市场要素配置更加全面，商品服务的价格也更加自由化、法律制度也更加通用化，这些都有利于缩短跨国企业的适应时间，企业竞争力会得到快速提升，为预期收益奠定了市场基础，从而更愿意对市场化水平高的地区进行国际直接投资。其四，优化制度环境从而促使企业运行便利高效。市场化水平的提高有利于制度环境的优化进而为跨国企业在华投资提供自由、开放且公平的环境以及完善的法律法规保护，政府具备更高水平的服务，促使跨国企业交易成本降低，方便跨国企业进行生产经营。

对于粤港澳大湾区的海洋经济而言，市场化程度的提升在短期内有着相悖的力量。一方面海洋企业中中小企业居多，市场化程度提升，民营资本增加意味着民营经济拥有更大主导权，市场力量发挥主导作用，企业竞争增加，经济活力增加。另一方面海洋经济正处于转型时期，市场化程度的降低也意味着更多集体资本的进入，这有利于“集中力量办大事”，在技术引进、重点行业突破等方面也许比自由经济更具有效率。具体哪种影响效果更大，则需要进一步实证支持。

4. 人力资本

人力资本对于海洋经济的影响主要有两个方面。其一是作为最终产品的直接作用。Lucas（1988）构建了基本的人力资本积累模型，在该模型中人力资本视为最终产品的直接投入要素进入生产函数中，通过内在效应和外在效应直接作用于经济增长。其中，人力资本投资和知识积累是经济持续发展的内生因素，而且人力资本程度的提升表现出较强的外部性，对于其他生产要素的形成和使用效率的提升等方面也有着积极的促进作用。Locus（1988）对于Uzawa（1965）的内生经济增长理论中人力资本递减的假设做出修正，认为尽管物质资本在新古典增长框架下边际产出递减，但是人力资本积累和人际之间的传递能够使其边际产出不递减（constant），从而使得生产效率提高。其二是作为一种通过“技术进步”中介的间接作用，即人力资本投资的增加通过带来其他投入要素生产效率的提高来促进经济增长。Nelson和Phelps（1966）提出，将人力资本视为一种通过“技术进步”这一中介，间接地对经济增长产生作用，此时人力资本被视为影响技术变化即全要素生产率中的技术部分的关键因素。这一间接作用体现在两个方面。第一，人力资本能够促进社会的知识和技能的发明创造，从而提升整个社会的技术水平。同时，Romer（1990）提出经济增长很大程度取决于技术变化，而由人力资本所创造的知识和技术具有非竞争性和非完全排他性，如果假设人力资本在整个社会中能够通过知识共享和代际传承，则知识和技术创造具有一定的外部性，也称为“溢出效应”。而 Romer 和 Nelson 都认为人力资本投资是由于个人根据竞争市场的状况做出的利益最大化的选择，从而技术进步是内生的。人力资本能够通过产业结构的优化来促进经济中的传统行业向现代行业的转化，提高整个行业乃至社会的生产效率。第二，人力资本是技术吸收与扩散的必要前提。Nelson 和 Phelps（1966）从实际数据出发得出人力资本越高的个人或者社会对于新技术的吸收和采纳（引入生产函数中）的速度就越快的结论。①

人力资本对于经济的影响被诸多经济学家所研究和验证，然而在本模型中该要素的影响效果并不显著，笔者认为主要原因有二。一是与粤港澳大湾区海洋经济本身发展水平紧密相关，目前粤港澳地区的海洋经济发展以传统海洋产业为主，产业发展瓶颈主要来自资金链，而对于高端人才的需求不高，因此以现有数据得到的模型结果来看人力资本影响效果不如预期。二是由于教育行业本身的特点。培养行业领域人才需要相当长的周期，而数据可得性的限制致使本模型时间跨度不够长，因此因素的部分影响效果受到掩盖。

三　指标建立与数据选择

经济子系统指标如表 8－1 所示。对外开放度，表现了地区经济与区外、境外经济联系的紧密程度，是衡量地区从外部汲取要素以及与外部进行交流的能力。沿海地区作为对外开放最直接的门户，其对外开放程度的高低对海洋经济发展具有重要影响，对外开放有利于资金流动，技术和人才的引进，增加了区域合作机会，对海洋经济增长具有促进作用。诸多已有文献（如毛其淋

① 参见潘亮儿《人力资本对中国经济增长地区差异的影响》，硕士学位论文，广东外语外贸大学，2019 年。

和盛斌，2011）选用国外直接投资额占GDP比重为对外开放水平的指标，本书虽重点研究海洋经济，但考虑到海洋经济作为区域整体经济发展的一部分，应当与其他陆地产业拥有同样的对外开放水平，故此处亦采用该指标衡量对外开放水平。

投资环境，诸多已有文献选用金融机构人民币存贷款余额占GDP比重为金融发展水平的指标，同理，研究任何产业都不影响对地区金融发展水平的度量，故此处也用该指标衡量金融发展水平。

市场化程度，主要参考蒋殿春和张宇（2008）、李富强等（2008）的方法，从非国有经济发展水平的角度来量化各地区制度的完善程度，即非国有企业就业占比或国有资产比例为市场化水平的指标。本书同样采用该思路，鉴于数据可得性有所局限（非国有数据不易获得），选用各地区的国有工业产值占工业总产值比重为粤港澳大湾区市场化程度指标。

人力资本，能够提高实物资本的利用效率。诸多已有文献通常采用劳动力人口平均受教育年限来衡量（如毛其淋和盛斌，2011）。本书同样采用该指标，但鉴于本书研究对象的特殊性以及数据可得性有所局限，选用各地区每年的高校在校学生数占年末户籍总人口比重为粤港澳大湾区人力资本指标。

表8-1 经济子系统指标

制度变量	指标	二级指标	公式表达
对外开放	国外直接投资额占GDP比重	广东省GDP	$\frac{FDI}{GDP}$
		FDI（外商直接投资）	
投资环境	金融机构人民币存贷款余额GDP比重	FIN（金融机构人民币存贷款余额）	$\frac{FIN}{GDP}$

续表

制度变量	指标	二级指标	公式表达
市场化程度	各地区的国有工业产值占工业总产值比重	SOI（各地区的国有工业产值）	$\frac{SOI}{IND}$
		IND（工业总产值）	
人力资本	各地区每年的高校在校学生数占年末户籍总人口比重	STU（各地区每年的高校在校学生数）	$\frac{STU}{POP}$
		POP（年末户籍总人口）	

在我们的模型下，相比于其他三项制度因素，人力资本水平对于粤港澳大湾区海洋经济发展的影响作用较微弱，故而本部分将主要讨论开放水平、投资环境和市场化水平三个制度因素对大湾区海洋经济发展的影响。

第二节　系统动力学模型仿真

一　仿真结果

通过系统动力学计算机仿真软件 Vensim 对前面建立起来的海洋循环经济规划模型进行仿真与模拟。把 2005 年的数据作为初始数据，初始时间设为 0，每一年作为一个时间单位，一年也就相当于仿真的一步，我们首先通过拟合历史数据检测本模型的精准度。

图 8－3 中，虚线为真实历史数据，称为“历史 GOP”；实线为系统拟合数据，即“基础预测”。通过图 8－3 拟合数据可以看到，拟合数据波动幅度更大，但是整体拟合结果较好，拟合误差均在 6%以内，最大误差为 2014 年，为 5.7%。基于此，我们对 2019—2029 年广东省海洋生产总值进行了预测，结果如图 8－4 所示。

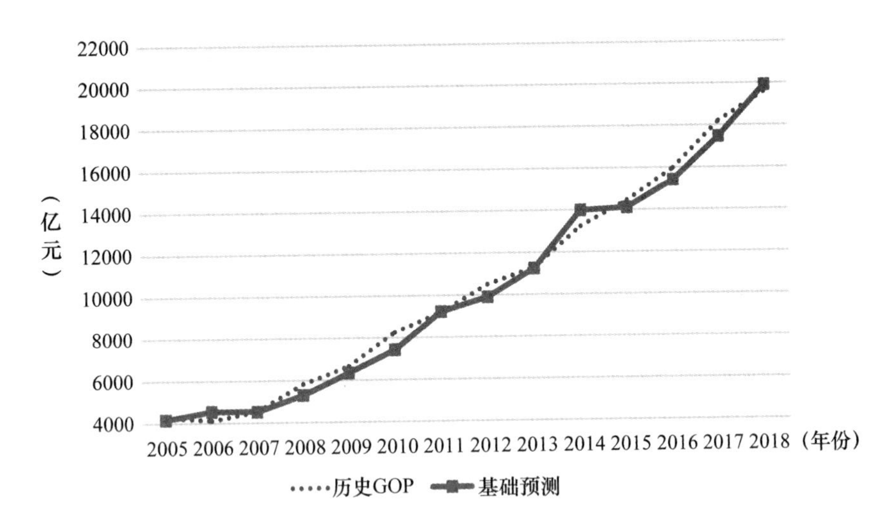

图 8－3　经济子系统 GOP 仿真结果

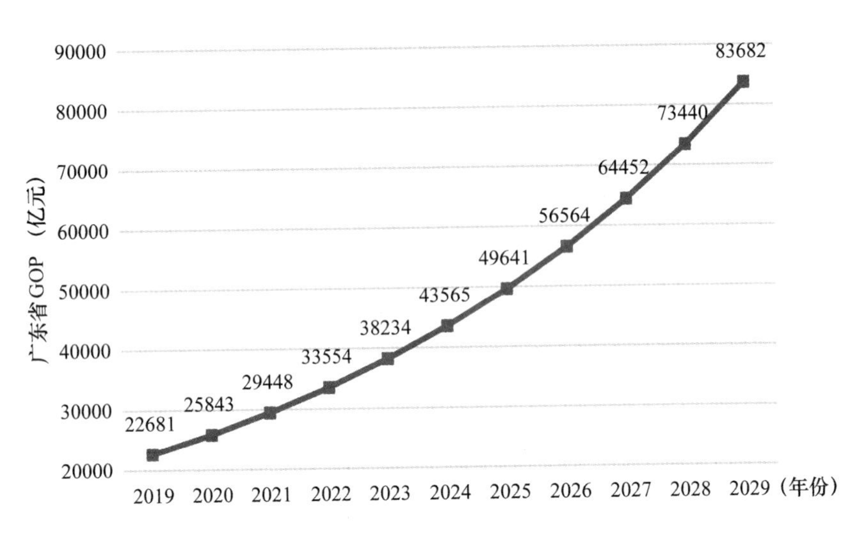

图 8－4　广东省 2019—2029 年海洋生产总值预测值

根据模型，2019 年广东省海洋生产总值将突破两万亿元，达到 22681 亿元水平，未来十年海洋经济将持续增长，总量预计翻两番。当然，受到新冠肺炎疫情的影响，以上预测在短期内与实际产值有一定出入，但是总量预测不是我们的主要目的，我们希望通过这个系统模拟出不同制度的改变对经济的影响有何差异，从而在资源有限的前提下确定制度的优先级别。

在“基础预测”的基础上，分别将2016年的投资环境指数、市场化程度指数以及开放水平指数提升10%，得到如图8－5所示的三类制度创新改进的GOP仿真结果。由本系统仿真结果可知，投资环境、开放水平、市场化程度三类制度的改进对于经济的影响有明显差异。其中，投资环境的改善最为迫切，如果将2016年的投资环境改良10%，则2018年广东省GOP将达到21737亿元以上，比真实值多2137亿元，提升度约为11%。在其他条件不变的前提下，投资环境提升10%将使2025年广东省GOP总值达到5.4万亿元以上，比“基础预测”值高9%。开放水平提升对经济的影响小于投资环境，根据系统仿真结果，开放水平提升10%将促使2018年广东省GOP提升865亿元，即提升约4.3%。长期来看，开放水平提升十个百分点将在2025年促使海洋经济总量提升两千多亿元。目前粤港澳大湾区海洋经济的最大短板并不在市场化程度，在其他条件不变的情况下，市场化程度提升十个百分点对海洋经济总产值的增长没有明显促进作用，从图8－5可见，“市场化程度提升10%”与“基础预测”两条仿真曲线几乎重合。笔者认为，出现这种结果的原因在于，国有资本和民营资本的主导对经济影响的利弊在短期内产生了抵消作用。一方面，国有资本占比的提升意味着更强的资源调配能力和更强的政策执行力度，有利于粤港澳大湾区在短期内推动体制机制创新发展；而另一方面更高的民营资本占比往往具有更高的经济活力和创新驱动力，有利于增大湾区海洋经济竞争力，提升企业创新热情，从而实现粤港澳大湾区海洋经济长期可持续发展。

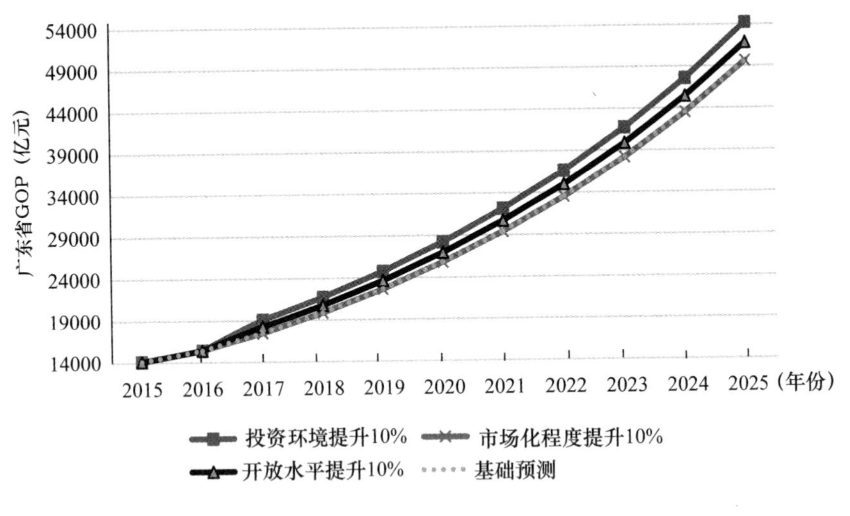

图 8－5 三类制度创新改进影响的仿真结果

二 结论分析

在湾区海洋经济背景下看本模型仿真结果，有以下几个主要结论。

第一，优化投资环境，推动海洋产业投资是当前最重要的任务。目前，粤港澳大湾区海洋经济发展的主要瓶颈在于，现代海洋产业体系不够完善，产业结构矛盾较为突出，产业竞争力不强。其中，以海洋船舶工业、临海重化工业为代表的传统优势海洋产业增速放缓，增长趋势疲软；而以海洋生物医药、海上风电、海洋信息服务等为主的海洋战略性新兴产业尚未形成规模，对整体经济的贡献率不高。粤港澳大湾区的海洋传统产业面临转型升级，而新兴产业规模较小，诸多领域尚且为蓝海，两大类产业都亟须资金投入。从目前粤港澳大湾区的海洋经济发展情况和资金结构来看，国内投资扮演着更为重要的角色。首先，中小微渔业企业“融资难”的问题仍然是制约渔业做大做强的瓶颈因素。一方面，海洋经济产业中小企业居多，且涉海企业大多具有向海性、开放性和外向性特点，对自然条件、政策条件以及国际市场波动更具敏感性，不确定性较大。粤港澳大湾区尚未建立完善的整套涵盖涉海企业的风险补偿机制，特别是专门针对海洋经济的风险分担补偿机制不健全，财政贴息和政策性担保措施缺乏，银行机构信贷投放积极性不高，企业融资选择偏重于自有资金和向亲友借贷。海洋企业因为规模小，或者正处于发展阶段，缺乏足值的抵押物，无法获得银行信任，导致融资渠道单一，融资难问题突出。另一方面，海洋资源评估和交易体系不够健全。由于缺少相关配套评估体系，海域使用权、海洋矿产资源开发权、海洋知识产权等涉海企业抵押品价值无法科学、准确的评估。如科技型海洋企业普遍存在科研成本高、成果转化难、转化周期长等问题，而缺乏价值评估体系导致抵押难、融资难。同时，海洋经济抵押品交易市场也有待完善，海域使用权、无居民海岛使用权等潜在可抵押资产还不能交易。其次，金融信贷产品创新阻碍因素仍然较多。一方面是由于体制的低效率。目前，除法人金融机构之外，各国商业银行分支机构金融产品创新面临的难点是开发周期长，推出速度慢。在各行的上级行视野范围内，海洋渔业产业占比不大，对基层行提报的、针对海洋渔业产业的创新信贷产品，审批审慎程度高，审批周期长、时效慢，有时产品推出之后，企业经营形势已经发生了变化，该创新产品不适应新形势下企业融资需求。另一方面是由于金融产业不完善，金融相关人才匮乏。海洋产业的高风险性要求必须有保险业的介入。但目前海洋保险险种主要集中在船舶保险、货物运输保险和海洋渔业从业人员人身保险等品种上，专门针对海洋经济的政策性保险和商业保险产品还不够丰富，覆盖面也不够宽。如针对贸易违约风险的进出口信用保险，针对海洋产业新技术应用风险的科技创新保险和新产品责任保险，新兴海洋产业的企业财产保险、环境污染责任保险、涉海工程保险、涉海人身意外伤害保险等保险品种还未推出。同时，由于海洋经济保险业务涉及多领域知识，专业性较强，保险定价、估损、理赔等方面的技术要求较高，也在一定程度上制约了海洋保险市场发展。

第二，提升开放水平、积极引入外资是重要工作内容。本书以海洋产业国外直接投资额占海洋总产值比重综合代表粤港澳大湾区的对外开放水平，而根据刘大海等（2018）建立的中国海洋经济全面开放水平测定指标系统，广东的海洋经济全面开放指数居全国第二，与上海仍有较大差距。首先，粤港澳大湾区海洋经济的外资投入有限。目前粤港澳大湾区的外商投资水平虽然在上升，但其中流入海洋产业的资金仍然有限，产业吸引力不够。从此也可以看出，一方面大湾区海洋产业尚未形成区域产业特色和特殊竞争力；另一方面海洋企业的对外交流程度也较低，跨国合作项目较少。其次，粤港澳大湾区海洋服务产业开放水平有待提高。粤港澳大湾区有丰富的旅游和生态环境资源，然而目前却未开发出上下游紧密合作的滨海旅游产业，同时金融、租赁等产业也应当增大对外交流，提升对外开放水平。最后，海洋科技对外开放水平有待提升。目前粤港澳大湾区的海洋产业尚比较低端，在对外人才交流、海洋课题研究、海洋科技技术交流等方面工作较少，要着力提高海洋科研和开发能力，主动向发达国家和地区学习和交流，争取在海洋生物资源可持续利用技术研究等方面取得突破性进展。扩大对外学术交流，为优秀人才提供交流平台，积极参与研究，加强海外课题共同研究工作，以开放的面貌融入世界。

第三，优化提升市场化水平，推动民间资本投入是重要方向。目前粤港澳大湾区渔业发展以中小型为主，根据广东地区海洋经济的规划，未来还将以政府为主导大力发展海洋新兴产业，促进海洋传统产业转型升级。未来大湾区要加大中小企业的支持力度，鼓励民营资本运作，增大经济活力。

第三节　经济子系统制度思考

本节主要讨论自贸区在对外开放、投资环境及市场化程度三个方面的制度创新。近年来，粤港澳地区在扩大对外开放、优化投资环境及推进市场化进程方面做出了许多努力，并推出许多新制度和新政策，其中自贸区扮演着极其重要的角色。首先，自贸区作为广东经济最开放、政策最宽松的地区，拥有极大的发展潜力，也代表大湾区未来的制度创新方向，因此许多在自贸区率先试点，讨论自贸区有利于我们更全面和前瞻性地说明粤港澳大湾区在这三个方面的体制机制。其次，自贸区在制度创新的速度及强度方面都远远高于其他地区，且粤港澳大湾区自贸区的发展与海洋经济有密切联系，讨论自贸区有益于我们更具针对性地提出可行建议。

广东自贸区方案的空间布局如下。（1）南沙片区重点发展航运物流、特色金融、国际商贸、高端制造等产业，建设以生产性服务业为主导的现代产业新高地和具有世界先进水平的综合服务枢纽。未来南沙新区还有建设实施 CEPA 先行先试综合示范区核心功能区、泛珠江三角洲经贸合作区、海上丝绸之路节点（国际经贸合作区）等部署。（2）深圳前海蛇口片区应充分发挥联通深港的优势，重点发展金融、现代物流、信息服务、科技服务等高端服务业，建设我国金融业对外开放试验示范窗口、世界服务贸易重要基地和国际性枢纽港。在自贸区的框架下，前海希望通过与香港进行服务业合作，不仅成为粤港服务贸易自由化的先行地，也为中国加入新型服务贸易规则谈判提高议程设置能力和话语权。（3）珠海横琴片区要充分发挥毗邻澳门的优势，重点发展旅游休闲健康、商务金融服务、文化科技和高新技术等产业，建设文化教育开放先导区和国际商务服务休闲旅游基地，打造促进澳门经济适度多元化发展的新载体。

广东省第十二次党代会报告提出要“高标准建设广东自贸试验区。统筹三个自贸片区建设，打造高水平对外开放门户枢纽”。前海、横琴和南沙三大自贸片区首先应在体制创新方面发挥引领带动作用，发挥广东自贸区的体制创新优势，推动粤港澳营商规则的对接，构建与国际高标准衔接的经贸规则体系，有利于推动粤港澳大湾区形成发展合力，促进资源高效配置、要素合理流动，市场深度融合、提升湾区经济国际竞争力。各自贸区在三种制度方面均做出了相当的努力。

在开放水平提升方面，南沙新区推动国内首单区块链跨境支付业务、微众银行首个区块链跨机构金融、国内首家区块链图书馆应用落户前海，打造金融科技发展高地；全国首个私募基金信息服务平台在前海上线运行，构建防范金融风险屏障。南海蛇口片区在不良资产跨境转让业务试点政策获重大突破、国内首单区块链跨境支付业务创新落地、国内首个区块链跨机构金融应用花落前海、深圳前海微众银行“微业贷”产品、全国首创区域性私募信息服务平台、外商独资私募证券投资基金试点启动、平安银行前海分行打造离岸服务支持平台、中信银行前海分行自贸区跨境双币种融资、前海大宗商品交易平台助力“一带一路”倡议。

在投资环境改善方面，南沙新区首创跨境缴税完善多元化缴税平台，开展城市级基础设施 BIM 技术应用，改善投资环境；研究出台《深圳前海蛇口片区反垄断工作指引》，发布国内自贸区首个对外直接投资指数，完善投资管理体制。前海蛇口片区首创跨境缴税完善多元化缴税平台、“三步走”探索税银合作新道路、发布国内自贸区首个对外直接投资指数、设立“内港通”助港企拓宽内地市场、筹划“一带一路”创新项目国际路演中心、开展城市级基础设施 BIM 技术应用、成立深港国际区块链孵化器、构建“实人 + 实名 + 实证”立体办税“防火墙”、“诚信纳税免打扰”

管理新模式、落实前海“双15%”税收优惠新模式、推出“手机市民通”项目、推进电子税务局二期建设、推出“问税”2.0—多语种咨询服务平台、基于物联网技术的园区智能化管理模式、设立总部经济项目信息库优化总部项目跟踪手段、创新产业资金管理模式、通过银行“一站式”办理金融账户完善社保登记信息业、制定前海复杂地质条件下的地铁安保区设计施工审批程序、率先发布“前海特色”企业文化建设体系、制定《项目预验收管理办法》提高工程验收质量、试点粤港澳游艇“自由行”。2019年11月广州市黄埔区人民政府、广州开发区管委会印发了《广州市黄埔区广州开发区推进粤港澳知识产权互认互通办法（试行）》（下称“粤港澳知识产权互认10条”）。

根据“粤港澳知识产权互认10条”，广州开发区将在知识产权的服务融通、仲裁调解、维权合作、IP金融超市、担保保障、融资租赁、证券融资、行业互动、同等认定等方面，推进粤港澳三地知识产权互认互通，探索建立粤港澳大湾区知识产权合作新机制。这被外界视为广州在知识产权工作方面贯彻落实《粤港澳大湾区发展规划纲要》重要的创新举措。

在服务融通方面，对由港澳籍居民设立的且积极开展知识产权服务工作满一年的服务机构，给予20万元启动资金奖励；年度主营业务收入达到500万元以上的，奖励力度倍增，一次性给予50万元奖励。同时港澳籍居民在广州开发区就职，从事知识产权服务工作，对获得国家知识产权相关资格认定的人员，按照2万元/人的标准给予奖励。开展以港澳知识产权为主题的合作交流活动，每次活动最高补助100万元。

在保护协作方面，在港澳地区开展知识产权仲裁、调解、诉讼等维权行为的企业，可获得仲裁费用50%补贴以及最高100万元的律师费用资助。在广州知识产权法院、广州知识产权仲裁院、黄埔区法院内就职的港澳陪审员、仲裁员以及调解员，每年给予2

万元个人奖励。同时，粤港澳大湾区知识产权调解中心等调解组织的成立，每年给予最高 30 万元的实际运营经费支持。

在融资渠道方面，设立知识产权金融超市，给予企业 3% 的年利率融资贴息。利用港澳知识产权采取多样化方式进行融资的企业，给予相应融资扶持。一是担保融资，广州开发区创造性地利用国有企业担保方式打通港澳知识产权融资渠道，将港澳知识产权纳入区质押融资风险补偿资金池贷款本金 30% 的风险补偿范围，同时 100% 补贴企业在办理质押融资贷款时所产生的评估、担保、保险等费用。二是融资租赁，将自身拥有的港澳知识产权作为标的物从融资租赁公司取得融资的企业，按当年实际交易额的 3% 给予补贴，最高补贴 100 万元。三是资产证券化融资，通过港澳知识产权进行资产证券化融资的企业，可按照实际融资金额 3% 的年利率给予补贴，最长可补贴 3 年，每年补贴 1 次，补贴金额最高 200 万元。

除此之外，"粤港澳知识产权互认 10 条"还在加强行业互动、担保保障、维权合作等方面展开资助。如企业参与本区知识产权优势示范企业评定、海外高端人才引进项目认定等涉及知识产权要素的区级项目奖励补贴或资格认定时，其所拥有的港澳知识产权与内地知识产权享受同等待遇。

在市场化程度提升方面，南沙新区进行了深港陆空联运改革，为打造以前海为中心的出口贸易生态圈创造了条件；"关检自贸通"、原产地智慧审签"以及邮轮母港智能化旅检通关，进一步提升通关效率；"中国前海"船籍港国际船舶登记制度落地，对前海建设南方航运中心、国际物流中心和国际航运融资中心具有重要作用。前海蛇口亦进行深港陆空联运改革，关检自贸通、首次实现全国自贸区原产地证智慧审签、全国首个自贸区内口岸植物检疫初筛鉴定室运行、"中国前海"船籍港国际船舶登记制度落地、跨境电商 B2B 交易一站式解决方案、创新平行进口汽车试点模式、开展“保税+实体新零售”式的保税展示交易、自贸试验区报关企业注册登记备案制度改革、推行邮轮母港智能化旅检通关模式、推动CEPA框架下认证认可联系单位落地深圳、实施跨境电商保税备货进口小批量CCC产品免特殊检测处理程序、发布贸易便利化指数、实现国际航行船舶联网核放功能、实施港口建设费远程申报和电子支付、打造自贸区航运绿色发展样板区。

综合来看，粤港澳大湾区作为我国改革的先行先试区，在提升对外开放水平、优化投资环境和提升市场化程度三个方面都推出了不少措施，力度之大居于全国前列，其中自贸区为政策安排的主要载体。但是，粤港澳三地仍然存在天然制度壁垒，尚且欠缺强强联合发展海洋经济的顶层制度设计，缺乏针对海洋企业投融资及海洋产业发展的系列政策支持。

第九章　粤港澳大湾区海洋经济一体化子系统分析

正如前文所提，粤港澳大湾区内部发展最重要的困难来源于粤港澳三地固有的制度壁垒。为激发海洋经济增长活力，优化三地海洋投资环境，尽快推动三地一体化发展，实现人流、物流、资金流、信息流的自由流动是至关重要的。本章在上一章的结论上进一步构建经济一体化子系统，从 CEPA、联席会议等制度创新的角度，讨论如何实现一体化发展，为海洋发展提供良好的投资环境。

第一节　系统动力学模型

一　基本思路

由于制度壁垒的存在，粤港澳三地资金的流动始终保守克制。为营造良好的投资环境，高效的一体化发展成为粤港澳大湾区海洋经济发展的重要议题。为讨论该议题，我们构建了粤港澳大湾区海洋经济一体化子系统，以一体化问题为切入点，对粤港澳大湾区突破一国两制三关税区的制度壁垒，加强城市间海洋经济合作，促进海洋产业与陆地产业联系，进行研究并提出意见。

之所以重点讨论一体化问题，一方面在于，构建一体化对于粤港澳大湾区社会系统具有必要性。从《粤港澳大湾区发展规划纲要》的五大战略定位来看，粤港澳大湾区的目标是建设成为“充满活力的世界级城市群、具有全球影响力的国际科技创新中心、‘一带一路’建设的重要支撑、内地与港澳深度合作示范区、宜居宜业宜游的优质生活圈”。其中，要实现“内地与港澳深度合作示范区”的战略目标，粤港澳就必须构建一体化的大湾区社会。此外，从海洋的角度来看，紧密联系、一体化的粤港澳大湾区社会是解决大范围共同性海洋问题的需要。各地的海洋事务由一个共同的水体联结起来，具有互相依存的不可分割性。许多问题，包括海洋气象、环流的观测，以及海洋灾害的预报、防御，资源环境的保护等，这些事务从局部入手是无效的，必须在跨地区、甚至跨国界的大空间内进行。另一方面，大湾区社会系统的稳健运行具有重要性。社会—经济的发展是环环相扣的，一体化程度提高的、良性循环的社会系统，会给大湾区海洋发展带来巨大的机遇和前景。良好循环的社会系统是粤港澳三地紧密联系的系统，是社会公共服务健全、教育资源优质的系统，是海洋经济高质量发展的系统。在一个安全、稳定、运行状况良好的社会系统下，粤港澳三地在基础设施、贸易往来、制度沟通等方面联系日益紧密，大湾区的海洋经济必能得到高质量发展。

通过借鉴已有文献的模型设定，本章设定经济一体化指标体系及产业结构对区域经济发展的解释模型，其中经济一体化是我们重点讨论的部分。本章主要从四个方面讨论经济一体化问题，即交通网络一体化、贸易市场一体化、政策一体化和产业一体化，而粤港澳大湾区也出台了相应的制度在这四个方面做出创新。其一是联席会议制度，在基础设施建设方面发挥着重要作用；其二是CEPA，着重在货物贸易一体化和服务贸易一体化方面不断突破；其三则是《粤港澳大湾区发展规划纲要》提出的建设“内地与港澳深度合作示范区”的战略定位所展望的，在促进人流物流资金流信息流自由流动方面实现更深层次的一体化；其四则是

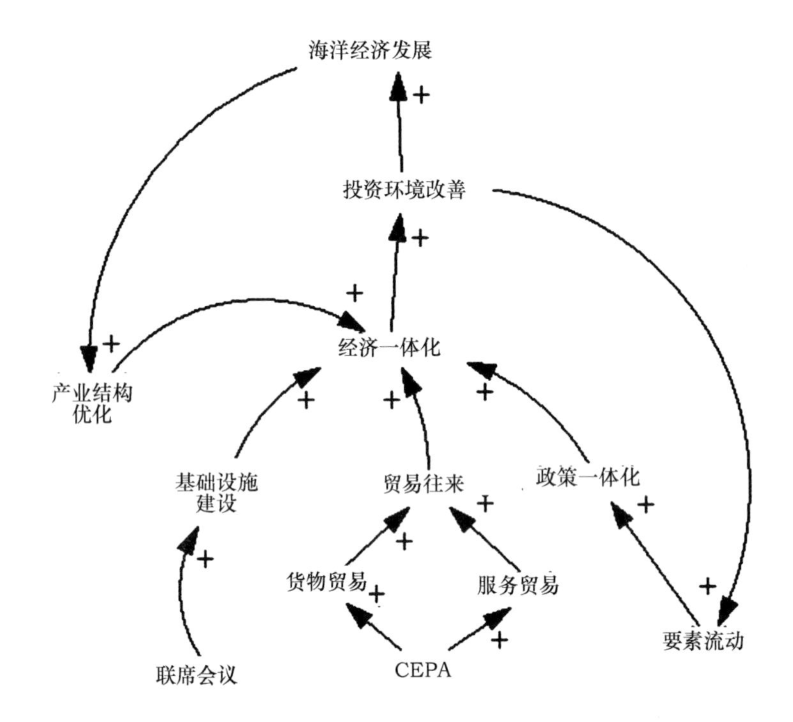

图 9-1 经济一体化子系统流

《粤港澳大湾区发展规划纲要》提出的建设“充满活力的世界级城市群”的战略定位所展望的，一方面要坚持陆海统筹，实现海洋产业与陆地企业的对接，发挥粤港澳大湾区工业基础扎实的优势，为海洋经济提供最坚实的后备力量，另一方面是推动粤港澳大湾区海洋产业结构升级，实现从粗放式发展到可持续发展的进步（如图 9-1 所示）。

二 关键制度

根据已有文献，区域经济一体化对促进区域经济增长有显著的正面效应，粤港澳大湾区对经济增长的贡献率为 5.28%（陈昭、吴晓霞，2019）。为简化模型，本书从四个方面衡量区域经济一体化，即政策一体化、基础设施一体化、贸易市场一体化、产业结构一体化。

基础设施互联互通促进区域发展，交通运输网络一体化是区域经济一体化的前提和基础。基础设施互联互通是促进大湾区发展的硬性制度，提升粤港澳三地公共资源共享水平，降低交易成本，提高经济运行效率。根据沈丽珍等（2009）关于流动空间的观点，城市间的连接性增强将弱化物理邻近性，便捷的交通网络会加速城市群各城市间人流、物流、信息流、资金流、技术流等空间要素的流动，可以重新定义城市区位，重新整合区域空间关系（沈丽珍、顾朝林，2009）。跨海湾或跨江大桥具有显著的“时空压缩”效益，将大大压缩两岸城市之间的时间距离，港珠澳大桥就是其中典型。根据陆大道（1995）的观点，以港珠澳大桥为代表的基础设施的联通，会降低大湾区各城市之间经济往来的成本，使“增长极”和“开发轴线”通过支配效应、乘数效应、极化效应与扩散效应对城市群经济活动产生组织带动作用。因此，基础设施一体化是考虑区域发展不可缺少的重要部分。

政策一体化会促进区域发展。政策一体化是政府运用“有形之手”，建立合理的利益分配机制，让各城市通过合作共享实现“1 + 1 > 2”的收益，促进粤港澳三地实现制度性一体化，打破制度性壁垒，推动要素更加自由流动，从而实现区域发展。如何推动三地要素互通是与粤港澳大湾区的长期热点话题之一，只有通过建立共同的生产要素市场，消除港澳与珠三角地区间生产要素、技术水平的过大差异，减少行政障碍，降低劳动力、资本及其他生产要素在区域间的流通障碍，才能达到优化配置的目的。林毅夫（1999）认为，生产要素流动程度与资源配置效率成正相关，从而构成影响经济增长的重要因素。张辽（2013）认为依靠地区间的要素流动能够优化空间结构并实现区域协调发展，从而达到促进经济增长的目的。生产要素为追求更高的配置效率而跨区域流动，而完善的制度基础和市场机制是资源配置效率的提升的必然要求，因此，政策一体化具有重要的经济意义。

市场贸易、投资环境的一体化促进区域发展。粤港澳三地市场一体化的重要性早已被政府所重视，因此才有CEPA系列协议的签订。一方面，市场贸易一体化会导致交易成本的下降，并为企业提供更广大的市场，帮助企业实现更大规模经济；另一方面，投资环境一体化在扩大资金池的同时，加剧了市场竞争，使资金流向更具有潜力和市场价值的项目或企业，推动技术进步与创新，从而提升整体经济效率。一个打破壁垒，互享互补的市场不仅可以为区域发展提供坚实的物质基础和内在动力，同时也只有市场一体化方能使各个市场主体享受区域发展所带来的便捷与福利（陈甬军、丛子薇，2017）。市场一体化通过打破商品和各类资本要素的流动壁垒，从而有利于区域内部的分工和合作的细化，提升资源配置的效率，最终促进区域发展的经济增长。陈昭（2019）、钟甘霖（2019）等人的研究表明，市场一体化对经济增长具有显著的正面效应，它对经济增长的贡献率约为5.28%，而且市场一体化对经济增长具有非线性的“倒U形”关系。陈昭和吴小霞（2019）通过计算得出，目前粤港澳大湾区大部分城市尚未越过市场一体化的拐点，故而整体而言粤港澳大湾区市场一体化对经济增长的作用仍然以积极作用为主。由于市场一体化对经济增长的促进作用受经济发展水平的影响，随着大湾区城市经济发展水平的不断提高，这一作用得到进一步放大。

产业结构一体化促进区域经济一体化。我们认为，产业结构一体化应当有两个方面的含义，其一是从整个大湾区的高度来看，11个城市之间的产业空间布局应当互补互通，形成利益高度相关的经济体；其二是随着经济发展，各城市的产业结构不断优化，城市间差距不断缩小，分工合作更加密切。根据比较优势理论，任何区域都有着其相对其他地区更为有利的生产条件，各地区应根据相对成本来选择劳动地域分工的产业。经济发展水平高的地区选取与其他地区相比成本优势差幅较大的产业作为优势产业，经济发展水平低的地区则选取与其他地区相对成本劣势差幅较小的产业作为优势产业，提升地区产业分工的专业度，如香港发展高端服务业，深圳着重推动科创产业发展，东莞、佛山重点发展制造业等等。进入21世纪后，珠三角区域经济一体化发展速度放缓，彭春华等（2009）认为产业结构趋同度高、产业结构变化速度慢阻碍了珠三角区域经济一体化的进程。因此，有必要采取针对性措施，使大湾区产业空间布局更合理，城市分工更科学。

四方面的因素共同作用于区域经济增速的提高，自然而然会使海洋经济得到发展。海洋经济产业的错落布局又会反过来助力区域经济的发展。

三 逻辑分析

从经济一体化子系统流图来看，联席会议对于三地基础设施联通的建设降低了三地要素流动的成本和风险，直接推动了三地经济一体化发展，促进物流更自由流动。CEPA通过促进三地货物贸易和服务贸易往来，推动了三地的贸易一体化发展，实现资金流更自由流动。而联席会议制度的建立则提升了三地政策一体化的水平，联席会议的定期召开为三地政府的交流提供平台和契机，也为之后三地的合作提供经验，以政策一体化促进经济一体化发展，实现人流、信息流的更自由流动。地区一体化程度的提高一方面为投资者提供更大的信心，降低了湾区内部跨地区投资的风险；另一方面降低湾区内部的投资成本，为投资者释放正面信号。

第二节 经济一体化子系统制度思考

多年以来港澳与内地珠三角地区的“前店后厂”式的合作模式实现了双赢，如今，粤港澳三地“前店后厂”功能性一体化的发展资源已相当有限，一体化进程的继续推进过程中已经出现了约束因素，那就是三地之间的制度差别。香港、澳门作为成熟和发达的资本主义地区，具备完善的市场机制和法制建设，规范的政府管理和运作、国际先进水平的社会管理。相比之下，珠三角地区仍处在经济与管理体制转轨时期，无论政府职能转变、市场机制建设、法治环境完善程度还是社会管理水平都与香港、澳门存在相当大差距。因此，要继续深化和拓展粤港澳合作，就应该转型构建制度性区域发展，从而实现互助共赢的局面。根据制度性一体化的概念（王洪庆等，2004），制度性的区域发展是指地区之间通过政策和法律法规的协调，破除种种壁垒或障碍，逐步减少并消除市场的摩擦力和行政管理分割，使地区经济实现有机结合的过程。要实现粤港澳之间从功能性一体化向制度性一体化转变，大湾区内地 9 市应将港澳看作自身经济国际化的先导和桥梁，积极借鉴和学习香港的经济制度、法制建设、社会公共管理模式等，尽快将大湾区内地的市场机制和法制环境提升到接近港澳的水平（张紧跟，2018）。

区域经济一体化是对粤港澳大湾区建设现代化城市群的高要求，这不仅是允许商品和其他生产要素可以在 11 个城市之间自由流动，还包括提高地区产业分工和专业化，以及在此基础上的经济联合与协作。由于缺乏顶层设计的指导，以往粤港澳地区海洋经济的发展缺少秩序，城市间竞争多于协作。要提升区域海洋经济一体化水平，则必须强化大湾区生产要素、产品流动的流动性和无障碍性，提升经济贸易关联、产业关联和企业关联。

概括地讲，区域经济一体化涵盖的内容可以分为四类：交通网络一体化、贸易市场一体化、产业结构一体化和制度性一体化。目前已有的区域合作制度基础在四方面做出了努力：每年召开的粤港、粤澳联席会议为大湾区区域交通网络一体化提供了制度基础；2003 年开始签订的 CEPA 协议及其逐渐完善的一系列补充协议为大湾区贸易市场一体化做出了贡献；广东省海洋“十三五”为大湾区海洋产业的合理分工和科学布局提出了指导思路；而广东自贸区的建立为粤港澳三地的制度性一体化做出了创新实践。

一 交通网络一体化

区域交通网络一体化具有时间压缩和空间压缩效应。在交通网络一体化方面，粤港粤澳联席会议做出了巨大贡献。南沙发展计划，泛珠三角区域合作，港珠澳大桥等经贸、金融及基建方面的合作规划，均是联席会议的重要成果。

作为粤港两地合作的重要平台，早在1998年，粤港合作联席会议已经成立，由广东省及香港特区政府高层组成，旨在全面加强粤港两地多方面的合作，改善两地经济、贸易、基建等方面事务的协调关系。1998年3月30日，联席会议进行首次会议。此后，联席会议确定一年一次，轮流在广州和香港举行。联席会议探讨的不仅包括口岸、环保、基建、经贸等多方面具体的合作内容，还逐步在粤港两地建立负责推进合作事宜的官方机构，搭建越来越完善的合作体系。作为粤港两地合作的重要平台，早在1998年，粤港合作联席会议已经成立，由广东省及香港特区政府高层组成，旨在全面加强粤港两地多方面的合作，改善两地经济、贸易、基建等方面事务的协调关系。1998年3月30日，联席会议进行首次会议。此后，联席会议确定一年一次，轮流在广州和香港举行。联席会议探讨的内容不仅包括口岸、环保、基建、经贸等多方面具体的合作内容，还逐步在粤港两地建立负责推进合作事宜的官方机构，搭建越来越完善的合作体系。与粤港合作联席会议类似，粤澳合作联席会议是粤澳两地合作的重要平台，并于2003年召开第一次联席会议。粤澳合作联席会议一方面在CEPA框架下促进粤澳双方的服务贸易往来合作，另一方面在珠澳跨境工业区建设、大型交通基建项目及社会、粤澳旅游合作、跨境投资、口岸合作、科技合作、教育合作等方面都取得实质性成果，特别是开发横琴岛项目的推进，为琴澳一体化发展带来机遇，扭转了澳门经济低迷、单一发展的颓靡态势。之后《粤澳合作框架协议》的签订把双方合作推向新的高度，随着城轨、机场等公共交通的建设，双方的交通网络一体化程度不断提升。

交通基础设施作为影响运输的基础性要素，是区域空间格局形成和演化的本底，也是区域经济一体化的重要支撑。可以通过区位可达性分析度量基础设施条件差异。综合交通运输设施的不断扩展与完善会提升区域总体的可达性水平，促进区域发展，区位可达性的提升表征着时空压缩效果。随着区域内综合交通网络的发展与完善，整体区位可达性得到大幅度优化，行政边界和自然阻隔效应弱化。以珠三角各城镇为例，1980—2010 年，82 个试点城镇可达性时间变化达到 191. 42 小时，每个城镇平均缩短 2. 33 小时。到 2010 年，可达性平均值达到 1. 02 小时，到 2018 年，城市节点的可达性平均时间均小于 1 小时，1. 42 小时以内的可达性面积占总面积的 79. 14%。此外，连接香港大屿山、澳门半岛和珠海市的港珠澳大桥的建成通车，显著提高了香港、澳门的区位可达性水平，香港、澳门到内地仅需 0. 5 小时。广深港高铁开通，香港西九龙总站到深圳福田仅需 14 分钟（曹小曙，2019）。

改革开放以来，粤港澳的交通基础设施得到极大的改善，联通水平越来越高，三地的交通网络越来越紧密。尤其是广东省的交通基础设施由改革开放前的远远落后，到目前与港澳的交通基础设施水平旗鼓相当。从广东省交通基础设施建设情况来看，在 2000 年至 2018 年，铁路营业里程增加近 3 倍；公路通车里程则增加 2 倍以上；民航航线里程增加 5 倍以上；而内河通航里程则略微下降。

二 贸易市场一体化

2003 年商务部代表内地政府与香港特别行政区共同签署了

《内地与香港关于建立更紧密经贸关系的安排》。其总体目标是逐步减少或取消双方之间实质上所有货物贸易的关税和非关税壁垒；逐步实现服务贸易的自由化，减少或取消双方之间实质上所有歧视性措施；促进贸易投资便利化。产品市场一体化、服务贸易自由化、贸易投资自由化。CEPA 协议涵盖货物贸易、服务贸易、投资便利化三大范畴。协议的实施目标是逐步取消货物贸易的关税和非关税壁垒，逐步实现服务贸易自由化，促进贸易投资便利化，以提高内地和香港之间的经贸合作水平，实现共同发展。CEPA 是内地与港澳签署的经贸协议，有助于打破阻碍要素在粤港澳流动的樊篱，从而推动粤港澳大湾区的建设。

相关研究表明，2000—2016 年粤港澳湾区的 11 个城市的市场一体化程度总体呈上升趋势，各地级市趋于整合；但是香港和澳门由于各项体制机制障碍与其他 9 市的同期差异相较于其他城市之间相对较大（陈昭、吴晓霞，2019）。

CEPA 成功实践的经验在于逐步运用了"负面清单"的管理模式。实施全面"负面清单"制度，深化湾区经济合作，有利于促进湾区内要素有序自由流动，也有利于加快建立与国际通行规则接轨的现代市场体系。CEPA 自首次签署以来不断升级，2014 年前体现为正面清单事项的不断增加，2014 年后实施负面清单管理，其升级就体现为负面清单的缩短。CEPA 适用的领域也在不断延伸，从最初的服务贸易领域到投资领域以及经济领域，囊括了经济活动的大部分领域。未来，粤港澳三地在进一步推动海洋经济合作中应当保持这种管理思维，以最大限度给予三地海洋经济活动往来空间。

三 制度性一体化

制度性一体化是指各地区政府通过达成一定的协议，有明确的制度性安排，由特定的组织管理机构对区域经济进行规划和调控的一体化进程。制度性一体化通过各地区之间的协议方式，规范区域经济关系，建立相同的制度环境条件，消除体制差异形成的经济合作的障碍，从而协调市场导向的民间合作，使之形成各地区自觉性的全方位合作（王洪庆等，2004）。当然，制度性一体化的建立，需要经历各地区成员磋商、谈判、达成协议的过程。期间，政府是推动制度性一体化发展的主体，所形成的制度性一体化具有时间上的长期性和合作上的稳定性。制度的协调是区域经济一体化发展最高层次的合作形态。广东省已推出了“便利湾区”18 项举措。前海、横琴、南沙率先实现港澳居民就业免办就业许可证；专业资格互认深入推进，前海、横琴试行香港工程建设模式；全省有 52 所高校面向港澳招生，港资澳资医疗机构达 46 家。

四 产业结构一体化

《粤港澳大湾区发展规划纲要》提出粤港澳大湾区要确立区域发展更加协调，分工合理、功能互补、错位发展的城市群发展格局。粤港合作联席会议提出要深化粤港产业链条分工合作，形成错位发展、优势互补、协作配套的现代服务业体系。具体合作内容包括金融、旅游、物流与会展、专业服务与服务外包、文化创意及工业设计等。

香港、澳门、广州、深圳都具有中心城市的地位，这是粤港澳大湾区不同于其他湾区的地方。这四大中心城市既是区域发展的核心引擎，也是建设世界级城市群的基本支撑。它们自身的发展状况及相互间的关系，直接决定了大湾区世界级城市群的建设速度、质量与水平。

必须正视的问题是，与单一中心的城市群不同，多中心容易造成各自为战和相互掣肘的局面。从现实看，香港、澳门、广州、深圳四大中心城市各具比较优势，但合作联动不够紧密，城市功能特别是产业结构有一定的缺陷，协同互补效应未能有效发挥出来。比如，四个中心城市都要发展特色金融产业，金融中心的不同定位和创新就是关键。

第十章　粤港澳大湾区海洋生态子系统分析

海洋生态系统作为自然生态系统的一部分，具有自然生态系统的属性，对于自然生态系统所具有的脆弱性，海洋生态系统同样也有。在我们开发利用海洋环境发展经济的同时，海洋自身的环境压力日益增大，其环境状态在不断地下降。为实现可持续发展，要推行海洋循环经济的发展模式，改变传统的先发展后治理的老路，形成一个边发展边治理的新型的循环经济发展模式——不但可以实现海洋经济发展，还能最大限度地保护海洋环境，提高环境的使用效率。

第一节　系统动力学模型

一　基本思路

现有文献对经济发展与生态方面的讨论可分为积极思考与消极思考两种观点。消极思考认为经济发展作为人类活动产生的一个结果，发展进程中对自然资源的过度开采利用，第一、二产业占比较大且产能落后导致的污染排放对环境质量有着负面的影响；由于资源的可耗竭性与生态有限的自我修复力，对生态的破坏也会反过来制约经济的长期可持续发展。而积极思考则认为经济发展也能促进对生态的保护和修复，一方面是推动了对外开放从而引进更多的外资注入，又与经济发展一同提高了环保投入；另一方面是推动产业结构和能源结构优化，减少污染排放，发展绿色经济。

从制度创新角度出发，我们建立以下模型（见图 10－1），其中存在三个反馈路线。正反馈路线为，海洋经济的发展会导致海洋污染的增加。负反馈则有两个，其一为政府出台环保政策减少海洋污染，其二为政府增加环保财政支出以及污染质离技术的进步会抑制海洋污染。

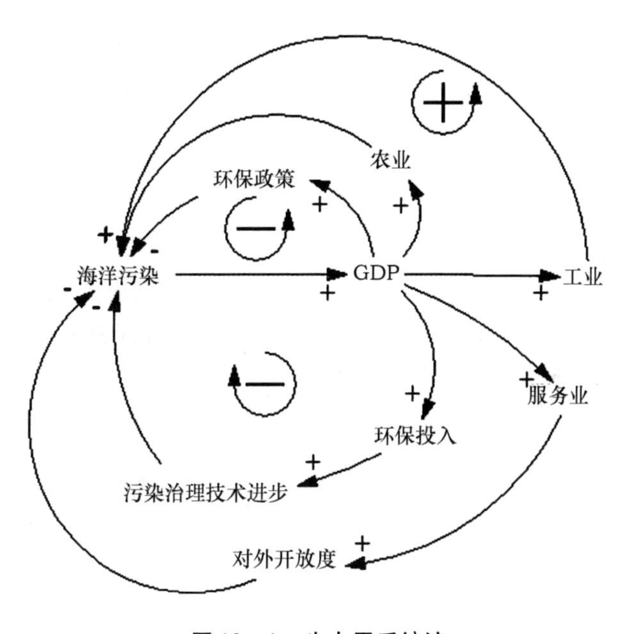

图 10－1　生态子系统流

二　关键制度

在现有文献基础上依据大湾区海洋生态现状和已有政策文件，选取环保政策、技术进步、产业结构、贸易开放、生产总值、污染排放六大变量搭建生态子系统。其中环保政策、技术进步、产业结构、贸易开放、生产总值均以时间隐函数的形式引入模型，根据已有模型，这些变量均直接作用于废水排放量。废水排放量为状态变量，废水排放增加量则为速率变量（见图 10 - 2）。

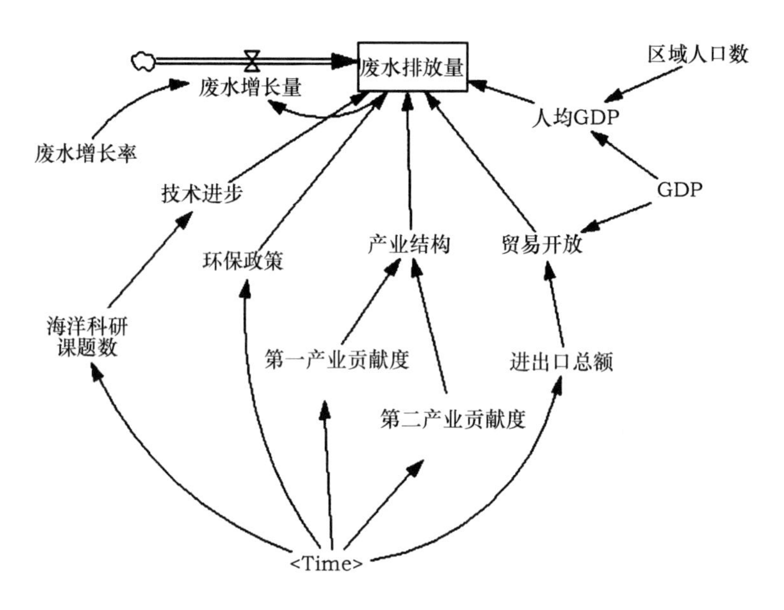

图 10 - 2 生态子系统流量存量

环保政策、技术进步、产业结构、贸易开放、生产总值、污染排放六大变量的代表指标分别使用广东省生态环保厅（公众网）历年相关政策文件数量、广东省每年海洋科技课题数、第一和第二产业贡献率以及进出口总额占 GDP 比例、GDP、工业废水排放总量量化污染排放。其中环保政策可以通过政府干预界定污染产权、实施污染防治等，减少污染排放；海洋科技的技术进步不但可以改进生态保护和修复的技术，也可以帮助提高能耗效率、发现清洁或可再生的可利用的能源，从而减少污染排放；产业结构中若第一、二产业占比较大，在绿色经济尚未形成的当下倾向于有较多的污染排放，即在调整到适宜的占比前减少第一、二产业的比重可以减少污染排放；贸易开放则可能带来技术外溢效应，一是促使发展中国家向发达国家学习先进的环保技术，二是学习会间接影响到产业结构，进而作用于污染排放。生态子系统指标如表10－1所示。

表10－1 **生态子系统指标**

变量	指标
环保政策	广东省生态环保厅（公众网）历年相关政策文件数量
技术进步	广东省每年海洋科技课题数
产业结构	第一和第二产业贡献率
贸易开放	进出口总额占GDP比例
生产总值	GDP
污染排放	工业废水排放总量

海洋生态文明是海洋经济健康发展的重要载体和保障，但对海洋资源的过度使用和对生态环境的破坏也会超出海洋生态自有的承载力，从而对经济发展产生负面的影响。目前粤港澳大湾区建设尚处于起步阶段，海洋经济大而不强，海洋资源开发利用比较粗放，多个海岸被随意使用、大量优质岸线被半私有化或私人占有也给海洋生态线的全面管控带来了困难。对此，《粤港澳大湾区发展规划纲要》点明，“绿水青山就是金山银山”的理念在大湾区建设中需要被牢固树立和践行，既要重视生态保护和修复，也要着重产业能耗结构调整，同时大力推进绿色低碳发展模式的创新和运用。

1. 产业结构

经济活动中的产业结构对生态的影响与粤港澳大湾区的产业发展路径关系密切。根据近现代流行的“环境破坏论”，早期依赖物质资源发展的人类活动倾向于引起恶性的环境变化，滥垦、滥牧、滥伐、滥采和滥用水资源便被称为开发活动过程中的“五滥”，反映了诸如填湖开荒等农业土地开发的极端行为和森林砍伐、水土流失等问题；近代工业的发展伴随着各种化学产品的使用，进而制造了遗害无穷的“三废”（废水、废渣、废气），对环境造成了极大的污染（侯甬坚，2013）。多年来，粤港澳大湾区便以工业化为路径加速推进经济由落后的农业国向现代工业国的转型，在从改革开放以前数量规模扩张、高投入、高消耗、高积累、低消费、重工业优先、重速度、轻效益的粗放型经济发展方式转变为今天更注重质量的集约型发展方式的七十年间，随之产生的高消耗、高排放和紧接而来的高污染、低效率等问题逐一显现，加之经济的持续高速增长，人口、资源和环境的压力迅速扩张，加剧了人与自然的冲突矛盾（任保平，2019）。相应地，为了达到人与自然和谐共生，产业转型升级与环保间的关系越来越受重视。

从农业发展来看，针对农业面源污染问题的严重性，农业生产设施条件的改善、农业人均 GDP 增加、农村居民受教育程度提高都能够提高农业面源污染排放效率（肖新成、何丙辉等，2014）；农业生产中存在的各类化肥、农药、农膜等化学性投入品过量施用造成的污染过度问题，是农业无效率的主要原因，农业效率可以通过减少投入冗余和降低生产污染两种途径提高（叶初升、惠利，2016）。孙大元、杨祁云等（2016）则利用时间序列研究方法研究了 1995—2013 年间广东省农业面源污染与农业经济发展之间的关系，所得的 EKC 研究结果表明广东省农业面源污染各指标与农业经济增长之间整体上呈现“倒 U 形”趋势，虽然农业面源污染对农业经济增长的负效应开始显现，化肥、农药、农膜等使用强度及畜禽粪便排放量也随着农业经济的增长逐渐减少，反映了农业经济的发展会帮助农业面源污染的防治。

从工业发展来看，一方面，举世瞩目的中国经济高速增长是以能源的高投入、高消耗以及环境的高污染为代价的。根据《BP 世界能源统计年鉴 2016》的数据，中国每创造 1 亿美元 GDP 就需要消耗约 2.9 万吨油当量，其能效水平世界排名第 73 位，远远落后于欧美等OECD国家甚至印度、墨西哥等同类发展中国家，在经济增速放缓的当下，提高能效水平，实现产业转型升级成为刺激经济增长的新阶段办法。另一方面，目前已有许多研究证明能源效率的提升可以帮助降低生产中的能耗水平，提高经济增长效率，推动产业结构升级，同时减少环境污染，实现清洁、低碳、高效的可持续发展道路，进而提升经济增长质量和效益（李廉水、周勇，2006）。考虑基于DEA方法定义的能源利用的经济效率和能源利用的环境绩效两种能源利用效率指标，增加第二产业比重对能源效率存在显著的负效应，对节能减排具有显著的负向作用（汪克亮、杨力等，2013）。白俊红、聂亮（2018）在能源经济效率的概念之外进一步明确补充了能源环境绩效这一内涵，即同等能源投入下，提高能源利用效率不仅可以创造更多的产出，还有利于降低环境污染，进而推动经济发展方式转变。

2. 环保投入

通过以上分析可以发现，在我国的经济发展进程中，环境污染治理愈加受到政府重视，由政府牵头的环保资金投入和相关政策法规的制定分别直接、间接地影响到能源效率，进而影响环境污染（张兵兵、田曦，2017）。直接途径中，不断增加的GDP和越发强烈的改善环境质量的决心支持政府持续增加环境污染治理资金的投入规模，给予相关技术进步的资金支持，减少能源消耗及污染物排放，从而提高能源效率；间接途径中，企业的成本—收益杠杆在其中发挥了重要作用，政府重视环境便意味着更多的环境保护法规和政策限制，这就导致企业生产经营成本增加、用于环境污染治理的费用上升，逼迫企业进行自主创新来提高能源利用效率、降低生产成本，从而提高收益，而无法适应的企业就会逐渐被市场淘汰。

3. 技术创新

技术创新可以有效解决环境污染。郑义和赵晓霞（2014）测算了环境污染治理技术进步效率，其与污染排放的实证结果验证了EKC曲线，并证明了环境技术效率相对于收入水平和环境治理投资更能减少环境污染。由企业开展的技术创新活动可以通过改造生产工艺、降低污染物排放和提升污染治理技术有效提高污染处置回用率，对环境污染的控制和治理产生正向作用（王鹏、谢丽文，2014）。而实施有利于提高污染减排支出和技术的公共政策，可以对该地区的环境技术创新产生积极的促进作用（王文普，2015）。

4. 贸易开放

对贸易开放与环境污染的研究分为以“污染天堂假说”为核心进行检验、量化研究贸易开放对环境的影响两类。第一类研究中的“污染天堂假说”指污染密集型工业从环境规制严格的国家或地区向环境规制较弱的国家或地区进行转移，然而检验结果并不与之一致。第二类研究最早由 Grossman 和 Krueger（1991）将贸易对环境的影响分为规模效应、结构效应和技术效应，其中规模效应会产生负向作用，技术效应则产生正向作用，该研究随后进入模型化阶段。代丽华等（2015）通过构造汇率冲击变量研究表明贸易开放对我国的污染减排将起到正向作用。韩晶、蓝庆新（2012）对我国工业增长的绿化度进行了考察，发现除了产业结构中的三产占比、技术进步水平正向作用于绿化度外，FDI 投资比例提高也能通过扩大中国的技术扩散效应、进入市场后加剧企业竞争从而促进技术创新来提高工业绿化度。

三 逻辑分析

根据生态子系统模型，地区海洋产业结构的升级往往引起更多污染，且更高的对外开放水平也对海洋排放有正向影响。要优化粤港澳大湾区海洋生态环境，实现海洋经济长期可持续科学发展，政府的有效作为方向主要有二。其一是通过制定环保政策，运用鼓励性、引导性甚至强迫性的措施实现事前环境保护；其二是通过增加海洋环保技术投资，提升地区海洋污染治理能力，实现事后环境治理。

第二节　生态子系统制度思考

日益严重的环境污染推动越来越多环保政策的制订和实施。针对丰富的海洋资源，湾区在传统的环保手段如建立珊瑚礁保护区等各类保护区之外，也进行了制度创新。

在环保投入方面，加强粤港澳三地合作投资，出台配套政策鼓励支持环保科技产业发展，研究废物处理技术、开发可再生能源，建立环保园区如粤澳合作电镀产业升级示范区江门市崖门新财富环保产业园的电镀工业基地，由澳门企业家投资，吸引了超过100家电镀企业签约入驻生产，通过统一建设“三废”治理设施等生产保障模块、组合应用多种废水处理工艺和技术，确保工业用水处理中心能够实现稳定达标排放，由三级环保部门进行全天候24小时的监督，在这里环保科技企业与电镀企业相辅相成、共同发展进步，已显现规模效应，是大湾区产业升级的典范。

在环保政策方面，建立健全环境信用制度。广东省政府与中国人民银行广州分行签订了《共建环银信息共享机制协议》，对企业开展环保信用评级，以实现对环境违法企业的监管。加强环保信息化管理，开发建成了全省污染源信息、机动车排气检测数据、重点污染源信用和排污许可证四大管理系统。组织开展了广东省区域环境战略研究，进行了绿色大珠三角优质生活圈调研并编制调研报告，完善了《泛珠三角区域跨界环境污染纠纷行政处理办法》，深化了粤港澳环保合作和泛珠三角区域环保合作。

在污染治理技术方面，为推进环保审批提速增效，深化行政审批制度改革，下放环保许可事项九项，转移、停止和取消了一批环保行政审批事项；修订建设项目分级审批名录，下放一大批工艺先进、污染防治技术较成熟、环境影响和风险相对可控的建设项目审批权限。建立区域技术合作，澳门路氹城生态保护区通过澳门市政署和中山大学合作开发的红树林整株移植法加速了澳门滩涂湿地红树林扩散生长速度。一年一期的澳门国际环保合作发展论坛及展览促进了泛珠三角地区与国际市场间的环保商业、技术及信息交流。集结科研力量建立实验室等科研机构，2018 年落址于广州南沙区的南方海洋科学与工程广东省实验室（广州）便集合了中国科学院南海生态环境工程创新研究院、香港科技大学、南方科技大学、中国科学院广州能源研究所等优势力量，将立足湾区、深耕南海、跨越深蓝，聚焦南海边缘海形成演化及其资源环境效应核心科学问题，着力解决大湾区岛屿和岛礁可持续开发、资源可持续利用、生态可持续发展等关键核心科技难题。此外，中山大学 6000 吨级综合科考船已于 2019 年 10 月末正式开工建造，定位为配置高、能力强、创新技术高度集成的新一代海洋综合科考船；中国海洋大学深圳研究院加速落地，将分期建设海洋生物资源、海洋高端仪器装备、海洋生态环境三个实验室，一个智能海洋大数据中心和蓝色智库。省编办批准了省环保局直属事业单位试点改革方案，新增加了人员编制，成立了广东省环境科学研究院，加强了技术支持力量。

此外，建设成果之外的既有海洋问题也需得到正视。海洋生态文明建设的意识仍相对较弱。尽管近年来人们的可持续发展以及海洋环保意识有所提高，但尚未形成能影响人们行为的价值理念。一方面，大多数人只关心与自身利益相关的海洋环境问题，倾向于忽视与自己关系不大的海洋生态事件。另一方面，人们不仅对海洋资源的“绿色消费”意识薄弱，在行动上也缺乏主动性。在消费愿望增加的同时，绿色消费观念却并未成为人们的日常理念。在建设海洋生态文明的参与度方面，人们的总体水平偏低，不能积极有效并依法抵制破坏海洋环境的行为。

海洋管理缺乏制度保障，且综合管控能力不足。当前海洋管理手段较为单一，偏重行政管理，缺乏经济手段和法律手段。目前虽已制定了一些关于海洋管理的法律法规，但仍存在着正式制度匮乏及运行机制缺乏统一协调的问题。就正式制度而言，我国现行海洋法律大多是针对某一行业或领域制定的专项立法，立法时间较早，与新近立法多有冲突，一些法律、法规也缺乏相应的配套细则，整个海洋法律体系缺乏系统性。同时，因管理体制等原因，我国的海洋制度在落实过程中的执行效果与立法目标差距较大，且各海洋管理部门分散，利益突出，各部门之间缺乏统一和协调，陆海统筹协调机制也尚未建立。这个问题在粤港澳三地尤为突出，同时还面临三地监管规则、管理机构、法律法规不一致的困难。

海洋产业结构有待调整。近年来，粤港澳大湾区的海洋产业呈现出全面发展的良好势头，但在海洋开发过程中，过度开发和不合理开发等问题依旧存在，海洋产业结构不尽科学，沿海产业布局不够合理，高投入、高能耗、高污染的传统产业发展方式没有发生根本性的改变。

海洋资源利用统筹力度不够。随着经济社会的发展，各类海上工程数量也不断增多，规模日益庞大，现代海洋空间利用力度加大。有些海上工程建设会严重影响海洋生态环境，破坏海洋生态系统的平衡，同时使渔业生产受损。缺乏准确的海洋环境地质调查数据而进行的石油开采、筑坝、大型港口建设等沿海工程造成的危害性也不可忽视。另外，人们对海洋渔业的过度捕捞会导致经济物种资源严重衰退，渔业资源严重失衡。此外，由于水域环境污染和资源过度利用，以及近岸工程等导致了水生生物组成结构发生变化，水生生物种群结构单一、多样性遭到严重破坏。

海洋生态环境仍存在威胁。2020 年，广东省全省近岸海域水质年均优良面积比例为 89.5%，一类、二类、三类、四类和劣四类海水水质面积比例分别为72.5%、17.0%、2.6%、2.2%、5.7%，其中粤港澳大湾区的珠江口是劣四类水质的主要分布地区。

从海洋生物多样性的角度看，珠江口海洋生物多样性指数为1.94，得分位于广东省末端，生境质量差。珠江口河口生态系统呈现亚健康状态，海水水质状况差，海水无机氮含量偏高，水体呈富营养化，沉积物质量一般，浮游植物密度和浮游动物生物量偏高，大型底栖生物密度和生物量偏低。[①] 随着各类环保政策的出台，粤港澳大湾区海水质量逐年提升，但海洋生态环境所面临的威胁仍然不少。要构建宜居宜业宜游的绿色湾区，我们还有很长的路要走。

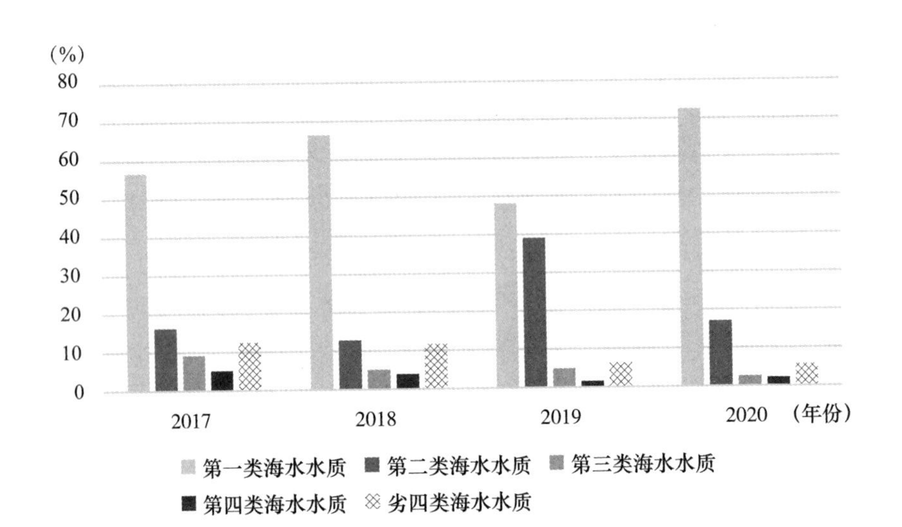

图10-3 2017—2020年广东省近岸海域海水环境质量

数据来源：广东省生态环境厅。

① 资料来源：《2020广东省生态环境状况公报》。

第十一章　粤港澳大湾区海洋科技子系统分析

科技创新是海洋经济保持长期增长的重要保障。本章建立粤港澳大湾区海洋科技子系统，从政府行为的角度对粤港澳大湾区海洋科技制度创新进行分析。

第一节　系统动力学模型

海洋产业的创新对于整个粤港澳大湾区成为具有国际影响力的科创中心具有重要意义。海洋产业的创新不仅仅是单个海洋城市发展的结果。在复杂的经济社会网络当中，个体、地区、国家之间都存在着紧密的联系，城市之间的要素流动、正式或非正式部门的交流学习都会促进彼此之间的相互影响。《粤港澳大湾区发展规划纲要》中明确提出“加强海洋科技创新平台建设，促进海洋科技创新和成果高效转化”。因此，未来如何促进粤港澳大湾区海洋经济发展和海洋产业的创新成为粤港澳大湾区建设的重要议题之一。基于既有研究，本部分从制度创新的角度出发，运用系统动力学对粤港澳大湾区的科技创新政策制度进行梳理和分析。

如图 11－1 所示，从制度创新的角度出发，根据模型，政府主要可以从三个方面做出努力。其一是提升区域创新环境，包括个人或组织创新基金支持、提升知识产权保护力度、提供创新平台、

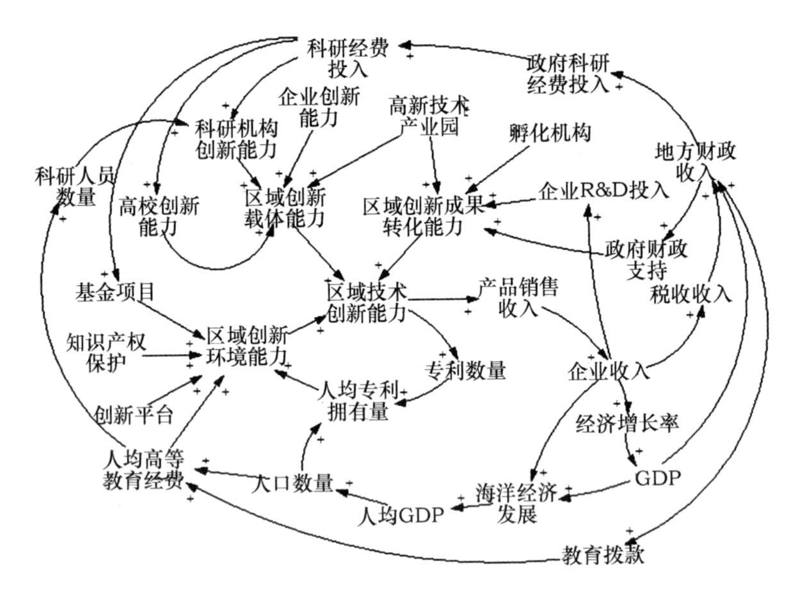

图 11－1 科技子系统因果关系

促进人才交流、提升区域人才教育水平等；其二是提供和优化创新载体，包括支持高校海洋相关专业发展、支持涉海机构的创新研究、支持涉海企业进行创新以及设立海洋高新技术产业园；其三是提升区域创新成果转化能力，包括设立高新技术产业园、创新孵化机构、鼓励企业进行企业创新等。

第二节 科技子系统制度思考

近年来，各地政府为推动地区科技发展提出了诸多政策，以本章构建的模型对政策制度进行梳理，可见粤港澳大湾区在三个政策角度都有发力，但总体而言，在促进科技成果转化方面，政策效果有限，也许更好的方式是以市场推动科技成果的运用。

一 优化创新环境建设

一是创新平台建设。随着国家工程研究中心《关于加强基础与应用基础研究的若干意见》的发布，粤港澳大湾区推进了再生医学与健康、网络空间科学与技术、先进制造科学与技术、材料科学与技术、化工、海洋、环境、能源、农业等领域的省实验室建设，以承建市先行投入结合省财政后奖补方式，支持珠三角地区建设省实验室。截至2018年底，广州拥有国家和省属涉海科研院所17所，其中华南理工大学、中山大学、中国科学院南海海洋研究所、中国科学院广州能源研究所等更是广东海洋经济产业专利优势机构的代表；省部级海洋重点实验室、重点学科25个；国家级海洋科技创新平台3个；海洋科技服务人员超5万人。此外，2017年，广东省建设6家“产学研专利育成转化中心”，探索产学研协同高价值专利培育新模式，其中落户中国科学院广州能源研究所的1家在天然气水合物领域专利申请量全球排名第四；同年全国首家省级海洋创新联盟——广东海洋创新联盟由广东省海洋与渔业厅联合中央驻粤有关单位、省内海洋龙头企业发起成立，通过召开座谈会、展开评选活动等方式促进创新相关信息的共享。2019年，南方海洋科学与工程广东省实验室作为广东省第二批省重点实验室在广州、珠海、湛江三地展开同步建设，由三地市政府联合中国科学院南海生态环境工程创新研究院、当地高校和相关企业等单位共同参与，分别聚焦海洋科学前沿基础研究方向、形成海洋战略科技力量及海洋工程装备等领域，已吸引多位院士和核心团队加盟。

二是科创企业孵化器建设。以南沙粤港深度合作区、前海深港现代服务业合作区、横琴粤澳合作产业园为代表，粤港澳地区在建设科创孵化器方面扎实推进。南沙粤港澳青年创新工场、前海深港青年梦工场、横琴澳门青年创业谷等基地建设加快，累计建成科技企业孵化器868家，其中国家级孵化器有110家。为打造“前孵化器（众创空间）—孵化器—加速器—专业园区”完整孵化链条，三地引导各类主体开展孵化器建设，重点依托各类产业园区、高校科研院所、新型研发机构、大型龙头企业等建设科技企业孵化器；依托广州南沙、深圳前海、珠海横琴等地建设一批面向港澳台创业人员的孵化服务载体；支持国有孵化器转型发展，探索发展一批混合所有制孵化器。落实国家级科技企业孵化器税收减免政策，实施孵化器建设用地政策措施，督促各地落实工业用地孵化器载体房屋可分割转让政策；支持珠三角各地建立孵化器后补助制度，与省共建面向科技企业孵化器的风险补偿金，对天使投资失败项目和在孵企业首贷坏账项目给予补偿。着力提高孵化器孵化服务能力，增强创业辅导、知识产权、技术支持、科技信息等专业化服务，提高孵化器的科技成果转化率和企业毕业率。

三是高新技术产业园建设。如今粤港澳大湾区各种类型的产业园数量众多，产业转移园更多建立在粤港澳大湾区周边欠发达地区，起到承载发达地区的产业转移等功能。而在湾区内部，国家级及省级产业园发挥重要作用，对粤港澳大湾区建设充满活力的世界级城市群，打造以珠海、佛山为龙头建设珠江西岸先进装备制造产业带，和以深圳、东莞为核心在珠江东岸打造具有全球影响力和竞争力的电子信息等世界级先进制造业产业集群起到支撑作用，对粤港澳大湾区成为具有全球影响力的国际科技创新中心，推进“广州—深圳—香港—澳门”科技创新走廊建设起到带头作用。

四是创新科技走廊的建设。《粤港澳大湾区发展规划纲要》提出，要推动“广州—深圳—香港—澳门”科技创新走廊建设，以沿线的科技（学）城、高新区、高技术产业基地等创新载体建设为抓手，打造创新要素流动畅通、科技设施联通、创新链条融通的跨境合作平台。《粤港澳大湾区科技创新行动计划（2018—2022）》提出广深科技创新走廊，其功能是承载创新要素的流动，旨在实现创新要素的自由融通。广深港澳科技走廊建设正在加快推进。第一，重点实验室建设，目前澳门已获批4个国家重点实验室，广州和深圳拥有30余家国家重点实验室。第二，为粤港澳大湾区正在建设形成空间分布上集聚、学科方向上关联的重大科技基础设施创新集群；打造了多个高水平科技创新载体或平台，科技创新基础设施正在发挥集群效应和团队效应；培育科技创新联盟或协同创新共同体。在中山大学的倡导下，包括香港9所大学在内的28所粤港澳三地高校共建粤港澳高校联盟，目前又成立了粤港澳超算联盟、粤港澳空间科学与技术联盟、粤港澳海洋科技创新联盟等（章熙春、李善民等，2019）。

五是推动粤港澳三地产学研一体化。为落实粤港澳产学研互通机制，粤港澳三地在一定程度上已有相关方面的整体布局。截至2018年底，粤港澳高校本科合作项目已接近190项，科研基础方面，港澳国家重点实验室伙伴实验室共18家，其中，香港16家，澳门2家；科技部国际合作基地（粤港澳联合实验室）1家；教育部国际合作实验室（与港澳共建）5家；广东省教育厅粤港澳联合实验室5家。通过不断加强粤港澳科技创新合作，积极鼓励世界一流科研机构和国际企业在粤港澳设立分支机构，推动港澳融入国家创新体系，探索创新要素跨境自由流动的区域创新体系；共享创新创业资源，共同完善创新创业生态；鼓励境内外科研机构与企业参与粤港澳大湾区创新发展活动，协同"走出去"。国家不断加强对于创新基础能力的建设，在大湾区布局国家重大基础设施、重要科研机构和重大创新平台，向港澳有序开放。加强应用基础研究，拓展实施国家重大科技计划项目。

二　提升创新载体建设

一是财政支持创业投资。《粤港澳大湾区发展规划纲要》在大湾区内进行创业投资、构建多元化投融资营商环境等方面做了明确指示，包括支持粤港澳设立联合创新专项资金，就重大科研项目开展联合攻关，允许相关资金在大湾区跨境使用；共建国家级科技成果孵化基地和粤港澳青年创业就业基地等成果转化平台，其中澳门有2个，香港有16个；合作构建多元化、国际化、跨区域的科技创新投融资体系。《粤港澳大湾区发展规划纲要》指出，支持粤港澳设立联合创新专项资金，就重大科研项目开展联合攻关，允许相关资金在大湾区跨境使用。这意味着，有关创新的要素中，包括人流、物流、资金流、信息流等产学研资源将有进一步自由流动及合理配置的可能。

二是改善人才引进与人才培养、人才交流机制。为推动粤港澳三地人才交流，三地持续研究推进在自贸试验区工作的港澳金融专业人士通过培训测试的方式申请获得内地从业资格，其在港澳的从业经历可视同内地从业经历。允许自贸试验区内港澳与内地合伙联营律师事务所的内地律师受理、承办内地法律适用的行政诉讼法律事务。允许自贸试验区内港澳与内地合伙联营律师事务所，以本所名义聘用港澳律师。继续推进国际人才资格互认工作，加大力度引进国际先进的职业标准，拓宽行业及工种，推广国际通行的职业资格认证及相关认证培训，开展国际职业资格证书考试认证及鉴证服务。推动教育合作发展，支持粤港澳高校合作办学，鼓励联合共建优势学科、实验室和研究中心。充分发挥粤港澳高校联盟的作用，鼓励三地高校探索开展相互承认特定课程学分、实施更灵活的交换生安排、科研成果分享转化等方面的合作交流。支持大湾区建设国际教育示范区，引进世界知名大学和特色学院，推进世界一流大学和一流学科建设。鼓励港澳青年到内地学校就读，对持港澳居民来往内地通行证在内地就读的学生，实行与内地学生相同的交通、旅游门票等优惠政策。推动人才结构战略性调整，加大创新人才培养力度。建设一批一流大学和学科，创新学术学位研究生和专业学位研究生培养模式，支持发展新型联合培养基地，着力培养应用型高级专业人才。改革技术技能人才培养机制，推行工学结合、校企合作的技术工人培养模式，推行企业新型学徒制。充分发挥广州“留交会”、深圳“高交会”“智汇广东”等平台作用，深入实施“珠江人才计划”“广东特支计划”等重大人才工程，加快聚集海内外高层次人才。推进粤港澳职业教育在招生就业、培养培训、师生交流、技能竞赛等方面的合作，创新内地与港澳合作办学方式，支持各类职业教育实训基地交流合作，共建一批特色职业教育园区。

三是放松人才税收政策。粤港澳大湾区对于科技人员给予一定的税收优惠，比如港澳特殊人才到广东，按照港人港税、澳人澳税的税收政策进行相关管理，协调两地税收政策不同而带来的相关问题。目前，在深圳前海、珠海横琴等自贸区已实施 5 年的“港人港税、澳人澳税”政策正式扩至大湾区 9 市，在大湾区工作的境外高端人才和紧缺人才，按照内地与香港个人所得税税负差额予以补贴，且补贴部分免征个人所得税。为进一步探索促进粤港澳大湾区人才自由流动提出了有效途径，省大湾区办、港澳办、科技厅、人才办等有关部门积极参与其中，提出了有效建议。目前，为境外高端人才和紧缺人才给予个税补贴及该补贴免征个人所得税等粤港澳大湾区税收优惠政策正在逐步落实，将为大湾区内人才流动提供政策助力。

四是增加企业创新支持。针对 R&D 减税政策，对于以技术驱动为导向的新型互联网高新企业增值税税率从 16% 降低到 13%。高新技术企业享有所得税减免和研发费用加计扣除等多项优惠政策，减免金额帮助高新技术企业提升自身竞争力。2019 年 1—4 月，广东新增减税 672. 7 亿元。仅深化增值税改革政策落地首月，增值税减征税额就达 130 亿元，减税幅度达 27. 3%，把减税降负的红利直接转化成企业的科研资金。

五是建立基金支持制度。近来，越来越多的学者和研究人员提出设立粤港澳大湾区发展基金，一来可以撬动民间资本跟进，对大湾区内部企业进行投资；二来也是对项目属性的一种认可，实现资金扶持和品牌效应的双向结合。形成以重大项目为牵引，以重大平台与基地建设为支撑，以面上项目为补充的基础科学资助体系。实施粤港澳大湾区、省际、省企等联合基金项目，将省基础与应用基础研究基金打造成为立足广东、面向全国乃至全球的开放型科学基金。向企业开放省基础与应用基础研究基金申报渠道，引导大中型骨干企业建设省技术创新中心、高水平企业研究院和企业重点实验室。鼓励企业建立跨区域、跨国界的新型研发机构，布局建设海外研发机构。鼓励有条件的企业与省基础与应用基础研究基金建立省企联合基金，联合资助方可给予基金冠名权。《行政长官施政报告》提出为配合和支持香港企业拓展内地和海外市场，财政司司长已宣布向“发展品牌、升级转型及拓展内销市场的专项基金”和“中小企业市场推广基金”分别注资20亿元和10亿元。其中“BUD专项基金”的内地计划和自贸协定计划下每家企业的资助上限将分别倍增至200万元。这些措施在协助企业拓展内销市场之余，亦可支援他们在与香港有自贸协定的市场发展，包括进驻在这些市场的经贸合作区。

六是金融支持创新发展。在引导金融支持创新发展方面，粤港澳大湾区诸多城市相继发力，一方面有跨城合作，支持香港私募基金参与大湾区创新型科技企业融资，允许符合条件的创新型科技企业进入香港上市集资平台，将香港发展成为大湾区高新技术产业融资中心。另一方面各城市也推出各类政策。以珠海市为例，2019年初，珠海市下发《珠海市外商投资股权投资企业试点管理暂行办法》，根据该办法的相关规定，相比其他境外企业或个人参与投资设立的股权投资企业认缴出资应不低于1500万美元等值货币，港澳投资者则降低了相关准入门槛，仅需不低于600万美元等值货币。港澳资金的准入门槛降低，为珠海对接澳门和香港的股权投融资业务提供了更多区域协同便利。2018年，珠海还印发了

《珠海市科技信贷和科技企业孵化器创业投资风险补偿金资金管理办法》，第一，通过建立差别化的科技信贷风险补偿金制度，对科技型中小微企业信用贷款提供30%至90%的风险补偿，其中单个企业每年最多可申请1笔科技信贷风险补偿金贷款项目，单笔贷款项目下申请风险补偿金的最高补偿金额不超过200万元，贷款期限不超过1年，贷款项目中信用贷款部分比例要达到50%以上。第二，对经过备案的创业投资机构在科技企业孵化器内的创业投资失败项目，风险补偿金按不超过单个项目投资损失额的50%和最高补偿金额不超过50万元的标准给予补偿。

七是增加科技相关补贴。《广州市人民政府关于加快工业和信息化产业发展的扶持意见》鼓励创新研发，支持企业积极创建制造业创新中心，对落户本市的国家级、省级制造业创新中心分别给予3000万元、1000万元的一次性补助，或按项目总股本的30%给予直接股权投资支持，最高不超过1亿元（国家和省规定须配套的项目除外）。支持企业开展工业强基工程产品和技术应用，对企业承担国家工业强基工程的项目，按照不高于国家资助的50%给予配套支持，单个项目不超过1000万元。

三 促进科技成果转化

一是促进科技成果转化。为将粤港澳大湾区建设成为具有国际竞争力的科技成果转化基地，三地在推动科技成果转化方面做出诸多努力，推动粤港澳在创业孵化、科技金融、成果转化、国际技术转让、科技服务业等领域开展深度合作，共建国家级科技成果孵化基地和粤港澳青年创业就业基地等成果转化平台。包括在珠三角九市建设一批面向港澳的科技企业孵化器，为港澳高校、科研机构的先进技术成果转移转化提供便利条件；创建珠三角国家科技成果转移转化示范区；鼓励与港澳联合共建国家级科技成果孵化基地、青年创新创业基地等成果转化平台；加快建设华南技术转移中心，打造华南地区最具活力和影响力的技术转移与成果转化平台；建立统一的科技成果信息公开平台，完善重大科技成果转化数据库，推动技术标准成为科技成果转化的重要表现形式和统计指标。

二是强化知识产权保护和运用。广州市黄埔区人民政府、广州开发区管委会2019年11月印发了《广州市黄埔区　广州开发区推进粤港澳知识产权互认互通办法（试行）》（以下简称“粤港澳知识产权互认10条”）。根据“粤港澳知识产权互认10条”，广州开发区将在知识产权的服务融通、仲裁调解、维权合作、IP金融超市、担保保障、融资租赁、证券融资、行业互动、同等认定等方面，推进粤港澳三地知识产权互认互通，探索建立粤港澳大湾区知识产权合作新机制。这被外界视为广州在知识产权工作方面贯彻落实《粤港澳大湾区发展规划纲要》的重要创新举措。

在服务融通方面，对由港澳籍居民设立的且积极开展知识产权服务工作满一年的服务机构，给予20万元启动资金奖励；年度主营业务收入达到500万元以上的，奖励力度倍增，一次性给予50万元奖励。同时港澳籍居民在广州开发区就职，从事知识产权服务工作，对获得国家知识产权相关资格认定的人员，按照2万元/人的标准给予奖励。开展以港澳知识产权为主题的合作交流活动，每次活动最高补助100万元。

在保护协作方面，在港澳地区开展知识产权仲裁、调解、诉讼等维权行为的企业，可获得仲裁费用50%补贴以及最高100万元的律师费用资助。在广州知识产权法院、广州知识产权仲裁院、黄埔区法院内就职的港澳陪审员、仲裁员以及调解员，每年给予2万元个人奖励。同时，对粤港澳大湾区知识产权调解中心等调解组织的成立，每年给予最高30万元的实际运营经费支持。

在融资渠道方面，设立知识产权金融超市，给予企业3%的年利率融资贴息。利用港澳知识产权采取多样化方式进行融资的企业，给予相应融资扶持。第一，担保融资，广州开发区创造性地利用国有企业担保方式打通港澳知识产权融资渠道，将港澳知识产权纳入区质押融资风险补偿资金池贷款本金30%的风险补偿范围，同时100%补贴企业在办理质押融资贷款时所产生的评估、担保、保险等费用。第二，融资租赁，将自身拥有的港澳知识产权作为标的物从融资租赁公司取得融资的企业，按当年实际交易额的3%给予补贴，最高补贴100万元。第三，资产证券化融资，通过港澳知识产权进行资产证券化融资的企业，可按照实际融资金额3%的年利率给予补贴，最长可补贴3年，每年补贴1次，补贴金额最高200万元。除此之外，“粤港澳知识产权互认10条”还在加强行业互动、担保保障、维权合作等方面展开资助。如企业参与本区知识产权优势示范企业评定、海外高端人才引进项目认定等涉及知识产权要素的区级项目奖励补贴或资格认定时，其所拥有的港澳知识产权与内地知识产权享受同等待遇。

本编总结

本篇从制度创新角度出发，通过建立系统动力学模型对粤港澳大湾区海洋经济发展进行了系统性梳理。通过海洋经济子系统模型仿真得出结论：开放水平、投资环境、市场化程度、人力资本是解释大湾区海洋经济增长的主要制度因素，从十年内海洋经济生产总值的增长角度来看，投资环境的改善对海洋经济增长的提升效果最明显，具有最大优先级，其次为开放水平的提升，而市场化程度提升和人力资本提升对粤港澳大湾区海洋经济增长的影响相对不显著。经济一体化子系统从交通网络、贸易市场、产业结构及政策沟通四个方面对粤港澳大湾区海洋社会系统进行分析，并从设施联通、贸易畅通、产业连通、政策沟通及民心相通的"五通"角度提出制度创新建议。海洋生态子系统从产业结构、环保政策、污染处理技术及贸易开放四个层面对粤港澳大湾区海洋污染系统所涉及的制度进行了梳理，并提出相应政策建议。海洋科技子系统建立了区域技术创新指数体系，从政府推进科技创新发展的角度出发，提出政府可以从三个方面做出努力，包括提升区域创新环境、提供和优化创新载体以及提升区域创新成果转化能力。

第　四　编

海洋创新发展实证分析及政策建议

为进一步讨论如何提升粤港澳大湾区海洋科技创新的效率，本编建立 DEA-Malmquist 指数模型对全国沿海地区的海洋产业创新效率进行测度，从海洋创新效率投入和产出的多个维度出发对地区海洋创新效率进行研究。得出全国沿海地区层面的普适性实证结论。最后，本编结合系统动力学分析框架及实证分析的结果，对粤港澳大湾区海洋经济发展提出体制机制创新的政策建议。

第十二章　海洋创新发展的实证分析

海洋创新发展对于粤港澳大湾区海洋经济实现长期、高效率、可持续增长具有决定性意义，因此，在经济社会紧密联系的背景下，科学地评估各沿海城市创新效率提升的影响因素，对于粤港澳大湾区提高海洋产业的创新效率，指导今后的体制机制改革、优化资源配置和协调区域发展都具有极高的应用价值。本节采用 DEA-Malmquist 指数模型对全国沿海地区的海洋产业创新效率进行测度，从海洋创新效率投入和产出的多个维度出发，研究如下三大问题：（1）测度每个地区海洋产业的创新效率空间分布情况；（2）科学分析各地区海洋产业创新效率的差异性原因；（3）根据研究结果提出粤港澳大湾区海洋产业提升创新效率的政策建议。

基于既有文献的研究，本节做出如下假设。

H1：海洋经济发展水平、海洋科研投入强度、产业集聚程度、海洋科研人员比重、人力资本水平、金融发展水平、对外开放水平、市场化水平及交通基础设施水平都会对海洋产业的创新水平产生影响。

H2：地区之间会存在空间相关性，并且这种相关性与地区之间的距离成反比，距离可以是实际的地理距离也可以是虚拟的经济距离。

本节的逻辑采用“是什么—为什么”的逻辑链条展开，先采用 DEA-Malmquist 指数模型测度全国沿海地区的创新效率是否存在差异，以此回答“是什么”的问题。在回答了全国沿海地区的创新效率是否存在差异这个问题后，采用 Moran's I 指数和 Geary's C 指数进行了空间自相关检验，检验沿海地区海洋产业的创新是否存在空间溢出效应，最后采用空间杜宾（SDM）对沿海地区海洋产业创新的外溢效应及相应的影响因素进行估计，进而回答“为什么”这个问题。

第一节 模型设定

一 创新效率测度

对于创新效率的测度通常采用数据包络分析（DEA），这是一种基于投入产出角度的一种非参数检验方法。DEA 模型通过选取决策单元（DMU）的多项投入和产出指标，采用线性规划的方法，固定产出最优化投入或者固定投入最大化产出，以此作为生产前沿，构建数据包络曲线，尽可能拟合投入和产出数据的特征。根据 DEA 模型测算的结果是基于样本个体的一个相对指标，效率值会处于［0，1］这个区间，值越大代表效率越高。其中效率值等于 1 代表样本的有效点位于生产前沿曲面上，缺乏效率的点则测算结果小于 1，这些点不在生产前沿面上，而是在面以外。

目前的 DEA 模型通常可大致分为三类基准模型，包括 CCR 模型、BCC 模型和 DEA-Malmquist 指数模型。前两种模型的主要区别在于前提假设不同，前者假设规模报酬不变，而后者假设规模报酬可变。但是前两种模型的传统模型存在一定缺陷，最主要的是无法测算面板数据的效率值，仅仅只能测算静态的数据。而 DEA-Malmquist 指数模型恰好可以弥补前两种模型的缺陷，可以在不同时点测算样本个体的效率，从而更好地适用于面板数据。

具体而言，DEA-Malmquist 指数模型是通过如下的公式进行测算：

$$MPIt_I = \frac{Et_I(xt+1, yt+1)}{Et_I(xt, yt)}$$

$$MPIt+1_I = \frac{Et+1_I(xt+1, yt+1)}{Et+1_I(xt, yt)}$$

其中Et_I代表t时期的距离函数，xt和yt分别代表t时期的投入指标和产出指标。$MPIt_I$代表效率水平。为了更好地考虑动态变化，DEA-Malmquist 指数模型将计算两个连续时间的效率值的几何平均值：

$$MPIG_I = (MPIt_I \times MP\,It+1_I)\frac{1}{2}$$

$$= \left[\left(\frac{Et_I(xt+1, yt+1)}{Et_I(xt, yt)}\right)\cdot\left(\frac{Et+1_I(xt+1, yt+1)}{Et+1_I(xt, yt)}\right)\right]\frac{1}{2}$$

将 Malmquist 指数 $MPIG_I$ 做数学变形，可以将其分解为两个部分，包括效率变化和技术效率。其中，技术效率进一步可以分解为规模效率和纯技术效率两个部分：

$$MPIG_I = EFF_I \cdot TECHG_I = \left(\frac{Et+1_I(xt+1, yt+1)}{Et_I(xt, yt)}\right)$$

$$\left[\left(\frac{Et_I(xt+1, yt+1)}{Et+1_I(xt, yt)}\right)\cdot\left(\frac{Et_I(xt+1, yt+1)}{Et+1_I(xt, yt)}\right)\right]\frac{1}{2}$$

$$SECH = \left[\left(\frac{Et+1_{vrs}(xt+1, yt+1)/Et+1_{crs}(xt+1, yt+1)}{Et+1_{vrs}(xt, yt)/Et+1_{crs}(xt, yt)}\right)\cdot\right.$$

$$\left.\left(\frac{Et_{vrs}(xt+1, yt+1)/Et_{crs}(xt+1, yt+1)}{Et_{vrs}(xt, yt)/Et_{crs}(xt, yt)}\right)\right]\frac{1}{2}$$

$$PECH = \frac{Et+1_{vrs}(xt+1, yt+1)}{Et_{crs}(xt, yt)}$$

其中，EFF_I代表效率变化，$TECHG_I$代表技术效率，$SECH$代表规模效率，$PECH$代表纯技术效率。

本节研究创新效率的投入产出指标如表 12 - 1 所示。

表 12－1　　　DEA-Malmquist 指数指标选取

投入指标	创新产出指标
海洋产业科技从业人员占地区人口比重	万人专利授权量
海洋产业科研经费占地区生产总值比重	千人海洋科技论文数
市场化指数	人均海洋产值

二 空间外溢效应估计

本节采用的是空间杜宾（SDM）模型，因为 SDM 模型可以嵌套多个空间计量模型，因此 SDM 模型被广泛应用于经济问题的分析和研究当中，本节所用的 SDM 具体设定如下：

$$inn_{it} = \alpha_i + \gamma_t + \rho \sum_{j=1}^{n} w_{ij} inn_{jt} + X'_{it}\beta + \sum_{j=1}^{n} w_{ij} X_{it}\theta + \mu_{it}$$

进一步可将上述模型变换成向量形式：

$$Y = \rho WY + X\beta + WX\theta + \alpha + \gamma + \mu$$

其中，W 为空间权重矩阵，$\mu \sim N(0, \sigma 2_{\mu} I_n)$

$$Y = \begin{bmatrix} inn_{1t} \\ inn_{2t} \\ \vdots \\ inn_{nt} \end{bmatrix}, X = \begin{bmatrix} 1 & X\{2\}_{1t} & \cdots & X\{k\}_{1t} \\ 1 & X\{2\}_{2t} & \cdots & X\{k\}_{2t} \\ \vdots & \vdots & \vdots & \vdots \\ 1 & X\{2\}_{nt} & \cdots & X\{k\}_{nt} \end{bmatrix}$$

i 和 t 分别表示沿海地区和年份，inn_{it} 表示海洋产业的创新水平指标。ρ 和 θ 表示空间相关系数，用来刻画各地区海洋产业的创新和一系列自变量指标的空间溢出效应，其中 w_{ij} 表示沿海地区之间的空间影响关系。

解释变量 X_{it}，包括产业集聚程度、海洋科研投入强度、海洋科研人员比重、海洋经济发展水平、人力资本水平、对外开放水平、市场化水平、金融发展水平和交通基础设施水平。α_i、γ_t、μ_{it} 分别表示地区个体效应、时间效应和随机扰动因素。

空间计量模型实际上刻画的是在空间上个体之间的相互影响以及自身影响因素的评估。其中，模型的整体结果称为总效应（*Total Effect*），衡量所有区域的变量 $X\{k\}_t$ 对区域 i 的被解释变量 Y_{it} 产生的影响，具体公式为：

$$TE = \sum_{j=1}^{n} \frac{\partial Y_{it}}{\partial X\{k\}_{jt}}$$

而总效应又可分解为两部分，分别为直接效应（Direct Effect）和间接效应（Indirect Effect），间接效应又称空间溢出效应。前者刻画区域 i 的变量 $X\{k\}_{it}$ 对区域 i 的被解释变量 Y_{it} 产生的影响，具体公式为：

$$DE = \frac{\partial Y_{it}}{\partial X\{k\}_{it}}$$

后者刻画其他所有区域的变量 $X\{k\}_t$ 对区域 i 的被解释变量 Y_{it} 产生的影响，具体定义为：

$$IE = \sum_{j=1}^{n} \frac{\partial Y_{it}}{\partial X\{k\}_{jt}} - \frac{\partial Y_{it}}{\partial X\{k\}_{it}}$$

第二节　数据来源及变量选取

本节的数据来源为 2007—2017 年《中国海洋统计年鉴》，王小鲁、樊纲主编的《中国分省份市场化指数报告（2016）》，各地区 2007—2017 年的统计年鉴。因为最新的《中国海洋统计年鉴》更新至 2017 年，由于统计年鉴的统计数字一般会滞后一年，即数据最新年份为 2016 年。其中海洋产业创新产出是借鉴大量文献中采用的万人专利授权量[①]。

---

① 此处并没有采用创新效率作为因变量，原因主要是数据结构问题，因为创新效率指标是测度指标，不具有客观性，因不同的方法会产生不同的数据，本书测度的创新效率只作为验证沿海地区创新效率差异和空间相关性的初探。

表 12 - 2 显示的是空间杜宾模型所采用的变量集合，以及相应的测度指标。

产业集聚程度也采用传统的赫芬达指数（HHI）进行测度，具体公式为：

$$HHI = \sum_{i=1}^{n} \left(\frac{X_i}{X}\right)^2 = \sum S_i^2$$

其中，X 表示地区海洋产业产值，X_i 为第 i 个产业的海洋产业产值，$i(=1,2,3)$ 为产业的个数，S_i 表示第 i 个产业的海洋产业的比重。

表 12 - 2　　空间杜宾模型的变量定义

变量名称	符号	测度方法
海洋产业创新水平	*inn*	万人专利授权量
产业集聚程度	*hhi*	赫芬达指数（HHI）
海洋科研投入强度	*funding*	海洋产业科研经费占 GDP 比重
海洋科研人员比重	*n*	万人中海洋产业科研技术人员比重
海洋经济发展水平	*pgop*	地区人均 GOP
人力资本水平	*edu*	平均受教育年限
对外开放水平	*open*	FDI 占 GDP 比重
市场化水平	*market*	市场化指数
金融发展水平	*finance*	金融机构年末存贷款余额占 GDP 的比重
交通基础设施水平	*transport*	人均道路面积

第三节　空间权重矩阵选取

空间权重矩阵 W_{ij} 的选取是空间计量模型最为关键的一步，因为这直接关乎模型中的个体之间究竟是以何种方式相互影响，并且目前空间权重矩阵 W_{ij} 是纯外生给定的参数，具有一定的主观性，因为科学合理地选择空间权重矩阵显得尤为重要。W_{ij} 可用矩阵表示如下：

$$W = \begin{bmatrix} w_{11} & w_{12} & \cdots & w_{1n} \\ w_{21} & w_{22} & \cdots & w_{2n} \\ \vdots & \vdots & \vdots & \vdots \\ w_{m1} & w_{m2} & \cdots & w_{mn} \end{bmatrix}$$

其中，矩阵中的元素 w_{ij} 代表地区 i 对地区 j 的影响大小，并且对角线上的元素 w_{ii} 被设为定为 0。在空间计量分析框架中，一般采取的空间权重矩阵有三种，分别为邻接空间权重矩阵、基于地理距离的空间权重矩阵和基于经济距离的空间权重矩阵。前两种空间权重矩阵将地区之间的地理关联刻画出来，第三种空间权重矩阵将地区之间的经济关联刻画出来。

第一种空间权重矩阵邻接空间权重矩阵的设定较为简单直接，是一种根据相邻与否来设定的 0－1 二进制空间权重矩阵，根据不同的相邻准则，W_{ij} 设定为：

$$W_{ij} = \begin{cases} 1 & \text{当区域 } i \text{ 和区域 } j \text{ 相邻} \\ 0 & \text{当区域 } i \text{ 和区域 } j \text{ 不相邻} \end{cases}$$

式中，$i = 1,2,\cdots,n$；$j = 1,2,\cdots,m$； $m = n$ 或 $m \neq n$。

实际上，邻接空间权重矩阵存在的最大问题是其简单直接地将地区之间的影响关系基于相邻与否，这显然与显示经济社会有巨大的差距。并且对于本书的研究个体而言，全国的沿海地区是呈现沿海岸线从南到北以此相邻的方式，并且海南省不与任何省份相邻，因此在本书当中不采用此种空间权重矩阵。

第二种空间权重矩阵是根据一定的距离限度，但这种空间权重矩阵有大致两种计算结果，第一种仍然采用 0－1 二进制的测度方法，W_{ij} 为：

$$W_{ij}(d) = \begin{cases} 1 & \text{当区域 } i \text{ 和区域 } j \text{ 在距离 } d \text{ 之内} \\ 0 & \text{当区域 } i \text{ 和区域 } j \text{ 在距离 } d \text{ 之外} \end{cases}$$

另一种则是采用地理距离的倒数进行测度，即 $w_{ij} = \frac{1}{d_{ij}}$，$d_{ij}$ 通常采用地区间的质心距离或者区域行政中心所在地之间的距离进行测量。本节采用的第一种空间权重矩阵为大多数文献所采用的地理距离的倒数的空间权重矩阵，具体是采用地区质心之间的弧度地理距离计算其倒数，进而计算空间权重矩阵。

第三种空间权重矩阵则是基于经济距离测度的空间权重矩阵。这是一种虚拟的距离，在区域经济一体化的背景下，地区之间要素的流动，不同企业、政府部门之间都会有较为紧密的交流和联系，往往经济水平相近的地区之间的交流和联系会更为紧密一些。因此，基于经济距离测度的空间权重矩阵便是为了刻画地区之间的这种经济联系。本书借鉴林光平等（2005）的计算方法，采用地区间人均 GDP 的差值作为地区之间经济距离的测度指标。其计算公式为：

$$E_{ij} = \frac{1}{|\bar{Y}_i - Y_j|}(i \neq j)$$

其中，Y_i 代表地区 i 的人均 GDP 数值，$\bar{Y}_i$ 代表在样本区间范围内的平均人均 GDP 数值。

第四节 实证结果

一 创新效率的测度结果

如表 12 - 3 所示，2006—2016 年，中国沿海各地区海洋产业创新效率，规模报酬不变（CRS）和规模报酬可变（VRS）两种情形下测算的结果差别较小，整体上创新效率略有下降。十年间，中国沿海地区的创新效率整体格局变化较小，总体上仍然呈现“两头强中间弱”的格局。河北、天津、山东、江苏和上海形成高创新效率的第一头创新聚集区域，这在十年间没有变化。

而2006年，广东、广西和海南形成高创新效率的第二头创新聚集区域，2016年广西退出高创新效率的第二头创新聚集区域，但实际上广西的数值变化较小，中间的福建加入高创新效率行列，而中间的浙江创新效率却逐渐降低，说明在这十年期间浙江省和广西壮族自治区的创新投入和产出很有可能是以粗放式非集约型的方式发展的。

表12－3　2006—2016年沿海各地区海洋产业创新效率测度结果

地区	年份	CRS	VRS
天津	2006	0.6802	0.6839
河北		1.0000	1.0000
辽宁		0.8851	0.9924
上海		0.8241	0.8257
江苏		1.0000	1.0000
浙江		0.7563	0.7614
福建		0.6779	0.7190
山东		1.0000	1.0000
广东		1.0000	1.0000
广西		1.0000	1.0000
海南		1.0000	1.0000
天津	2007	0.9463	0.9484
河北		1.0000	1.0000
辽宁		0.9609	0.9614
上海		0.9553	0.9565
江苏		0.6637	0.9605
浙江		0.8390	0.8460
福建		1.0000	1.0000
山东		1.0000	1.0000
广东		1.0000	1.0000
广西		0.9015	1.0000
海南		1.0000	1.0000

续表

地区	年份	CRS	VRS
天津	2008	0. 3441	0. 3741
河北		1. 0000	1. 0000
辽宁		0. 9396	0. 9489
上海		0. 9267	1. 0000
江苏		0. 8944	1. 0000
浙江		0. 7899	0. 7931
福建		1. 0000	1. 0000
山东		0. 7981	1. 0000
广东		1. 0000	1. 0000
广西		0. 9002	1. 0000
海南		1. 0000	1. 0000
天津	2009	0. 4806	0. 4910
河北		1. 0000	1. 0000
辽宁		1. 0000	1. 0000
上海		1. 0000	1. 0000
江苏		0. 6101	1. 0000
浙江		0. 9111	0. 9179
福建		1. 0000	1. 0000
山东		0. 8716	1. 0000
广东		1. 0000	1. 0000
广西		0. 5482	0. 6485
海南		1. 0000	1. 0000
天津	2010	0. 6756	0. 6809
河北		0. 9277	1. 0000
辽宁		1. 0000	1. 0000
上海		0. 9968	1. 0000
江苏		0. 8352	0. 9177
浙江		0. 9041	0. 9057
福建		1. 0000	1. 0000
山东		1. 0000	1. 0000
广东		1. 0000	1. 0000
广西		1. 0000	1. 0000
海南		1. 0000	1. 0000

续表

地区	年份	CRS	VRS
天津	2011	0.5330	0.5340
河北		1.0000	1.0000
辽宁		1.0000	1.0000
上海		0.9418	1.0000
江苏		0.7065	0.7511
浙江		0.8331	0.8399
福建		1.0000	1.0000
山东		0.8357	1.0000
广东		1.0000	1.0000
广西		1.0000	1.0000
海南		1.0000	1.0000
天津	2012	0.5272	0.5425
河北		1.0000	1.0000
辽宁		1.0000	1.0000
上海		0.9096	1.0000
江苏		0.7366	0.7517
浙江		0.8151	0.8152
福建		1.0000	1.0000
山东		0.8841	1.0000
广东		1.0000	1.0000
广西		0.8052	1.0000
海南		1.0000	1.0000
天津	2013	0.5700	0.5705
河北		1.0000	1.0000
辽宁		1.0000	1.0000
上海		1.0000	1.0000
江苏		0.8259	0.8396
浙江		0.8388	0.8572
福建		0.8870	1.0000
山东		1.0000	1.0000
广东		1.0000	1.0000
广西		0.6967	0.7505
海南		1.0000	1.0000

续表

地区	年份	CRS	VRS
天津	2014	0. 5962	0. 6244
河北		1. 0000	1. 0000
辽宁		1. 0000	1. 0000
上海		1. 0000	1. 0000
江苏		0. 8525	0. 8536
浙江		0. 9921	0. 9987
福建		1. 0000	1. 0000
山东		1. 0000	1. 0000
广东		1. 0000	1. 0000
广西		0. 4928	0. 6844
海南		0. 8894	1. 0000
天津	2015	0. 5924	0. 5931
河北		1. 0000	1. 0000
辽宁		1. 0000	1. 0000
上海		1. 0000	1. 0000
江苏		0. 8782	0. 8930
浙江		0. 7298	0. 7368
福建		1. 0000	1. 0000
山东		1. 0000	1. 0000
广东		1. 0000	1. 0000
广西		0. 4358	0. 5872
海南		1. 0000	1. 0000
天津	2016	0. 4907	0. 5318
河北		1. 0000	1. 0000
辽宁		0. 5564	0. 6383
上海		0. 6683	0. 6753
江苏		1. 0000	1. 0000
浙江		0. 7562	0. 7747
福建		1. 0000	1. 0000
山东		0. 8556	0. 9769
广东		1. 0000	1. 0000
广西		0. 9930	1. 0000
海南		0. 7193	1. 0000

从表 12－3 可知，中国沿海各地区的创新确实存在一定的空间聚集性，而这种空间聚集是以地理距离为基础，这从某一个层面可以得出海洋产业的创新效率有可能具有一定的空间外溢效应。这种空间外溢效应可能呈现为正向的促进作用，例如福建省。地区之间通过相互模仿和学习，改进产业结构，优化资源配置效率，复制推广相邻省份的制度创新经验，从而起到正向的空间外溢效应。但也有可能会存在负向的空间外溢效应，例如辽宁。在一个区域内，如果存在较为发达的经济地区，极有可能会因为其经济和地理等优势，对周边地区的人力物力资源造成虹吸效应，从而抑制周边地区的发展，进而抑制周边地区的产业创新。

表 12－4 呈现了全国沿海各地区从 2006 年至 2016 年海洋产业创新效率的变动按照全要素生产率、效率变化、技术效率、纯技术效率和规模效应的分解情况。以广东省效率分解结果为例，广东省创新效率中的技术效率从 2006—2016 年的 0.247 上升到 2015—2016 年的 1.472，说明广东省的创新效率改变存在一定的内生动力。但从全国沿海地区的整体分解结果来看，地区之间仍然存在着较大差异和地区聚集的现象。

表 12－4　2006—2016 年沿海各地区海洋产业创新效率分解测度

阶段	地区	全要素生产率	效率变化	技术效率	纯技术效率	规模效应
2006—2007	天津	1.029	1.391	0.740	1.387	1.003
2006—2007	河北	2.879	1.000	2.879	1.000	1.000
2006—2007	辽宁	0.945	1.086	0.870	0.969	1.121
2006—2007	上海	0.806	1.159	0.696	1.159	1.001
2006—2007	江苏	1.085	0.664	1.634	0.961	0.691
2006—2007	浙江	0.940	1.109	0.848	1.111	0.998
2006—2007	福建	1.012	1.475	0.686	1.391	1.061
2006—2007	山东	0.735	1.000	0.735	1.000	1.000

续表

阶段	地区	全要素生产率	效率变化	技术效率	纯技术效率	规模效应
2006—2007	广东	0.247	1.000	0.247	1.000	1.000
2006—2007	广西	0.730	0.901	0.809	1.000	0.901
2006—2007	海南	1.254	1.000	1.254	1.000	1.000
2007—2008	天津	0.565	0.364	1.554	0.394	0.922
2007—2008	河北	0.893	1.000	0.893	1.000	1.000
2007—2008	辽宁	1.115	0.978	1.140	0.987	0.991
2007—2008	上海	1.464	0.970	1.509	1.045	0.928
2007—2008	江苏	1.098	1.348	0.815	1.041	1.295
2007—2008	浙江	1.139	0.941	1.210	0.937	1.004
2007—2008	福建	1.125	1.000	1.125	1.000	1.000
2007—2008	山东	1.128	0.798	1.413	1.000	0.798
2007—2008	广东	1.387	1.000	1.387	1.000	1.000
2007—2008	广西	1.130	0.999	1.132	1.000	0.999
2007—2008	海南	0.989	1.000	0.989	1.000	1.000
2008—2009	天津	1.328	1.397	0.951	1.312	1.064
2008—2009	河北	0.804	1.000	0.804	1.000	1.000
2008—2009	辽宁	1.617	1.064	1.519	1.054	1.010
2008—2009	上海	1.675	1.079	1.552	1.000	1.079
2008—2009	江苏	0.680	0.682	0.996	1.000	0.682
2008—2009	浙江	0.990	1.154	0.858	1.157	0.997
2008—2009	福建	0.856	1.000	0.856	1.000	1.000
2008—2009	山东	0.974	1.092	0.892	1.000	1.092
2008—2009	广东	0.907	1.000	0.907	1.000	1.000
2008—2009	广西	0.396	0.609	0.650	0.649	0.939
2008—2009	海南	0.695	1.000	0.695	1.000	1.000
2009—2010	天津	1.200	1.406	0.854	1.387	1.014
2009—2010	河北	0.210	0.928	0.226	1.000	0.928
2009—2010	辽宁	1.286	1.000	1.286	1.000	1.000

续表

阶段	地区	全要素生产率	效率变化	技术效率	纯技术效率	规模效应
2009—2010	上海	1.313	0.997	1.317	1.000	0.997
2009—2010	江苏	0.819	1.369	0.598	0.918	1.492
2009—2010	浙江	1.087	0.992	1.096	0.987	1.005
2009—2010	福建	1.132	1.000	1.132	1.000	1.000
2009—2010	山东	1.068	1.147	0.931	1.000	1.147
2009—2010	广东	1.085	1.000	1.085	1.000	1.000
2009—2010	广西	1.129	1.824	0.619	1.542	1.183
2009—2010	海南	1.084	1.000	1.084	1.000	1.000
2010—2011	天津	1.082	0.789	1.372	0.784	1.006
2010—2011	河北	3.531	1.078	3.276	1.000	1.078
2010—2011	辽宁	0.993	1.000	0.993	1.000	1.000
2010—2011	上海	1.158	0.945	1.225	1.000	0.945
2010—2011	江苏	1.310	0.846	1.549	0.818	1.033
2010—2011	浙江	1.020	0.922	1.107	0.927	0.994
2010—2011	福建	1.139	1.000	1.139	1.000	1.000
2010—2011	山东	1.057	0.836	1.265	1.000	0.836
2010—2011	广东	0.979	1.000	0.979	1.000	1.000
2010—2011	广西	1.575	1.000	1.575	1.000	1.000
2010—2011	海南	1.078	1.000	1.078	1.000	1.000
2011—2012	天津	1.093	0.989	1.105	1.016	0.974
2011—2012	河北	0.984	1.000	0.984	1.000	1.000
2011—2012	辽宁	1.093	1.000	1.093	1.000	1.000
2011—2012	上海	1.011	0.966	1.047	1.000	0.966
2011—2012	江苏	1.134	1.043	1.088	1.001	1.042
2011—2012	浙江	0.998	0.978	1.020	0.971	1.008
2011—2012	福建	0.965	1.000	0.965	1.000	1.000
2011—2012	山东	1.141	1.058	1.078	1.000	1.058
2011—2012	广东	1.115	1.000	1.115	1.000	1.000

续表

阶段	地区	全要素生产率	效率变化	技术效率	纯技术效率	规模效应
2011—2012	广西	0.782	0.805	0.971	1.000	0.805
2011—2012	海南	0.871	1.000	0.871	1.000	1.000
2012—2013	天津	1.026	1.081	0.949	1.052	1.028
2012—2013	河北	0.936	1.000	0.936	1.000	1.000
2012—2013	辽宁	0.944	1.000	0.944	1.000	1.000
2012—2013	上海	1.041	1.099	0.947	1.000	1.099
2012—2013	江苏	1.024	1.121	0.913	1.117	1.004
2012—2013	浙江	1.074	1.029	1.044	1.052	0.979
2012—2013	福建	0.970	0.887	1.094	1.000	0.887
2012—2013	山东	1.065	1.131	0.941	1.000	1.131
2012—2013	广东	0.965	1.000	0.965	1.000	1.000
2012—2013	广西	0.891	0.865	1.030	0.751	1.153
2012—2013	海南	1.256	1.000	1.256	1.000	1.000
2013—2014	天津	1.121	1.046	1.072	1.094	0.956
2013—2014	河北	1.138	1.000	1.138	1.000	1.000
2013—2014	辽宁	0.920	1.000	0.920	1.000	1.000
2013—2014	上海	1.025	1.000	1.025	1.000	1.000
2013—2014	江苏	1.088	1.032	1.054	1.017	1.015
2013—2014	浙江	1.240	1.183	1.048	1.165	1.015
2013—2014	福建	1.183	1.127	1.049	1.000	1.127
2013—2014	山东	1.044	1.000	1.044	1.000	1.000
2013—2014	广东	0.998	1.000	0.998	1.000	1.000
2013—2014	广西	0.726	0.707	1.026	0.912	0.776
2013—2014	海南	0.753	0.889	0.846	1.000	0.889
2014—2015	天津	0.944	0.994	0.950	0.950	1.046
2014—2015	河北	0.791	1.000	0.791	1.000	1.000
2014—2015	辽宁	0.870	1.000	0.870	1.000	1.000
2014—2015	上海	0.957	1.000	0.957	1.000	1.000

续表

阶段	地区	全要素生产率	效率变化	技术效率	纯技术效率	规模效应
2014—2015	江苏	1.009	1.030	0.980	1.046	0.985
2014—2015	浙江	0.760	0.736	1.034	0.738	0.997
2014—2015	福建	1.205	1.000	1.205	1.000	1.000
2014—2015	山东	1.007	1.000	1.007	1.000	1.000
2014—2015	广东	0.998	1.000	0.998	1.000	1.000
2014—2015	广西	0.907	0.884	1.026	0.858	1.031
2014—2015	海南	1.180	1.124	1.050	1.000	1.124
2015—2016	天津	0.983	0.828	1.187	0.897	0.924
2015—2016	河北	0.726	1.000	0.726	1.000	1.000
2015—2016	辽宁	0.668	0.556	1.200	0.638	0.872
2015—2016	上海	0.772	0.668	1.155	0.675	0.990
2015—2016	江苏	1.475	1.139	1.295	1.120	1.017
2015—2016	浙江	1.302	1.036	1.256	1.051	0.986
2015—2016	福建	1.159	1.000	1.159	1.000	1.000
2015—2016	山东	1.076	0.856	1.258	0.977	0.876
2015—2016	广东	1.472	1.000	1.472	1.000	1.000
2015—2016	广西	2.774	2.279	1.217	1.703	1.338
2015—2016	海南	0.750	0.719	1.042	1.000	0.719

二　空间自相关检验

在许多采用空间计量的实证研究中，Moran's I 指数和 Geary's C 指数是常用方法，大量文献会采用这两种指数对地区之间的重要变量之间是否存在空间自相关进行初步检验，以此为参考来确定是否需要建立空间计量模型，这也是建立空间计量模型的充分条件。

Moran's I 指数的定义如下：

$$Moran'sI = \frac{\sum_{i=1}^{n}\sum_{j=1}^{n} w_{ij}(Y_i - \overset{?}{Y})(Y_j - \overset{?}{Y})}{S2\sum_{i=1}^{n}\sum_{j=1}^{n} w_{ij}}$$

其中，$S2 = \frac{1}{n}\sum_{i=1}^{n}(Y_i - \overset{?}{Y})$，$\overset{?}{Y} = \frac{1}{n}\sum_{i=1}^{n} Y_i$，$Y_i$表示第$i$个地区的观测值（如专利数）。$Moran'sI$ 指数是介于 -1 至 1 之间的数值，值的绝对值代表空间相关性大小，正负代表正相关和负相关。

$Geary'sC$ 指数的定义如下：

$$Geary's\ C = \frac{(n-1)\sum_{i=1}^{n}\sum_{j=1}^{n}(x_i - x_i)^2}{2(\sum_{i=1}^{n}\sum_{j=1}^{n} w_{ij})[\sum_{i=1}^{n}(x_i - \bar{x})\hat{}2]}$$

Geary's C 指数介于 $[0,2+\varepsilon]$ 区间，其中 $\varepsilon \geqslant 0$ 。当 Geary's C 指数大于 1 时，呈现为负空间自相关，等于 1 时无空间自相关，小于 1 时呈正空间自相关。Geary's C 指数和 Moran's I 指数是反向变动的，差别不是很大，但 Geary's C 指数对局部的空间自相关更为敏感。

由表 12 -5、表 12 -6 的结果可知，基于地理距离测度的空间权重矩阵计算的 Moran's I 指数和 Geary's C 指数的 P 值整体上都为 0，也就意味着在全局和局部，沿海地区的上述指标几乎都存在着空间自相关。其中，Moran's I 指数的结果显示，产业集聚在地区之间的空间自相关度并不显著，这或许是产业聚集市场化自发的结果，并且是海洋产业中众多个体决策累积的结果，很难在整体上起到相互影响的作用，这一结果在 Geary's C 指数的数值中也有类似的结论。另一个指标是海洋产业科研经费占 GDP 比重在局部并不存在显著的空间自相关，这可能是因为每个地区的海洋科研经费主要受当地的实际发展水平以及政府独立制定的政策所影响，很难相互模仿而产生外溢效应。

表 12－5　　全局 Moran's I 指数（基于地理距离的权重矩阵）

变量	I	E（I）	sd（I）	z	p-value *
perpatent	－0. 498	－0. 008	0. 043	－11. 476	0. 000
pgop	－0. 768	－0. 008	0. 045	－16. 997	0. 000
p_fdi	0. 071	－0. 008	0. 043	1. 853	0. 064
m_index	0. 654	－0. 008	0. 045	14. 749	0. 000
edu	－0. 362	－0. 008	0. 045	－7. 890	0. 000
per_area	－1. 286	－0. 008	0. 045	－28. 539	0. 000
hhi	0. 032	－0. 008	0. 045	0. 908	0. 364
p_bsdl	－0. 318	－0. 008	0. 045	－6. 916	0. 000
p_rbtecn	－0. 663	－0. 008	0. 045	－14. 676	0. 000
p_funding	0. 137	－0. 008	0. 045	3. 247	0. 001

注：*** p＜0. 01，** p＜0. 05，* p＜0. 1。

表 12－6　　Geary's C 指数（基于地理距离的权重矩阵）

变量	C	E（C）	sd（C）	z	p-value *
perpatent	3. 131	1. 000	0. 417	5. 114	0. 000
pgop	2. 377	1. 000	0. 181	7. 599	0. 000
p_fdi	0. 011	1. 000	0. 402	－2. 461	0. 014
m_index	0. 485	1. 000	0. 121	－4. 255	0. 000
edu	1. 986	1. 000	0. 160	6. 164	0. 000
per_area	3. 310	1. 000	0. 162	14. 235	0. 000
hhi	1. 021	1. 000	0. 142	0. 147	0. 883
p_bsdl	1. 971	1. 000	0. 150	6. 473	0. 000
p_rbtecn	2. 229	1. 000	0. 189	6. 506	0. 000
p_funding	0. 879	1. 000	0. 178	－0. 680	0. 497

注：*** p＜0. 01，** p＜0. 05，* p＜0. 1。

如表12－7和表12－8的结果所示，基于经济距离测度的空间权重矩阵计算的Moran's I指数和Geary's C指数的P值整体上都为0。其中，Geary's C指数的结果中，核心变量万人专利授权量并不存在局部的空间自相关，但Moran's I指数表明该指标存在全局的空间自相关。

表12－7 全局Moran's I指数（基于经济距离的权重矩阵）

Variables	I	E（I）	sd（I）	z	p-value*
perpatent	1. 314	－0. 008	0. 048	27. 672	0. 000
pgop	1. 634	－0. 008	0. 050	32. 611	0. 000
p_ fdi	0. 234	－0. 008	0. 048	5. 036	0. 000
m_ index	0. 674	－0. 008	0. 051	13. 457	0. 000
edu	1. 305	－0. 008	0. 050	26. 003	0. 000
per_ area	1. 396	－0. 008	0. 050	27. 811	0. 000
hhi	1. 259	－0. 008	0. 051	25. 049	0. 000
p_ bsdl	1. 172	－0. 008	0. 051	23. 359	0. 000
p_ rbtecn	1. 818	－0. 008	0. 050	36. 295	0. 000
p_ funding	0. 698	－0. 008	0. 050	14. 014	0. 000

表12－8 Geary's C指数（基于经济距离的权重矩阵）

Variables	C	E（C）	sd（C）	z	p-value *
perpatent	0. 927	1. 000	0. 278	－0. 264	0. 792
pgop	0. 265	1. 000	0. 126	－5. 819	0. 000
p_ fdi	0. 032	1. 000	0. 268	－3. 608	0. 000
m_ index	0. 281	1. 000	0. 090	－8. 003	0. 000
edu	0. 359	1. 000	0. 113	－5. 660	0. 000
per_ area	0. 147	1. 000	0. 115	－7. 444	0. 000
hhi	0. 100	1. 000	0. 102	－8. 828	0. 000
p_ bsdl	0. 257	1. 000	0. 107	－6. 939	0. 000
p_ rbtecn	0. 067	1. 000	0. 131	－7. 111	0. 000
p_ funding	0. 360	1. 000	0. 124	－5. 139	0. 000

综上所述，整体上本节拟分析的指标之间无论是基于地理距离测度的空间权重矩阵还是基于经济距离测度的空间权重矩阵都存在着显著的空间自相关，这说明应该建立一个空间计量模型而非简单的面板模型，具体应参考模型估计的结果。

三　回归分析结果

首先建立一个基础的面板模型以作为参照，表 12－9 和表 12－10分别显示了固定效应模型和随机效应模型的估计结果。

表 12－9　　面板固定效应模型估计结果

inn	系数	标准误	t 值	p 值	[95% Conf	Interval]
pgop	0.024 **	0.012	2.04	0.044	0.001	0.047
open	－0.007	0.044	－0.16	0.875	－0.095	0.081
market	0.002	0.003	0.61	0.545	－0.004	0.008
n	0.201 ***	0.032	6.26	0.000	0.138	0.265
funding	2.406	2.609	0.92	0.359	－2.770	7.581
edu	0.018 **	0.007	2.43	0.017	0.003	0.032
hhi	0.207	0.210	0.99	0.327	－0.210	0.625
finance	0.015	0.022	0.67	0.506	－0.029	0.058
transport	－0.007 ***	0.002	－4.49	0.000	－0.010	－0.004
Constant	－0.269 **	0.115	－2.34	0.021	－0.497	－0.041
Meandependentvar		0.031	SDdependentvar		0.057	
R-squared		0.609	Numberofobs		121.000	
F-test		17.453	Prob > F		0.000	
Akaikecrit. （AIC）		－550.774	Bayesiancrit. (BIC)		－522.816	

注：*** $p<0.01$，** $p<0.05$，* $p<0.1$。

表 12－10　　　　　**面板随机效应模型估计结果**

inn	系数	标准误	t 值	P 值	[95% Conf	Interval]
pgop	0.006	0.011	0.60	0.547	−0.015	0.028
open	0.006	0.021	0.28	0.783	−0.035	0.046
market	0.000	0.003	−0.17	0.865	−0.006	0.005
n	−0.010	0.021	−0.50	0.619	−0.051	0.030
funding	10.463 ***	3.255	3.21	0.001	4.084	16.842
edu	0.021 ***	0.007	3.00	0.003	0.007	0.034
hhi	0.041	0.122	0.34	0.737	−0.198	0.281
finance	0.019	0.014	1.37	0.172	−0.008	0.047
transport	−0.003 ***	0.001	−4.44	0.000	−0.005	−0.002
Constant	−0.174 **	0.074	−2.34	0.019	−0.319	−0.028
Meandependentvar		0.031	SDdependentvar		0.057	
Overallr－squared		0.639	Numberofobs		121.000	
Chi－square		196.668	Prob > chi2		0.000	
R－squaredwithin		0.355	R－squaredbetween		0.851	

注：*** p<0.01，** p<0.05，* p<0.1。

从固定效应模型的分析结果可以得出，人均海洋产值和人力资本水平对海洋产业的创新水平存在显著的正向影响，影响系数分别为0.024和0.018，均在5%的水平下显著。最为显著的变量是万人中海洋产业科研从业人员的比重和人均道路面积，影响系数分别为0.201和－0.007，均在1%的水平下显著。在随机效应模型中，人均海洋产值和海洋产业科研从业人员的比重变得不显著，而人力资本的作用提升至1%的水平下显著，并且海洋产业科研经费占GDP的比重也提高至1%的水平下显著，并且影响系数为10.463。

如表12－11所示，通过Hausman检验结果，P值为0，拒绝原假设。模型结果应该以固定效应模型为准，也就是说人均海洋产值、万人中海洋产业科研从业人员的比重和人均道路面积都是海洋产业创新水平具有显著影响的变量，其中人均道路面积起到负向的影响。面板模型的分析仅作参考，用于后续与空间计量模型的结果对比。但 Hausman 检验结果，也能从侧面说明空间计量模型也应该以固定效应模型的结果为主。

表 12－11　　Hausman 检验结果

	系数
Chi-square testvalue	60.586
P 值	0.000

如表 12－12 所示，在采用基于地理距离构建空间权重矩阵的情形下，SDM 固定效应模型的估计结果中，创新水平的空间效应显著为负，系数为－1.049，在 1% 的水平下表现显著。这表明，沿海地区海洋产业的创新以地理距离的远近为基准产生负向的空间溢出效应，彼此之间会对影响创新的资源进行竞争，发达的沿海地区的创新会对临近的沿海地区造成抑制作用。

在地区自身的解释变量中，海洋经济发展水平（*pgop*）和基础设施水平（*transport*）会对海洋产业的创新形成抑制作用，影响系数分别为－0.059 和－0.004，均在 1% 的水平下表现显著。这样的结果主要说明两个含义。第一，目前的海洋经济并没有以海洋产业的创新为主攻方向，而是一种粗放式的以产值为主要目标的发展模式。并没有形成“海洋经济—海洋创新”双向共生的发展机制，这对于海洋经济的长远发展是不利的。第二，海洋经济和陆地经济的共生机制尚未形成，陆海统筹的水平极为低下。陆地经济和海洋经济之间是负向的关系，没有形成共赢的局面，资源在陆地和海洋两大经济中的配置并没有达到最优的状态，这从另一个角度显示出陆海统筹的重要性和紧迫性。

海洋科研人员比重（*n*）和产业集聚水平（*hhi*）对海洋产业的创新呈正向的促进作用，系数分别为0.205和0.624，均在5%的水平下显著。前者说明，对于海洋科研人员的投入对于海洋产业的创新而言是至关重要的，这也印证了习近平总书记提出的“发展是第一要务，人才是第一资源，创新是第一动力”。未来提升海洋产业的创新水平重点之一就是探讨如何引进海洋产业的科研技术人才以及如何培养和激励科研技术人才更大的创新产出。后者说明全国沿海地区的海洋产业集聚产生了规模效应，由于产业内部集聚减少了生产的创新成本，企业之间相互知识溢出，从而形成“产业集聚—产业结构优化—产业创新”的良性循环。另外，人力资本水平（*edu*）也对海洋产业的创新在10%显著性水平下起到正向促进作用，因此提升地区的教育水平也是促进创新的有效途径。

空间计量模型中，系数的分析可能会存在系统性偏误，而重点应该分析其总效应、直接效应和间接效应。对于直接效应而言，与上文显著的自变量系数和显著性水平差别不大，其中人力资本水平变得不显著。对于空间溢出效应而言，其他地区的海洋经济发展水平对当地海洋产业的创新有负向的空间外溢效应，系数为-0.049，在1%的水平下显著。这说明临近地区之间的海洋经济发展会对彼此海洋产业的创新水平起到抑制作用，并没有形成地区之间的合作共赢，产业间的协作度还有待提高。

此外，其他地区的对外发展水平（*fdi*）、人力资本水平和基础设施水平对当地海洋产业的创新会产生显著的正向作用，显著性水平皆为1%。其余地区对外发展水平对当地的正向促进作用说明对外开放不仅仅对本地的经济发展和创新力提升有帮助，在区域经济一体化的过程中，随着要素的自由流动和地区间的产业分工，会产生正向外溢作用。其余地区人力资本水平对当地的正向促进作用正说明了地区之间的人员之间存在着广泛的流动和交流，在复杂的社会网络中，人与人之间会形成知识和技能溢出，从而产生正向的作用。

而其余地区基础设施水平对当地的正向促进作用和前文所述当地的基础设施对当地海洋产业的创新起抑制作用的机理应该是相同的，除此之外，其余地区的交通基础设施的完善也能促进地区之间的要素流动，从而促进知识溢出，提高相邻地区的创新产出。对于总效应而言，海洋经济发展水平对海洋产业的创新仍然是负向影响，对外发展水平、海洋科研人员比重和人力资本水平以及产业聚集都能对海洋产业的创新起到显著的促进作用。

表 12－12　空间杜宾固定效应模型估计结果（基于地理距离的权重矩阵）

inn	系数	标准误	P 值
Main			
pgop	－0. 059 ***	0. 011	0. 000
open	0. 064	0. 057	0. 265
market	－0. 000	0. 006	0. 974
n	0. 205 ***	0. 039	0. 000
funding	－1. 520	2. 932	0. 604
edu	0. 007 *	0. 004	0. 063
hhi	0. 624 **	0. 207	0. 003
finance	－0. 005	0. 051	0. 925
transport	－0. 004 ***	0. 001	0. 005
Wx			
pgop	－0. 157 ***	0. 027	0. 000
open	1. 196 ***	0. 181	0. 000
market	0. 032	0. 026	0. 223
n	0. 151	0. 113	0. 182
funding	6. 141	32. 187	0. 849
edu	0. 052 **	0. 021	0. 013
hhi	0. 222	0. 490	0. 650
finance	0. 124	0. 082	0. 133
transport	0. 018 ***	0. 007	0. 010
Spatial			
ρ	－1. 049 ***	0. 208	0. 000

续表

inn	系数	标准误	P 值
Variance			
sigma2_ e	0. 000 **	0. 000	0. 011
Direct			
pgop	-0. 050 ***	0. 012	0. 000
open	-0. 043	0. 046	0. 350
market	-0. 003	0. 007	0. 639
n	0. 219 ***	0. 052	0. 000
funding	-3. 045	2. 811	0. 279
edu	0. 003	0. 004	0. 408
hhi	0. 653 ***	0. 230	0. 005
finance	-0. 021	0. 049	0. 663
transport	-0. 006 ***	0. 001	0. 000
Indirect			
pgop	-0. 049 ***	0. 016	0. 003
open	0. 563 ***	0. 079	0. 000
market	0. 015	0. 010	0. 152
n	-0. 040	0. 074	0. 590
funding	2. 895	15. 508	0. 852
edu	0. 022 ***	0. 008	0. 010
hhi	-0. 193	0. 272	0. 478
finance	0. 067	0. 052	0. 197
transport	0. 011 ***	0. 003	0. 000
Total			
pgop	-0. 099 ***	0. 019	0. 000
open	0. 520 ***	0. 102	0. 000
market	0. 012	0. 011	0. 284
n	0. 179 ***	0. 044	0. 000
funding	-0. 150	15. 145	0. 992
edu	0. 025 ***	0. 008	0. 002
hhi	0. 461 *	0. 261	0. 078
finance	0. 045	0. 030	0. 128
transport	0. 005	0. 003	0. 173

注：*** $p<0.01$，** $p<0.05$，* $p<0.1$。

正如前文所述，本书的分析主要是以固定效应模型的结果为主，但为了严谨起见，仍然汇报随机效应模型的结果，以作对比。如表 12－13 所示，在采用基于地理距离构建的空间权重矩阵的情形下，SDM 随机效应模型的估计结果中，创新的空间外溢效应仍然为负，系数为－0.692，在 1% 的水平下显著。直接效应中仅有海洋科研人员比重和基础设施水平仍然是显著的解释变量，系数分别为 0.148 和－0.005，在 1% 的水平下显著。而空间外溢效应中，与固定效应模型中不同的是，海洋经济发展水平的空间外溢效应为正，系数为 0.033，在 10% 的水平下显著。并且海洋产业集聚的外溢效应也显著为负，系数为－0.807，在 5% 的显著性水平下显著。和固定效应模型相同的是，人力资本水平的空间外溢效应也为正。对于总效应而言，海洋经济发展水平、市场化指数和人力资本水平都能起到显著的正向促进作用，而产业集聚和基础设施水平对海洋产业创新水平起到显著的负向抑制作用。

表 12－13　空间杜宾随机效应模型估计结果（基于地理距离的权重矩阵）

inn	系数	标准误	P 值
Main			
pgop	－0.009	0.016	0.591
open	－0.019	0.029	0.523
market	0.004	0.004	0.403
n	0.146***	0.047	0.002
funding	3.548	4.843	0.464
edu	0.002	0.006	0.717
hhi	0.127	0.226	0.575
finance	－0.017	0.021	0.422
transport	－0.005***	0.002	0.001
_ *cons*	0.045	0.058	0.434

续表

inn	系数	标准误	P 值
Wx			
pgop	0.055*	0.028	0.052
open	0.129	0.188	0.490
market	0.004	0.006	0.506
n	0.146**	0.071	0.039
funding	21.615	19.362	0.264
edu	0.039***	0.015	0.009
hhi	-1.448***	0.503	0.004
finance	-0.008	0.044	0.851
transport	0.000	0.004	0.919
Spatial			
ρ	-0.692***	0.137	0.000
Variance			
lgt_ theta	-0.961	0.947	0.310
sigma2_ e	0.001**	0.000	0.030
Direct			
pgop	-0.013	0.019	0.501
open	-0.031	0.025	0.215
market	0.004	0.005	0.436
n	0.148***	0.049	0.002
funding	1.472	5.039	0.770
edu	0.000	0.007	0.962
hhi	0.219	0.263	0.404
finance	-0.018	0.021	0.411
transport	-0.005***	0.002	0.001
Indirect			
pgop	0.033*	0.019	0.087
open	0.083	0.103	0.421
market	0.000	0.005	0.934
n	0.023	0.043	0.596

续表

inn	系数	标准误	P 值
Indirect			
funding	10.235	9.526	0.283
edu	0.019**	0.010	0.043
hhi	-0.807**	0.346	0.020
finance	0.005	0.026	0.862
transport	0.002	0.002	0.409
Total			
pgop	0.020**	0.009	0.026
open	0.052	0.098	0.597
market	0.004*	0.002	0.055
n	0.171	0.061	0.005
funding	11.707	9.412	0.214
edu	0.020***	0.005	0.000
hhi	-0.587***	0.149	0.000
finance	-0.013	0.022	0.554
transport	-0.003*	0.002	0.057

注：*** $p<0.01$，** $p<0.05$，* $p<0.1$。

如表 12-14 所示，在采用基于经济距离构建的空间权重矩阵的情形下，SDM 固定效应模型的估计结果中，创新的空间外溢效应并不显著。对直接效应而言，对外开放水平、金融开放水平和基础设施水平对创新都起到抑制作用，这说明以经济距离为基准时，对外开放和金融发展都没有很好地服务于海洋产业的创新，这或许是今后全国海洋产业都需要重点解决的问题，尤其是如何使海洋经济、海洋创新和海洋金融联系起来。海洋科研人员比重仍然起到正向的促进作用，系数为 0.215，在 1% 的水平下显著。

对空间外溢效应而言，与基于地理距离的 SDM 固定效应模型不同，海洋经济发展水平存在着显著的正向空间外溢效应，系数为0.072，显著性水平为1%。这说明海洋经济水平相当的地区，越容易产生跨越地理距离的空间外溢效应，并且彼此之间相互协作，从而促进双方的海洋产业创新。另外，市场化水平也能起到显著的正向作用，市场化完善的地方，对于产权的保护会更严格，更有助于专利产品的产生，当技术和知识在经济交流中产生正的外部性时，就会产生正向的外溢作用。金融发展水平的空间外溢为负，系数为-0.029，在10%的水平下显著。其他地方的金融发展水平越高，越有可能吸引相关科创企业，从而产生对当地的海洋产业创新水平的抑制作用。

对于总效应而言，海洋经济发展水平、海洋科研人员比重都能对海洋产业的创新水平起到显著的正向促进作用，而金融发展水平和基础设施水平对海洋产业的创新水平起到显著的抑制作用。

表12-14 空间杜宾固定效应模型估计结果（基于经济距离的权重矩阵）

inn	系数	标准误	P值
Main			
pgop	0.008	0.012	0.510
open	-0.082**	0.035	0.018
market	-0.003	0.004	0.499
n	0.202***	0.075	0.007
funding	-1.618	1.965	0.410
edu	-0.001	0.007	0.925
hhi	0.140	0.208	0.499
finance	-0.073	0.046	0.114
transport	-0.009***	0.001	0.000
Wx			
pgop	36.318**	14.618	0.013
open	6.224	82.693	0.940

续表

inn	系数	标准误	P 值
Wx			
market	1.864 *	0.958	0.052
n	-27.013	30.545	0.376
funding	2296.994	3525.516	0.515
edu	-3.104	2.138	0.147
hhi	-64.154	118.758	0.589
finance	-14.650	10.133	0.148
transport	-3.277	2.539	0.197
Spatial			
ρ	-16.036	56.703	0.777
Variance			
sigma2_ e	0.000 **	0.000	0.036
Direct			
pgop	0.003	0.016	0.866
open	-0.083 **	0.038	0.032
market	-0.003	0.004	0.505
n	0.215 **	0.091	0.017
funding	-2.593	2.813	0.357
edu	-0.001	0.006	0.865
hhi	0.139	0.223	0.533
finance	-0.076 *	0.043	0.077
transport	-0.009 ***	0.001	0.000
Indirect			
pgop	0.072 ***	0.023	0.002
open	0.030	0.172	0.863
market	0.004 **	0.002	0.041
n	-0.073	0.071	0.307
funding	5.180	7.678	0.500
edu	-0.006	0.005	0.187
hhi	-0.149	0.251	0.553
finance	-0.029 *	0.015	0.054
transport	-0.006	0.004	0.123

续表

inn	系数	标准误	P 值
Total			
pgop	0.074***	0.023	0.001
open	-0.053	0.181	0.769
market	0.001	0.005	0.788
n	0.143*	0.074	0.054
funding	2.586	7.476	0.729
edu	-0.007	0.007	0.280
hhi	-0.010	0.348	0.978
finance	-0.105**	0.043	0.015
transport	-0.015***	0.003	0.000

注：*** $p<0.01$，** $p<0.05$，* $p<0.1$。

如表 12-15 所示，和固定效应模型一样，海洋产业的创新水平仍然没有显著的空间外溢作用。对于直接效应而言，随机效应模型与固定效应模型产生了较大差异性的结果。对外开放水平和金融发展水平都能对海洋产业的创新起到正向的促进作用，系数分别为 0.077 和 0.051，均在 5% 的水平下显著。而人力资本和基础设施水平与固定效应模型相同，分别起显著的正向和负向作用。另外，市场化水平也起到显著的正向作用，系数为 0.006，在 10% 的水平下显著。

对空间外溢效应而言，只有对外开放水平和市场化水平有显著的作用，前者起显著的正向作用，系数为 0.399，显著性水平为 5%。这样的结果与基于地理距离的固定效应模型类似。后者的系数为 -0.004，显著性水平为 10%，这与表 12-13 中的结果类似。

对于总效应而言，对外开放水平、人力资本水平、金融发展水平都能起到显著的正向作用，而基础设施水平和前文的模型结果一样，对海洋产业创新水平起抑制作用。

表 12－15　空间杜宾随机效应模型估计结果（基于经济距离的权重矩阵）

inn	系数	标准误	P 值
Main			
pgop	－0.020	0.012	0.101
open	0.061 **	0.025	0.013
market	0.006 *	0.003	0.060
n	0.007	0.030	0.810
funding	6.281	5.269	0.233
edu	0.026 ***	0.003	0.000
hhi	0.119 *	0.071	0.097
finance	0.050 *	0.026	0.052
transport	－0.005 ***	0.001	0.000
_cons	－0.321 ***	0.079	0.000
Wx			
pgop	14.326	13.247	0.279
open	191.298 *	107.617	0.075
market	－2.046	1.247	0.101
n	－13.535	43.237	0.754
funding	1388.420	4206.339	0.741
edu	0.849	3.054	0.781
hhi	－18.422	83.392	0.825
finance	9.940	8.094	0.219
transport	－0.327	1.015	0.747
Spatial			
ρ	21.762	22.129	0.325
Variance			
lgt_theta	11.353	18.760	0.545
sigma2_e	0.001 *	0.000	0.079
Direct			
pgop	－0.019	0.012	0.111
open	0.077 **	0.032	0.016
market	0.006 *	0.003	0.055

续表

inn	系数	标准误	P 值
Direct			
n	0.007	0.028	0.792
funding	5.364	5.433	0.323
edu	0.026***	0.003	0.000
hhi	0.100	0.081	0.214
finance	0.051**	0.024	0.032
transport	-0.005***	0.001	0.000
Indirect			
pgop	0.030	0.029	0.304
open	0.399**	0.195	0.041
market	-0.004*	0.002	0.092
n	-0.024	0.079	0.766
funding	2.577	8.024	0.748
edu	0.003	0.007	0.644
hhi	-0.039	0.180	0.828
finance	0.024	0.019	0.209
transport	-0.001	0.002	0.661
Total			
pgop	0.010	0.027	0.707
open	0.475**	0.223	0.033
market	0.002	0.003	0.505
n	-0.016	0.071	0.819
funding	7.941	11.878	0.504
edu	0.029***	0.008	0.000
hhi	0.061	0.205	0.766
finance	0.075***	0.027	0.006
transport	-0.006**	0.003	0.025

注：*** $p<0.01$，** $p<0.05$，* $p<0.1$。

第五节　主要结论

如表 12 – 16 所示，根据对比结果，主要分析不同变量的直接效应和空间外溢效应，得出如下几点结论。

第一，海洋产业创新水平的空间外溢效应，仅在采用基于地理距离的固定效应模型中存在显著的负向外溢作用。这说明临近地区之间存在海洋产业创新的竞争，而非紧密的合作，海洋经济发达和海洋产业创新力较强的地区会吸引周边地区的人才等要素。因此，海洋经济发达和海洋产业创新力较强的地区应该借助地理临近的优势，跟周边地区形成“合理产业分工合作—创新能力相互外溢”的理想共生模式，这需要相邻地区之间建立起相应的官方和非官方组织，才能将目前负向的空间外溢效应转化为正向的空间外溢效应。

第二，对于海洋经济发展水平的直接效应，仅在采用基于地理距离的固定效应模型中存在显著的负向作用。这说明当地海洋经济的发展并没有以海洋产业的创新水平为主要攻坚方向，而很可能是一种以产值为主要目标的发展模式，并没有形成“海洋经济—海洋创新”双向共生的发展机制，这可能会不利于海洋经济的长远发展。地区间的 GDP 竞争，极大可能会引发海洋产值的地区竞争，进而忽略海洋产业的创新、海洋环境等问题。因此，海洋产值竞争的制度可能需要被丰富，未来需要在海洋产业的地区竞争当中，加入创新、环境等多项指标，形成一套有利于海洋产业长期可持续发展的考核指标。

另外，对于海洋经济发展水平的空间外溢效应，在基于地理距离和经济距离的 SDM 模型中分别是显著的负向和正向外溢效应。这说明当地海洋经济的发展会对临近地区的人力等要素形成强有力的竞争，从而抑制临近地区海洋产业的创新水平。然而，在经济距离的 SDM 模型却是正向作用，这说明，海洋经济发展水平相当的地区之间，可能存在着较好的分工协作，从而产生较大的知识相互溢出，进而对海洋经济水平相当的地区产生正向的空间溢出效应。

第三，对外开放水平的直接效应，仅在采用基于经济距离的固定效应模型中存在显著的负向作用。海洋经济的发展必然是需要不断加大对外开放的水平，但是在开放的过程中如果仅仅是促进海洋产业产值的增加，那对于海洋产业的长远发展而言是极大的障碍。因此，这个结果并非要提出减小开放的力度，而是如何协调对外开放与海洋产业创新力提升的双重目标。

另外，对外开放水平的空间外溢效应，仅在采用基于地理距离的固定效应模型中存在显著的正向作用。这说明一个地区的对外开放程度会在临近地区之间的产业协作和分工当中，产生相应的空间溢出效应。

第四，对市场化水平而言，在基于地理距离和经济距离的 SDM 固定效应模型中都没有显著的作用，而在基于经济距离的固定效应模型中，存在显著的正向空间外溢效应。这说明市场化的完善程度对于海洋产业的创新而言，产生外溢效应是通过海洋经济水平相当这条途径进行传递的。

第五，对于海洋科研人员比重而言，在基于地理距离和经济距离的 SDM 固定效应模型当中都存在显著的正向作用，这是一个较为容易理解的结果。但是这一解释变量在两大模型中的结果都显示并不存在显著的空间外溢效应。这说明各个地区的海洋科研人员之间的交流或许并不十分紧密，也没有太多的知识交换和溢出，更多的是在本省或本市内部进行内化。因此，未来如果想要提高全国海洋产业的创新水平，海洋科研人员之间的交流扩大是一个较为可取的思路。

第六，对于海洋科研投入强度而言，不存在显著的直接效应和空间外溢效应。这在某种意义上说明，目前海洋科研投入是缺乏效率的，这背后并不是科研经费多少出了问题，而是科研经费使用的激励制度出了问题，只有深挖背后的制度问题，才能使科研经费的使用产生更大的效用。

第七，对于金融发展水平而言，在基于经济距离的SDM固定效应模型当中存在显著的负向抑制作用和空间外溢效应。这说明目前金融的发展对于海洋产业的创新而言并没有形成良好的支持。因此可以在海洋产业科技创新水平较高的城市先行试点“海洋产业创新+海洋金融”的模式，随后不断复制推广。

第八，对于基础设施水平而言，在基于地理距离和经济距离的SDM固定效应模型当中都存在显著的负向作用。这说明目前海洋经济和陆地经济的共生机制尚未形成，缺乏陆海统筹。也就是说，目前沿海地区的陆地经济和海洋经济之间是负向关系，并没有统筹起来产生更大的效益，因此未来沿海各地区之间需要加强对于陆地经济和海洋经济的统筹。

第九，对于产业集聚水平而言，仅在基于地理距离的SDM固定效应模型当中对海洋产业创新水平存在显著的正向促进作用。对于人力资本水平而言，仅在基于地理距离的SDM固定效应模型当中存在显著的正向空间外溢效应。

表12－16　　回归结果比较

变量＼模型	面板固定效应模型	空间杜宾固定效应模型（地理距离）	空间杜宾固定效应模型（经济距离）
	inn		
Main			
pgop	0.0239*	−0.0588***	0.00805
	(2.04)	(−5.13)	(0.66)
open	−0.00702	0.0636	−0.0824*
	(−0.16)	(1.11)	(−2.37)

续表

模型 变量	面板固定效应模型	空间杜宾固定效应模型（地理距离）	空间杜宾固定效应模型（经济距离）
		inn	
market	0. 00198	-0. 000205	-0. 00300
	(0. 61)	(-0. 03)	(-0. 68)
n	0. 201 ***	0. 205 ***	0. 202 **
	(6. 26)	(5. 21)	(2. 68)
funding	2. 406	-1. 520	-1. 618
	(0. 92)	(-0. 52)	(-0. 82)
edu	0. 0178 **	0. 00736	-0. 000622
	(2. 43)	(1. 86)	(-0. 09)
hhi	0. 207	0. 624 **	0. 140
	(0. 99)	(3. 02)	(0. 68)
finance	0. 0147	-0. 00480	-0. 0729
	(0. 67)	(-0. 09)	(-1. 58)
transport	-0. 00685 ***	-0. 00385 **	-0. 00918 ***
	(-4. 49)	(-2. 83)	(-6. 96)
_ cons	-0. 269 *		
	(-2. 34)		
Spatial			
ρ		-1. 049 ***	-16. 04
		(-5. 05)	(-0. 28)
Variance			
sigma2_ e		0. 000296 *	0. 000427 *
		(2. 54)	(2. 10)
lgt_ theta			
Direct			
pgop		-0. 0504 ***	0. 00267
		(-4. 26)	(0. 17)

续表

变量＼模型	面板固定效应模型	空间杜宾固定效应模型（地理距离）	空间杜宾固定效应模型（经济距离）
	inn		
open		-0.0430	-0.0827*
		(-0.93)	(-2.15)
market		-0.00311	-0.00285
		(-0.47)	(-0.67)
n		0.219***	0.215*
		(4.22)	(2.38)
funding		-3.045	-2.593
		(-1.08)	(-0.92)
edu		0.00291	-0.00108
		(0.83)	(-0.17)
hhi		0.653**	0.139
		(2.84)	(0.62)
finance		-0.0213	-0.0759*
		(-0.44)	(-1.77)
transport		-0.00601***	-0.00869***
		(-5.47)	(-6.45)
Indirect			
pgop		-0.0485**	0.0717**
		(-2.94)	(3.06)
open		0.563***	0.0297
		(7.10)	(0.17)
market		0.0149	0.00418*
		(1.43)	(2.05)
n		-0.0397	-0.0725
		(-0.54)	(-1.02)
funding		2.895	5.180
		(0.19)	(0.67)

续表

变量＼模型	面板固定效应模型	空间杜宾固定效应模型（地理距离）	空间杜宾固定效应模型（经济距离）
		inn	
edu		0.0218 ** (2.59)	-0.00629 (-1.32)
hhi		-0.193 (-0.71)	-0.149 (-0.59)
finance		0.0666 (1.29)	-0.0293 (-1.93)
transport		0.0107 *** (3.50)	-0.00584 (-1.54)
Total			
pgop		-0.0990 *** (-5.11)	0.0744 ** (3.29)
open		0.520 *** (5.12)	-0.0530 (-0.29)
market		0.0118 (1.07)	0.00133 (0.27)
n		0.179 *** (4.04)	0.143 (1.92)
funding		-0.150 (-0.01)	2.586 (0.35)
edu		0.0247 ** (3.13)	-0.00737 (-1.08)
hhi		0.461 (1.76)	-0.00952 (-0.03)
finance		0.0452 (1.52)	-0.105 * (-2.43)
transport		0.00468 (1.36)	-0.0145 *** (-4.17)
N	121	121	121

注：*** $p<0.01$，** $p<0.05$，* $p<0.1$。

第十三章　粤港澳大湾区海洋经济发展总体制度创新政策建议

第一节　坚持五大战略定位

一　建设国际一流湾区和世界级城市群

《粤港澳大湾区发展规划纲要》（以下简称《纲要》）中提出到2022年，大湾区要建设成为发展活力充沛、创新能力突出、产业结构优化、要素流动顺畅、生态环境优美的国际一流湾区和世界级城市群。届时，大湾区内部将会形成区域发展更加协调、各类要素流动更加便捷、合作机制体制更加健全的发展环境，湾区内部市场活力进一步提高，成为可持续发展的一流经济空间。

在注重大湾区陆上发展规划的同时，《粤港澳大湾区发展规划纲要》中也提及要“坚持陆海统筹、拓展蓝色经济空间”，肯定了海洋战略在大湾区发展中的重要性。《粤港澳大湾区发展规划纲要》将海洋开发纳入了未来发展的战略重点，海洋产业的发展以广大的海洋空间作为载体，以开发利用海洋资源作为对象。海洋与陆域的环境差异使海域陆域经济分别形成了各自具有不同特征的经济系统，但究其根本，海洋经济是陆域经济系统向海洋延伸的结果，海陆产业在再生产过程中存在着紧密的技术经济联系，发展海洋产业必须坚持海陆经济一体化原则。

海陆经济一体化有利于海陆经济的共同发展。一方面，海洋空间可以成为陆域空间的补充。目前，由于大湾区人口、产业及生产要素向沿海城市聚集，沿海地区陆域产业的发展对海洋资源和海洋空间的需求日益扩大，海岸城市面临能源、资源不足的危机，海洋开发可以缓解陆域产业发展的潜在压力。另一方面，海洋经济发展有赖于陆地产业的支持。陆域成熟产业的相应技术成果可以广泛应用于海洋经济领域，提高海洋资源开发程度，使海洋产业门类发展日益成熟（徐胜，2009）。如海洋潮汐发电、海洋化工等海洋新兴产业的形成正是开发利用陆地资源的高新技术扩散与传播的结果。同时，海洋渔业和海洋油气业开采等海洋产业的发展需要依靠造船、钢铁、电子、机械、仪表等高度发达的陆域产业。海洋产业的发展，强烈依赖于沿岸陆域经济的高度发展和技术的高度发达。海陆经济一体化有利于两种经济系统的统筹健康发展，以陆域的经济基础、技术力量和技术装备武装海洋产业，拓宽海洋资源开发的广度和深度，同时海洋产业和临海产业部门的发展可以缓解陆域交通紧张、能源短缺等矛盾。依托于粤港澳大湾区陆地城市如深圳、香港等集聚的创新资源与珠三角城市群强大的工业制造能力，粤港澳大湾区的海洋经济已经有了较为良好的发展基础。

进一步认识海洋、走向海洋，是加快推进大湾区陆海统筹建设的重大命题。为了契合大湾区发展目标，加快大湾区建设世界一流湾区的步伐，需要对湾区海洋发展进行有重点、有方向的建设规划。本部分中，对湾区建设世界级城市群的海洋发展战略提出了初步建议，主要包括以下四个方面。

首先，为了促进湾区海洋经济区域协调发展，应当对湾区海洋产业布局进行有发展秩序及发展方向的规划以确立分工明确、错位发展的大湾区海洋产业发展格局。《纲要》中提出，对于大湾区城市整体布局要坚持“极点带动，轴带支撑”。“极点带动”即以香港、深圳、广州、澳门为中心城市，强调发挥香港—深圳、广州—佛山、澳门—珠海的引领带动作用，推动大湾区深度参与国际合作，提升整体实力和全球影响力。应进一步深化深港合作，加快打造深港合作机制创新升级版，以现代服务业、科技创新合作为重点，优化提升前海深港现代服务业合作区功能，推进深港科技创新合作区建设，共建粤港澳大湾区创新发展重要引擎；加快广佛同城化发展，形成一批具有全球影响力的枢纽型基础设施、世界级产业集群和开放合作高端平台，建成具有全球影响力的现代产业基地，打造服务全国、面向全球的国际大都市区；深化珠澳合作，协同推进特色金融、休闲旅游、高端装备制造、生物医药、文化创意等产业发展，共同推进珠海横琴新区开发建设，打造大湾区经济新增长极；以推动创新为着力点，支持深圳建设中国特色社会主义先行示范区，更好地发挥创新驱动和辐射带动作用，助力粤港澳大湾区建设。

其次，良好的基础设施可以促进区域间要素的自由流动，应进一步去加强大湾区海洋基础设施建设。《纲要》指出，“极点带动，轴带支撑”中“轴带支撑”是依托以高速铁路、城际铁路和高等级公路为主体的快速交通网络与港口群和机场群，构建区域经济发展轴带，形成主要城市间高效连接的网络化空间格局。将《纲要》中的“轴带支撑”对应到海洋发展中，即构建海洋基础设施体系，包括完善海洋交通基础设施，优化口岸布局，加强港口建设，提升海洋产业信息基础设施建设，以支撑粤港澳海洋产业的迅速发展。

再次，构建现代化的海洋产业体系是促进大湾区产业结构优化的必经之路，在建立海洋现代化产业体系的目标下，应将传统产业作为基础进行巩固，加快海洋渔业、海洋油气业、港口运输业等传统产业改造升级。以新兴产业作为产业体系建设重点，积极培育海洋新兴产业，突出发展海洋高端制造业和现代服务业。以发展海洋现代服务业为突破，创新发展海洋金融、滨海旅游等产业。探索海洋产业与陆地产业协调创新发展，有助于推动粤港澳大湾区产业体系健全发展。同时注重协调发展，科学评价沿海地区海洋产业发展的资源环境承载能力，开展以海洋主体功能区规划为基础的“多规合一”，制定沿海市县海洋产业发展规划，依托沿海地区资源禀赋发展海洋特色产业，促进海洋产业差异化发展，协调沿海地区陆海统筹发展，促进工业化、信息化、生态化在海洋产业的深度融合发展。

最后，关于海洋合作机制体制创新，一方面应持续推进供给侧结构性改革，优化要素供给，统筹产业布局，转变海洋产业传统发展模式；创新区域协调制度，加强金融合作创新，着力构建海洋科技创新协同机制。另一方面，应着重探索建设两制三关税区海洋产业合作机制，推进海洋产业与科技创新、现代金融、人力资源多个层面协同发展。

二 建设国际海洋科技创新中心

《粤港澳大湾区发展规划纲要》第四章提出将大湾区建设成为国际科技创新中心的目标。《纲要》提出，建设大湾区国际科技创新中心要从三方面入手：构建开放型区域协同创新共同体、打造高水平科技创新载体和平台，以及优化区域创新环境。

海洋经济是粤港澳大湾区经济的重要组成部分，海洋科技创新也是粤港澳大湾区建设国际科技创新中心的重要内容。《纲要》第六章“构建具有国际竞争力的现代产业体系”中提出“大力发展海洋经济”，而经济发展的核心要素是科技创新，科技创新是经济增长的内生力量和驱动力。因此，要构建现代化的海洋产业体系，就要推动传统海洋产业转型和建设战略性的海洋新兴产业，必须重视海洋科技创新。

为大湾区构建国际科技创新中心提供四大建议。一是构建“广州—深圳—香港—澳门”科技走廊；二是构建开放型区域协同海洋产业创新体系；三是打造海洋科技创新载体和平台；四是优化区域创新环境。从这四个方面入手，把构建区域协同创新共同体、打造科技创新载体、优化区域环境当作三大抓手的同时，重点建设“广州—深圳—香港—澳门”科技创新走廊，努力打造粤港澳大湾区成为国际海洋科技创新中心。

第一，把“广州—深圳—香港—澳门”科技走廊当作大湾区建设国际科技创新中心的首要任务。科技创新走廊是实现科技与产业集聚发展的高效形态。广深港澳四地在科技创新层面各有优劣，而“广州—深圳—香港—澳门”科创走廊集研发、转化、铸造于一体，具有取长补短、优势互补的作用。从政府、高校、金融、创业文化环境四个角度提出优化建议，一是建议增加政府研发投入，二是建议发挥高校的推动作用，三是鼓励风险投资，四是营造创业文化氛围。努力将“广州—深圳—香港—澳门”科技创新走廊建设成为撑起大湾区海洋科技创新的“脊梁”。

第二，构建开放型区域协同海洋产业创新体系。考虑到大湾区“9+2”独特的制度环境，区域间要素协同发展是推动湾区科技创新的必备条件。粤港澳大湾区的“协同创新”既要推进区域的协同创新，是共同打造而不是各自打造科技创新中心，又要推进科技—产业—金融的协同创新。关键是统筹三地协同创新，实现三地之间创新高端要素畅通自由、成为协同发展的共同体。具体来讲，建议加强三地海洋创新领导工作，推进海洋人才、海洋资本、海洋信息、海洋技术等创新要素跨境流动，创新基础设施共享，创新海洋科研用品与海洋数据流动的体制机制，积极吸引和对接全球创新资源，创新海洋领域金融合作，湾区各地协同发展，错位匹配湾区各城市之间的科教资源、创新企业和金融服务。

第三，打造海洋科技创新载体和平台。坚实的基础和得天独厚的条件使粤港澳大湾区成为全球科技创新的热土和高科技产业的集聚地。为将大湾区建设成为国际海洋科技创新中心，必须把海洋科技创新平台建设当作海洋创新的重要抓手。大湾区重点建设的海洋科技创新载体和平台分为两类：一类是海洋特色产业园区，如海洋药物和生物制品业特色产业园、海洋工程装备制造业特色产业园、海洋高技术产业基地等；另一类是海洋产业公共服务和科技成果转化平台。扶持培育众创众筹空间、创新主体服务平台、孵化器等公共技术服务平台，打造海洋科技成果交易和转化平台、海洋领域产学研融合的联合承担主体等科技成果转化平台。

第四，优化区域创新环境。创新是湾区海洋产业持续发展的源动力，区域创新环境的优化是鼓励大湾区科技创新的重要保障。创新环境的建设重点有三：一是在于鼓励创新的财政支持，财政支持力度是区域创新环境的重要影响因素，从研发原创到成果转化，科技创新的每一个阶段都需要财政政策的呵护和财政资金的支撑；二是在于吸引创新的人力资本，紧密结合重大海洋项目和关键技术攻关，大力引进海内外高端人才，深化人才分类评价和职称制度改革，完善海洋人才政策和环境；三是在于给予创新的制度保障，健全知识产权管理制度，强化知识产权行政执法和司法保护，推动知识产权运营交易，维护创新成果。

三 建设“一带一路”重要支撑区

为应对严峻的国际形势和自身外贸出口的诉求，“21 世纪海上丝绸之路”成为我国构建开放型经济格局的新倡议。其中主要包含两大线路：一条是从中国沿海港口经南海到印度洋，延伸至欧洲；另一条是从中国沿海港口经南海到南太平洋。作为“21 世纪海上丝绸之路”的排头兵，粤港澳大湾区的发展与开放在国家发展战略中有重要地位。粤港澳大湾区定位于建设“一带一路”的重要支撑区，能够更好发挥粤港澳在国家对外开放中的功能和作用，提高珠三角九市开放型经济发展水平，促进国际国内两个市场、两种资源有效对接，在更高层次参与国际经济合作和竞争，建设具有重要影响力的国际交通物流枢纽和国际文化交往中心。深化粤港澳合作，进一步优化珠三角九市投资和营商环境，提升大湾区市场一体化水平，全面对接国际高标准市场规则体系，加快构建开放型经济新体制，形成全方位开放格局，共创国际经济贸易合作新优势，为“一带一路”建设提供有力支撑。

对于“一带一路”支撑区的建设目标，粤港澳大湾区也给予了充分重视。《粤港澳大湾区发展规划纲要》从营商环境、市场一体化及对外开放三个方面对大湾区建设“一带一路”做出指导，在此基础上，“三年行动计划”对三个方面工作做出具体指示。计划提出，要通过改革营商环境、强化法治建设、建设监管体系，打造具有全球竞争力的营商环境；提出通过促进投资便利化、贸易自由化、货物人口往来便利化等措施促进粤港澳三地要素流通；提出通过提升国际经济活动参与度扩大对外开放程度，支持“一带一路”建设。本部分以自贸区为基本抓手，强调港澳参与及试点经济的推广，推动粤港澳大湾区内非沿海城市参与大湾区海洋经济建设，提升海洋经济一体化水平，支撑粤港澳大湾区海洋经济融入“一带一路”建设计划，提升粤港澳大湾区内部以及大湾区与“一带一路”沿线国家的政策沟通、贸易畅通、资金融通、设施联通与民心相通。

1. 深化区域合作，推动政策沟通

一是对外政策沟通，形成专门的粤港澳大湾区“一带一路”推进组织，建立与“一带一路”沿线各国的多边沟通协调机制，定期开展相关探讨会议，就经济发展战略和对策进行充分交流对接，共同制定推进区域合作的规划和措施，协商解决合作中的问题，共同为务实合作及大型项目实施提供政策支持。打造“一带一路”重要支撑区，支持粤港澳加强合作，共同参与“21 世纪海上丝绸之路”建设，深化与相关国家和地区基础设施互联互通、经贸合作及人文交流。

二是对内政策沟通，签署实施支持香港、澳门全面参与和助力“一带一路”建设安排，建立长效协调机制，推动落实重点任务。强化香港全球离岸人民币业务枢纽地位，支持澳门以适当方式与丝路基金、中拉产能合作投资基金、中非产能合作基金和亚洲基础设施投资银行开展合作。支持香港成为解决“一带一路”建设项目投资和商业争议的服务中心。支持香港、澳门举办与“海上丝绸之路”建设主题相关的各类论坛或博览会，打造港澳共同参与“一带一路”建设的重要平台。加强规划编制，为用海服务提供科学引导。配合《粤港澳大湾区发展规划纲要》及《广东省海洋经济发展“十三五”规划》等相关文件，编制《粤港澳大湾区海洋主题功能区规划》《粤港澳大湾区海洋生态红线划定方案》等文件，优化海洋经济开发区建设，确保海洋产业集群发展，保障港口码头的建设。实施对整个大湾区海洋港口发展的一体化管理。成立以省级重要干部为领导、以相关部门及地市主要负责人为成员的大湾区海洋港口发展领导小组。实施对全省沿海港口资产的一体化运作。组建省海港集团，对粤港澳大湾区重要港口进行深化整合，实行对港口资产的统一化运作管理。实施对沿海港口资源的一体化统筹。创新编制《粤港澳大湾区海洋港口发展规划》，推动海洋经济与港口建设的统筹发展、沿海与内河的联动发展、港澳与内地的融合发展，推进形成多元化的沿海港口发展格局。

2. 发挥自贸区作用，推动贸易畅通

争取自贸试验区扩区，建设粤港澳大湾区自由贸易通道，研究向片区新下放一批省级管理权限，赋予自贸试验区更大改革自主权。推进国际航运中心核心功能区和国际航运枢纽主要承载区建设，主动参与国际分工，搭建“互联互通”的桥梁，让国际航运资源进一步向自贸区靠拢，建设粤港澳大湾区连通全球辐射全国的航运产业核心支撑。推动口岸通关模式创新，探索建设自由贸易港，推动开展自由贸易港建设方案及有关专题研究，按照自由贸易港理念大力推进业务创新，对标借鉴国际最高水平，加快完善自由贸易港建设方案，积极争取设立自由贸易港。按照“境内关外”的理念，实施“一线放开、二线安全高效管住”的制度设计，在监管制度、金融配套、税收体系、集约化管理、法律保障等领域进行开创性探索，构建港内货物流动高效便捷、贸易合作开放透明、资金进出自由规范、人员往来便利的经济功能区。

3. 优化海洋营商环境，推动资金融通

在管理方面，强化用海审批，优化投资项目审批流程。做好用海审批服务工作，积极申请用海指标，为项目建设提供有力的用海保障。加强对用海前期工作的指导，提前介入，落实专人跟踪项目用海进程，指导项目业主开展海域使用论证、海洋环境影响评价等相关用海前期工作。项目审批和核准事项简化材料、压缩时限，及时向社会公开投资审批事项统一名称和申办资料清单。优化粤港澳三地企业项目申请和许可管理流程，为三地企业提供公平公正公开的良好竞争环境。

在资金方面，依托香港发达的金融市场，鼓励和支持湾区金融机构通过参股方式与跨国金融机构开展合作，共同探索成立海洋开发银行、海洋经济合作发展基金、海洋经济合作风险补偿基金等，为海洋经济合作项目提供融资便利，并撬动民间资金。发展银行债务二级市场，充分利用银行这一融资渠道，让银行资本能够自由进入和退出，弥补流动性不足的缺陷；构建发达的项目融资债券市场，让企业充分发挥财务杠杆的作用以增加资产收益率，提升“一带一路”基础设施建设的融资范围；依靠资产证券化，通过将评级较低的债券打包，重新组合成评级符合投资需求的金融产品，解决“一带一路”沿线的发展中国家基建项目难达评级门槛的问题。

推动实现粤港澳投资跨境商事登记全程电子化。加快“智慧港口”建设步伐，加强智慧港口顶层设计与战略规划，构建一站式港口服务平台，为客户提供更加快速、便捷、高质量的港口服务体验。加快数字政府建设，建设在线智慧政府，建好“粤省事”综合服务平台。加快“多证合一”系统、“开办企业一窗受理”、中介服务超市等营商主题服务系统建设。

推进营商环境法治化建设。探索开展营商环境地方立法工作，加强粤港澳司法交流与协作，建设国际法律及争议解决服务中心，推动建立多元化纠纷解决机制。推动成立服务“一带一路”建设的法律类社会组织，加快推进“一带一路”法治地图建设。支持建立粤港澳律师联合会，推动建设大湾区国际仲裁中心。

推进投资便利化。落实内地与香港、澳门 CEPA 系列协议，推动对港澳在金融、法律及争议解决、航运、航海物流及相关工程等领域实施特别开放措施，研究进一步取消或放宽对港澳投资者的资质要求、持股比例、行业准入等限制，在广东为港澳投资者和相关从业人员提供一站式服务，更好落实 CEPA 框架下对港澳的开放措施。提升投资便利化水平，在 CEPA 框架下研究推出进一步开放措施，使港澳专业人士与企业在内地更多领域从业投资营商享受国民待遇。

强化项目实施支持。双方海洋经济合作的主导方式是项目投资，如何筛选、确定满足双方诉求的投资项目对于双方海洋经济合作的顺利实施至关重要。双方应加强项目协商、筛选和对接，由南方牵头部门组织开展对合作项目的研究、分析，定期向湾区提出合作诉求和推选重点合作项目清单，湾区则由相关牵头部门以各种方式向湾区企业推介合作项目，鼓励湾区企业积极参与重点合作项目，最终通过南方推选、湾区企业自主选择，确定双方达成共识的主要合作项目。

4. 加强区域合作，推动设施联通

一是加强内部合作。密切泛珠三角合作，辐射带动周边城市发展。充分发挥广州、深圳在管理创新、科技进步、产业升级、绿色发展等方面的带头作用，紧抓“一带一路”国家倡议发展契机，结合深圳建设“全球海洋中心城市”的优势，以珠江东西两岸制造业基地为支撑，以广州港、深圳港、香港港三大港口为窗口，形成粤港澳大湾区海洋经济发展高地，带动国内“一带一路”沿线地带发展，辐射“一带一路”沿线国家。加强粤港澳三地工程公司的合作，联合接触国外基建项目。在经济基础较好的国家，或由当地国家政府及国际金融机构提供融资的项目上，强推中国标准将遇到较大阻力。国际工程公司在“一带一路”沿线国家开展业务的时间比较长，熟悉当地标准，同时对有关项目的英标、欧标、美标和国际标准经验丰富。短期来看，中国公司可以通过和国际公司开展合作，逐渐熟悉和掌握国际标准，为未来执行更多类似项目积累经验。在粤港澳大湾区，珠三角九市实行中国标准，而港澳地区国际化程度高，熟悉英标、欧标、美标等国际标准，因此在大湾区内部开展相关合作的潜力十分巨大。

二是加强外部合作。推动“21世纪海上丝绸之路”沿线国家海洋项目开展，举办跨国合作的技术培训班。依托广州南沙、深圳太子湾邮轮母港，涉及海上旅游专线。强化渔业合作，共同建设海洋生态监测站。发挥香港在高端服务、金融法律等方面的优势，推动申报中国—东盟海上合作基金项目，引导社会资本参与粤港澳大湾区海洋经济建设及旅游设施综合开发。巩固发展国际海洋货物贸易、突破发展国际转口贸易、扶持发展国际服务贸易，利用建设“一带一路”区域合作高地的契机，充分发挥深圳国际跨境电商贸易博览会、广州国际智能交通展览会等贸易展会在对外开放中的平台作用，打造粤港澳大湾区贸易合作的区域升级版，力争在更高层面、更大范围内发挥合作潜力，取得更大的合作效益。

四　建设内地与港澳深度合作示范区

内地与港澳深度合作示范区的建设旨在依托粤港澳良好合作基

础，以各重大平台与珠三角九市为单位，引领内地与港澳的深化合作，促进生产要素流动，率先与港澳形成更紧密关系，推动大湾区发展，其主要可分为经济与文化两方面。在经济方面，目前已有以《粤港澳大湾区发展规划纲要》为统领的众多文件对粤港澳海陆经济一体化发展做出构想。《纲要》的相关规划主要包括三大方面：一是鼓励港澳居民来粤就业创业，建设公共就业综合服务与创新创业合作等平台，建立港澳创业就业试验区等；二是构建现代海洋产业体系，分别从各大产业发展、香港在海洋经济基础领域的创新研究、澳门的海域中长期发展规划及深圳的全球海洋中心城市建设提出要求；三是在空间上促进粤港澳基础设施互联互通，具体表现为构建现代化的综合交通运输体系、优化提升信息基础设施、建设能源安全保障体系与强化水资源安全保障。依据《纲要》指示，印发《广东省推进粤港澳大湾区建设三年行动计划（2018—2020 年）》做出进一步的细化。第一，拓展就业创业空间、支持港澳青年来陆发展，出台相关政策为港澳居民就业创业提供便利，要求建设粤港澳人才合作示范区、港澳青年创新创业基地；第二，要求加快省海洋实验室建设，打造集海工装备和海洋资源开发与应用于一体的海洋产业集群；第三，要求加快广州—深圳国际性综合交通枢纽建设，完善大湾区高速公路网等。《广东省海洋经济发展“十三五”规划》则对各海洋产业的发展方向做出具体的指示。在文化方面，《粤港澳大湾区发展规划纲要》与《广东省推进粤港澳大湾区建设三年行动计划（2018—2020 年）》提出要加强粤港澳青少年交流，推动湾区内文化交流。

综合两个方面，三大重大平台与多个特色合作平台分别利用自身优势开展建设，为内地与港澳合作发挥先导作用。根据《纲要》、《广东省推进粤港澳大湾区建设三年行动计划（2018—2020 年）》与《中共中央国务院关于支持深圳建设中国特色社会主义先行示范区的意见》等文件，粤港澳合作发展平台分为三大重大平台与珠三角九市各自建设的特色合作平台。三大重大平台分别是深圳前海深港现代服务业合作区、广州南沙粤港澳全面合作示范区与珠海横琴，功能定位的侧重点各不相同，从现代服务业、全面合作及深度合作三方面起先行示范作用。多个特色合作平台即为珠三角九市在粤港澳大湾区建设中根据各自具有的特色所占有的战略定位，重在具体问题具体解决，一方面为与港澳的全面深化合作提供载体；另一方面在内地后续与港澳的合作中起到参考作用。

结合现有文件及湾区建设成果，要建设内地与港澳深度合作示范区，就要构建海陆经济一体化，推动文化交流与融合，使二者相辅相成，共建粤港澳合作发展平台，发挥先导作用，大力发展海洋经济。针对这个问题，本书提出三点建议。

第一，协同加快粤港澳海陆经济一体化。粤港澳海陆经济一体化的目标是海陆统筹，联动发展，其可表现为在空间上相互衔接、产业上相互渗透、技术上相互依赖、发展程度上相关。为了实现目标，未来发展可从海陆生产要素的流动与配置、海陆经济的技术与产业发展、海陆空间上的协同联动三个方面入手。在海陆生产要素的流动与配置上，加强粤港澳人才交流以促进港澳与粤间的劳动力要素流动，为就业、创业、创新提供便利的条件与适宜的环境，鼓励港澳青年来内地发展；在海陆经济的技术与产业发展上，挖掘及加强海域、陆域两大产业系统的内在联系，加快两者的对接融合，实现产业协同发展，延长海陆产业发展链条，拓宽海陆产业发展空间；在海陆空间上的协同联动方面，则要通过实现粤港澳基础设施的互联互通，为生产要素的流动与产业的协同发展提供条件。

第二，推动粤港澳文化交流互鉴。粤港澳三地居民同饮珠江水，两千多年同根同源、血脉相通的岭南文化是粤港澳大湾区的突出优势。建设内地与港澳深度合作示范区不但要促进海陆经济一体化，也要充分发挥文化建设引领支撑作用，以岭南文化为纽带，推动粤港澳三地文化文明交流互鉴，建设“粤港澳大湾区文化圈”。一方面推动湾区内文化交流，在广播影视生产、演艺人才交流等方面加强三地的合作，通过搭建平台等减少文化交流阻碍；另一方面促进粤港澳青少年进一步交流，为长远发展打下基础。这样不仅可以促进大湾区文化发展进步，对外推广特色文化，还可以提升三地群众对彼此的认同感，有利于信息畅通与劳动力流动。

第三，共建粤港澳合作发展平台，引领粤港澳全面深化合作。其中，三大重大平台定位互不相同，各有侧重，旨在为粤港澳三地合作发挥示范效应，在营商环境上实现与港澳的高标准对接。多个特色合作平台则对各自领域的问题提出解决方案，扬其所长，重点围绕科技资源要素在地区间的便捷有序流动开展建设。在新时期，各平台都应以“创新”“开放”为中心课题推进平台建设，加强合作，取长补短，强化自身特色。

五 建设宜居宜业宜游的优质生活圈

《粤港澳大湾区发展规划纲要》中指出，到 2020 年大湾区交通、能源、信息水利等基础设施支撑保障能力进一步增强，城市发展及运营能力进一步提升；绿色智慧节能低碳的生产生活方式和城市建设运营模式初步确立，居民生活更加便利、更加幸福；开放型经济新体制加快构建，粤港澳市场互联互通水平进一步提升，各类资源要素流动更加便捷高效，文化交流活动更加活跃。

把大湾区建设成为宜居宜业宜游的优质生活圈，事关粤港澳三地居民的根本利益和福祉，集中体现了以人民为中心的发展思想。《粤港澳大湾区发展规划纲要》中的相关规划主要包括三大方面：一是推进生态文明建设，打造生态防护屏障、加强环境保护和治理、创新绿色低碳发展模式；二是共建人文湾区，塑造湾区人文精神、共同推动文化繁荣发展、加强粤港澳青少年交流、推动中外文化交流互鉴；三是构筑休闲湾区，依托湾区特色优势构建多元旅游产业体系，促进滨海旅游业高品质发展。

在《广东省海洋经济发展“十三五”规划》中，就海洋生态文明、人文湾区、休闲湾区的建设又提出了更有针对性的计划。战略定位指出要“打造海洋生态文明建设示范区”，“坚持生态环境保护与海洋资源开发并重、海洋环境整治与陆源污染防治并举，建立海洋环境保护长效机制”。构建现代海洋产业体系中对于粤港澳大湾区滨海旅游业和海洋文化产业的建设提出了相关要求。加强海洋生态文明建设中明确指出要“强化海洋生态修复和建设美丽海湾建设制度保障，创新海洋资源开发中管理方式，推动省市联动、示范引领”。提升海洋公共服务能力中指出要“以能力建设为重点，以重大项目和工程为抓手，推动海洋经济科学发展和生态环境持续改善，加快海洋信息化资源整合，推进智慧海洋建设”。粤港澳大湾区建设宜居宜业宜游的优质生活圈的海洋发展战略的规划主要包括以下五个方面。

第一，将海洋公共服务摆在更重要位置，优先提出“强化海洋观测、监测、预报和防灾减灾能力，提升海洋资源开发利用水平”。这也是习近平总书记“四个转变”海洋思想的具体体现。要以重大项目和工程为抓手，推动海洋经济科学发展和生态环境持续改善，加快海洋信息化资源整合，推进智慧海洋的建设。要创新海洋管理制度，包括机制体制创新、海岸带管理的完善、加强集中集约用海等；完善海洋公共服务，不但要加强海洋资源的开发管理，还要鼓励社会组织的积极参与；强化海洋安全管理，要加强预警预报能力、提高防灾减灾能力、强化海上船舶安全保障等；完善湾区基础设施服务建设，加速构建一小时生活圈，提高公共服务水平。

第二，强化海洋设施建设是实现宜居宜业宜游优质生活圈的保障。不但要加强海底防灾、渔业港口、能源通信等海洋基础设施体系建设、提高海洋经济综合开发保障能力；还要建立粤港澳大湾区应急协调平台，完善突发事件应急处置机制，要以粤港澳三方合作为基础，根据自身在资源、禀赋等方面的差异优势互补，打破安全和应急边界实现数据共享，从而实现长期有效的合作模式。

第三，建立完善的海洋经济服务组织不但能促进海洋经济的健康发展，也是实现宜居宜业宜游不可或缺的基础。一方面要促进贸易自由化，通过以建设高标准的自由贸易试验区为依托来大力发展海洋金融业；深化粤港澳之间的合作，打造广州南沙粤港澳全面合作示范区；积极参与国际经济合作。另一方面也要重视海洋民间组织的发展，搭好政府与公众之间的桥梁，使其在海洋政治、经济、文化、社会乃至环境治理等方面发挥重要作用。

第四，建设富有特色的休闲湾区，《粤港澳大湾区发展规划纲要》指出要“构筑休闲湾区，依托湾区特色优势构建多元旅游产业体系，促进滨海旅游业高品质发展”。多元旅游产业体系包括海洋文化产业以及与海洋相关的旅游业。推动海洋文化产业发展，由各市、特别行政区打造富有当地特色的海洋文化工程，一方面促进了海洋文化融合发展；另一方面丰富了海洋文化内涵。充分利用湾区优势打造湾区旅游名片，发展滨海旅游业。一方面依托大湾区的区位优势发展粤港澳游轮游艇旅游，与城市功能结合打造出丰富的旅游路线；另一方面积极发展滨海和乡村旅游，完善相关基础设施建设，推动“海洋—海岛—海岸”式高品质滨海旅游业的发展。

第五，对海洋生态文明建设提出了相关建议，生态文明建设是关系湾区永续发展的千年大计。《粤港澳大湾区发展规划纲要》指出要“坚持节约优先、保护优先、自然恢复为主的方针，以建设美丽湾区为引领，着力提升生态环境质量，形成节约资源和保护环境的空间格局、产业结构、生产方式、生活方式，实现绿色低碳循环发展，使大湾区天更蓝、山更绿、水更清、环境更优美”。

不但要重视当前海洋生态系统的稳定性，注重海洋生态保护修复，打造生态防护屏障，完善各项水利基础设施以保障粤港澳大湾区海洋生态系统的正常运行，还应完善海洋综合管理制度，加强粤港澳海洋生态环保合作、海洋环境综合管理等。此外还要创新海洋低碳发展模式，积极推进节能减排。一方面要鼓励低耗能、低排放的海洋相关产业的发展；另一方面要建立绿色低碳发展评价，倡导绿色生活。

第二节　完善海洋经济可持续发展体制机制

一　建立自上而下的海洋管理体制

一要建立健全粤港澳大湾区海洋管理组织体制和法规管理体制。针对国际海洋秩序和国内形势的发展，必须充分认识到海洋物理环境不同于陆地的特点，再次审视海洋的战略地位，建立科学合理、操作性强的海洋法律法规，从政治、经济、文化几个方面为粤港澳大湾区海洋法律体系寻找准确定位。第一，要从政治的战略高度重新审视海洋立法。从国土开发的视角构筑海洋开发战略框架，针对海洋法制薄弱的现状，加强海洋法律法规建设，推动三地共同商议和建立符合粤港澳大湾区特色的、实现粤港澳三地共赢的海洋法律法规体系，以满足海洋经济发展和海洋开发利用的实际需要，使海洋活动有法可依。第二，结构科学、健全完备的海洋法律体系应然性地包括上位法和保证上位法实施的配套细则、条例、规章等内容，形成配套齐全、层次分明、实用有效的结构体系，这样海洋开发使用者和管理者才都能有章可循。具体来讲，从国家高度到粤港澳大湾区地区的整个海洋法律体系应有的基本框架应包括宪法、综合性海洋立法、单行性海洋立法和地方性海洋立法。

二要建立高层次协调机构实施海洋统一管理，增强三地合作，形成粤港澳大湾区海洋管理组织体系。美国的海洋管理体制框架比较健全和完善。高层次协调机构有国家海洋委员会，对美国的海洋进行整体规划并制定了许多前瞻性的海洋政策；在此之下有海洋行政管理机构、行业管理机构、咨询机构和执法力量相互配合发挥作用，管理职能覆盖了美国海洋管理的主要方面。粤港澳大湾区虽然有涉海协调机制，但是管理比较分散，因此还应该设立更高层次的决策机构。为克服三地因制度壁垒而造成的海洋管理模式存在的各种问题和弊端，可以形成由中央直接领导的、由三地涉海部门组成的权威机构，由所有涉海部门参加，对海洋事务进行统一管理和协调，避免单纯部门管理导致的分散、低效等不利影响。

三要加强海上执法力量和海上安全建设，重视海上贸易安全，增强粤港澳大湾区海上执法力量的建设。建设强大的海上力量，维护海洋权益，加强海上能源通道安全建设，完善反恐法律机制及灾难应急机制。

二 坚持让市场发挥决定性作用

粤港澳大湾区正逐渐形成由海洋生物育种与健康养殖产业、海洋医药和生物制品产业、海水利用产业、海洋可再生能源与新能源产业等组成的海洋高技术产业群，支撑大湾区海洋经济的发展。但由于三地之间天然的制度瓶颈，以及海洋产业的优先发展，要实现海洋经济的重大发展还需要突破诸多制度瓶颈。与其他发达国家及地区相比，粤港澳大湾区海洋经济的主要问题在于经济内生性不足，传统产业难以支撑后续发展，诸多新兴产业尚处于萌发阶段，创新能力不足，未能形成经济推动力。本书从海洋金融、陆海统筹、海洋生态及海洋科技四个重点领域对粤港澳大湾区海洋经济的体制机制进行探讨并分别提出建议，从经济学的角度来说十分有理。海洋金融的发展致力于吸引更多国内外资金流入海洋产业，增加资本量；陆海统筹一方面是三地之间的一体化发展实现“陆统筹”；另一方面是海洋产业与陆地产业的结合实现“陆海统筹”，三地从经济、文化等方面加深交流，降低交易成本；海洋生态的推进是要深刻践行“绿水青山就是金山银山”，实现海洋经济长期可持续发展；海洋科技发展为海洋经济提供源源不断的内生动力，同时人才亦是生产函数的基本要素。我们谈“制度创新”，提出各种建议，似乎是让政府做得越来越多。然而事实恰恰相反，好的制度创新应该同时做到“以退为进”和“以进为退”，采取各类创新措施推动经济的雪球滚起来，直到经济达到一个自我平衡的持续发展状态，那时政府就可以逐渐减少干预，此为“以进为退”；此时政府角色变换为经济秩序的维护者和重大危机解决的执行者，让经济在监管可控范围内自由发展，让市场发挥调控作用，此为“以退为进”。因此，粤港澳大湾区进行海洋经济制度创新，应当以鼓励市场发挥决定性作用为长远目标，为经济的雪球铺路，直至形成自我驱动的良性发展趋势。

三　完善海洋统计制度

粤港澳大湾区的海洋经济之所以与其他省份地区不同，在于粤港澳大湾区有其特殊的体制机制环境。作为我国开放程度最高、经济活力最强的区域之一，粤港澳大湾区在不断推出新制度，从联席会议的举行、CEPA 补充协议的签署，到自贸区的设立，以及越来越多海洋科创产业园、海洋基金的设立，大湾区的海洋经济迸发出强大活力。建立粤港澳大湾区特有的海洋统计数据库迫在眉睫，一方面有益于政府对新政策新制度的政策效果进行监测和评估，从而吸取经验教训，持续优化体制机制；另一方面有益于相关专业院校、涉海组织、研究机构通过模型进行海洋经济拟合及评价。目前粤港澳大湾区海洋经济数据严重缺失，原因在于全国层面仅以广东省为单位进行了部分统计，而香港和澳门统计制度与内地有所不同，并未对海洋产业部分指标进行专门的统计。对此，应当联合三地政府，建立粤港澳大湾区统计数据库，对海洋经济发展、科技研究、金融发展、生态保护、海洋产业等多个方面进行统计。表 13 – 1 罗列了部分引用率较高的统计数据。

表 13 – 1　　缺乏的粤港澳大湾区海洋统计指标

粤港澳大湾区海洋生产总值	星级饭店基本情况	海洋产业金融存款额度
海洋及相关产业增加值	海上活动船舶	海洋产业国企数量
主要海洋产业增加值	规模以上港口生产用码头泊位	海洋产业民营企业数量
海洋渔业增加值	涉海就业人员情况	涉海国企增加值
海洋油气业增加值	主要海洋产业就业人员情况	涉海民企增加值
海洋矿业增加值	分行业海洋科研机构及人员情况	海洋企业 R&D 补贴情况
海洋盐业增加值	分行业海洋科研机构科技活动人员学历构成	分产业投资构成
海洋船舶工业增加值	分行业海洋科研机构经费收入	海洋产业外资投入
海洋化工业增加值	分行业海洋科研机构科技课题情况	海洋产业财政投入
海洋生物医药业增加值	分行业海洋科研机构科技论著情况	海洋专业教育财政支出
海洋工程建筑业增加值	分行业科研机构科技专利情况	海洋产业金融贷款额度
海洋电力业增加值	分行业海洋科研机构 R&D 情况	海洋固定资产投资
海水利用业增加值	分地区海洋科研机构及人员情况	沿海用水、用电情况
海洋交通运输业增加值	海洋专业博士、硕士研究生情况	滨海旅客构成
滨海旅游业增加值	海水养殖面积	滨海旅游人数
海洋进出口贸易情况	海洋货运、航运量	海洋行政管理及公益服务情况

四　优化空间布局

粤港澳大湾区东部以深圳和东莞为增长极塑造知识密集型产业，重点发展战略性海洋新兴产业。深圳在科技创新方面具有较强竞争实力，其外向型经济发展模式对邻近地理产生空间溢出效应，形成了“深圳的服务性功能 + 东莞的生产性功能”的互补共生模式。东莞和惠州作为深圳生产腹地，接受因成本而转移的制造业，东莞位于粤港澳大湾区的几何中心，化工制造业自动化程度较高，鼓励培育和发展涉海电子化学品产业；惠州则定位为电子信息产业和世界级产业基地，在惠州大亚湾经济技术开发区以提升海洋石化及海洋服务业为主导方向建设海洋石油化工基地，促进海洋石化产业向高端化和上下游一体化发展。

粤港澳大湾区西部以江门和中山为增长极塑造技术密集型产业，重点发展海洋装备制造业，同时以海洋渔业、海洋生物医药业与滨海旅游为辅助。中山与江门分别从装备制造业与智能改造两个层面入手。中山以混合经济为基础，装备制造业规模较大，且已形成以光电显示、激光装备制造等为核心的装备制造业产业链；江门加强智能化改造，以提升传统海洋产业生产效率为目标全力发展海洋装备制造业，在海洋工程装备制造业方面相互配合，共同融入广州和深圳的海洋装备产业建设规划中。珠海的海洋经济呈现出多元化特征，海洋产业类型包括远洋渔业、海洋生物医药和游艇产业，强化珠海市游艇休闲设施建设，以支持珠海市对海洋生物重点企业实施创新驱动战略。

粤港澳大湾区已探索形成了“广深港澳”“广深江中”“广深莞惠”“港澳深珠”各具海洋产业发展特色的点轴模式。随着粤港澳大湾区海洋产业水平的不断提升，湾区海洋产业集聚不再局限于“点轴”本体，产业协调模式向更高一级扩散，构建以“广深港澳”为核心，以粤港澳中部、西部和东部海洋经济区合作为重点的空间结构体系，以点轴来承载海洋经济的发展空间。粤港澳的海洋产业分工与区位选择在“广州—深圳—香港—澳门”主轴发展的基础上，沿着主轴线向两侧发展，构建“两翼齐飞”格局，向主轴线两侧探索海洋产业结构差异化。广州与深圳的点轴往西侧辐射“江门＋中山”，共同构建技术密集型高端制造业经济圈；往东辐射“东莞＋惠州”，构建知识密集型新兴海洋产业；香港与澳门为“点轴”向珠海、深圳辐射，形成生态环保型海洋服务业经济圈。互联互通网络状的要素辐射不仅需要构建节点之间的链接，同时也需要疏通节点与通道以强化增长极之间的联系。为扩大区域创新资源配置范围，促进创新要素的自由流动以实现生产要素与产品服务交换的互联互通，需要在现有网络协调模式的前提下形成以创新为主要引领的交通运输领域设施和绿色通道，提高国际快递处理能力，带动跨境电商等相关产业。实现互联互通的关键前提是交流通道的畅通，粤港澳大湾区探索打造联通国内国际的全球性商贸节点，一方面建设综合交通网络，引导和支撑粤港澳大湾区城市化布局，促进港口、机场、铁路、公路、物流园区等物流信息互通，扩大内外贸运输适用范围，提升运力资源效能；另一方面疏通物联网技术与应用，促进互联网与粤港澳大湾区海洋经济的融合发展，并深度谋划利用好粤港澳大湾区海洋经济高度开放等优势，高水平建设“21 世纪海上丝绸之路”文化、教育、农业、旅游交流平台，加强同“一带一路”沿线国家和地区在海洋经济的务实合作，深化区域海洋经济合作交流，在物流运输与互联网信息两方面构建粤港澳大湾区的互联互通网络。

第三节 优化海洋经济发展环境

一 提升海洋对外开放水平

加深对外开放程度，发挥区域间经济联动，推动粤港澳大湾区海洋经济可持续发展。不断加深对外开放程度，并以此为契机，不同区域都发挥优势产业，加强产业互补合作，制定相关政策，积极培育跨区域要素优化重组的产业聚集区，科学合理布局产业链，消除企业跨区域生产、人员流动及投资等方面的限制，为加强经济交流、实现资源优化配置，缩小区域差距以及促进经济协调发展、营造出良好的政策环境和法制环境。

1. 以体制机制创新为核心，优化粤港澳大湾区海洋经济布局和产业结构

与发达国家的湾区相比，粤港澳大湾区在开放领域还存在不平衡的问题。粤港澳大湾区的制造业领域开放时间较早、开放范围较大、开放程度较高，已成为全球重要货物贸易基地。然而与长时间内占据各国经济主要地位的货物贸易相比，服务业的开放则较为滞后，服务贸易无论在规模还是竞争力方面都落后于前者。为进一步推动粤港澳大湾区海洋经济发展，必须通过制度创新破除海洋经济协同发展的机制体制障碍。作为一个整体，粤港澳大湾区应当在海洋金融、保险、教育、咨询等领域展开有序合作，逐步提升开放水平，加快探索提升服务贸易竞争力的有效途径，完善升级海洋三大产业的产业链，坚持以构建服务现代海洋产业体系为出发点和落脚点，以体制机制创新为抓手，引导现代海洋产业朝高端化、特色化方向发展。全面深化粤港澳大湾区用海管理体制机制改革，创新海洋经济综合管理模式。（1）借助港澳资本主义制度的特点，建立与国际惯例相符的税收制度，能够吸引企业集聚和促进相关业务发展，才能为粤港澳大湾区发展这些业态，打破相关行业的体制机制障碍奠定基础。由于香港、澳门已是自由贸易港，粤港澳大湾区应重点完善境内自由区范围高额进口税收政策、解决企业所得税税负较高等问题。（2）赋予粤港澳大湾区经济自由区更多法制法规方面的灵活度。当前广东自贸区是以“单一授权、一事一议”的方式，沿着“国家立法机构授权国务院，国务院下放国家事权”的路径进行。“重大改革于法有据”，除了国家法律明文规定外，还有许多要求隐含在国家各部委颁布的各种规定、条例中。由于港澳现行法律体系与内地不一样，粤港澳大湾区的经济自由区可以三地现行法律为基础，建立国家立法机关专责小组，制定便捷的暂停和实施相关法律法规的程序，促进改革措施尽快落实。（3）以“软边界”为核心，推动整合式

边境管理理念创新。以要素便捷流动为导向推动贸易监管制度创新，实行粤港澳经济自由区“境内关外”、“一线放开、二线高效管住”的原则，依托大数据监管最大限度简化通关程序，合作运营国际贸易“单一窗口”，实现信息互换，实施人流物流“三地一检”的监管互认。为了促进贸易和投资活动，可对贸易商和项目投资者以及为投资项目提供咨询或核心技术服务的人员给予特殊照顾，在签证方面予以便利，在大湾区合作框架下以具体条约的形式予以明确。

2. 以自贸区为平台，推动粤港澳大湾区海洋经济一体化发展

自贸区是粤港澳大湾区展开一系列制度创新举措的排头兵，在推动海洋经济发展上同时存在地理区位优势和政策福利优势。围绕海洋经济一体化发展，应当充分发挥南沙、前海、横琴三大自贸区的作用，在自贸区展开综合试验，在自贸区扩区、自贸港建设上开展更多有益探索，带动高端资源引进，扩大政策外溢效应，提升产业一体化程度，实现大湾区范围内的自贸区、自贸港的“双自联动”，推动跨境一体化合作的深度发展。一方面促进大湾区贸易自由化纵深拓展，为新一轮改革开放提供发展新增量、新平台；另一方面，建设自由贸易港与广东“一核一带一区”区域发展新格局形成互动。具体而言，还应当在以下方面具体推进：（1）推进以负面清单为核心的投资管理体制改革，破除生产要素流动壁垒。结合粤港澳三地发展海洋经济的比较优势，依法将管理权限下放至自贸试验区，全力助推改革。在政府监管方面，建立宽进严管的市场准入和监管制度。针对海事企业投资项目发布准入负面清单，对于清单范围以外的行业、领域等，各类市场主体均可依法平等进入，同时统一实行投资备案制管理，简化企业项目审批流程（国家税务总局广州市税务局课题组，2019）。（2）以香港、新加坡为对标，推进建设粤港澳“自贸通”，采用相对松散但较为灵活的联合体形式，探索与香港港、澳门港共同组建粤港

澳自贸港联合体，共同建设良好的海洋经济发展平台。（3）构建对接国际高标准经贸规则新体系，营造国际化、市场化和法治化的营商环境。

3. 以战略性新兴产业和海洋优势产业培育为切入点，强化海洋经济发展动力创新

通过不断健全和优化政策供给，推进粤港澳大湾区海洋新兴产业、优势产业的供给侧政策调整和需求侧政策引导，加强供给侧和需求侧政策供给的互动性、协调性。海洋战略性新兴产业和优势产业政策的制定与实施应立足于粤港澳大湾区海洋新兴产业和海洋企业的发展实际，在政府政策供给与产业发展实践的互动循环过程中及时把握海洋产业的发展趋势和政策需求，形成动态的政策调整机制。

二　优化海洋投资环境

海洋经济具有自身独特的产业和行业特征，对金融服务也有自身独特的要求，其中包括建设周期长、季节性特征明显、资产设备所需投资额大、不确定性风险较高等。海洋经济的长期可持续发展需要多主体参与、多元化手段、综合化布局的金融服务方案。通过总结已有发达国家的蓝色金融发展经验，胡金焱和赵建（2018）将一个国家的海洋金融发展战略归纳为以下三个阶段：第一个阶段是政府主导、市场辅助，其主要特征是成立海洋政策性银行和海事类国家主权基金，金融资源的重点投向是海洋的基础设施和重大工程，这些都是民营金融机构难以提供的。民营金融机构可以介入重大工程的上下游产业链，但是基本处于辅助地位。第二个阶段是政府引导、市场先行。蓝色金融发展到一定阶段时政府直接参与的领域将逐步让渡给市场和商业金融机构，海洋经济由政府主导转变为政府引导，商业金融机构从辅助地位逐渐走向前沿，充分发挥金融机构的专业化功能和市场的分散化资源配

置优势。第三个阶段是市场主导、政府辅助。当海洋经济的基础设施建设完毕，政府参与的金融机构已经具备商业可持续发展能力，市场的力量能充分支持海洋经济的健康发展，此时政府就应该逐步退出，让市场来发挥主导作用。但这并不意味着政府不再参与蓝色金融的事务，相反政府在公共产品和公共服务等方面，依然继续发挥着不可或缺的作用。

胡金焱和赵建（2018）认为我国海洋金融当前处于第一阶段和第二阶段的衔接时期，而具体到粤港澳大湾区，我们认为其所处的状态比较复杂，三种阶段兼而有之。首先，粤港澳大湾区是我国海洋经济最发达的地区之一，深圳、广州等内地发达城市的海洋经济发展程度显著高于全国平均水平；其次，由于香港和澳门“小政府，大市场”的市场经济模式，按照定义应当处于第三阶段；最后，粤港澳大湾区内城市差异大，部分地区的海洋经济仍然呈现较为粗犷的发展模式。因此，很难界定大湾区所处的具体阶段。整体而言，粤港澳大湾区各地政府还不能完全取消主导地位，市场的发展仍然需要产业政策的强力支持。尤其在科技创新、海洋金融等方面，政府的参与依然十分重要，资源错配、制度壁垒等问题突出，改善海洋投资环境有赖于政府在以下五个方面再做努力：

一是推动成立粤港澳三地互通的政策性海洋金融机构。国外发展经验表明，金融支持海洋经济需要专营化的、政策性金融机构。海洋经济是一个行业特征非常明显，专业技术门槛较高的领域，需要专业化的服务方案和风险管理技术，以及长期从事蓝色金融领域的专业化队伍，这需要建立专营化的金融机构。粤港澳大湾区中内地城市支持海洋经济的政策性金融机构主要服务海洋第一产业和海洋运输业，而香港则有发达的服务于海洋第三产业的金融服务，因此，三地有必要互补发展海洋金融业，错位分工形成更为完善的海洋金融服务体系。通过在粤港澳大湾区设立政策性金融机构，招聘培养专门的人才队伍和设计专业的蓝色金融服务方案，为金融支持海洋经济发展提供组织保障。

二是成立培育支持海洋经济的金融生态圈。以“广州－东莞－深圳－香港”沿线为基础，建设海洋金融集聚区，形成海洋金融人才、机构等要素集群，通过集聚效应发挥知识和技术外溢效应。如此，需要配合以特殊的税收优惠、财政补贴和富有吸引力的基础设施等产业政策吸引高端涉海金融人才和机构入驻，将海洋企业与银行、信托、证券、保险和租赁等机构聚合在一起，降低各类机构和人才交流与融合的成本，逐步培育多元化的海洋金融生态圈。这个生态圈直接作用于大湾区内体量最大的几大港口，与“广州－深圳－香港－澳门”科技走廊一同为海洋经济发展提供强大动力，弥补资金短板，提高金融创新和产品研发的整体水平。

三是设立多方主体参与的产业基金——海洋信托基金。借鉴美国海洋信托基金的整体设计思路，设立具有主权性质的国家海洋信托基金，并形成引导基金启动—母基金保障—各子基金在海洋经济不同领域发挥支持作用的基金族群效应。有效整合海洋信托基金的政策性和商业性，将产业和金融有效融合，前期由政府出资设立启动信托基金，正式运营后则由市场运行，鼓励社会相关团体、利益相关方参与公共事业投资，对海洋公共事务的管理、高端技术的研发，以及海洋环境的治理等事务负责。

四是加快建立资本市场绿色通道——海洋战略性行业企业 IPO 绿色审批机制。海洋经济中的项目建设周期较长，风险程度较高，所需金额巨大，金融需求依靠信贷市场难以满足，迫切需要资本市场的支持。粤港澳大湾区应当担当起我国海洋金融创新发展带头人的角色，探索优化资本市场审批制度的道路。建立针对海洋战略性产业的绿色审批机制，让符合条件的海洋高端制造和高端服务型企业进入资本市场，加快海洋产业升级转型，实现新时代海洋经济强国战略（胡金焱、赵建，2018）。

三 优化营商环境

1. 以企业需求为导向，对标国际打造一流营商环境

营商环境是高质量发展的内在要求。粤港澳大湾区营商环境的优化，要摒弃过去追求优惠政策“洼地”的思维，真正立足市场主体需求，按市场经济运行规律打造“环境高地”。站在企业角度和公共服务角度，深入挖掘涉海企业需求及业务办理痛点堵点，将企业需求作为营商环境综合改革的出发点，将市场主体获得感作为改革成效的重要判定标准。在自贸区推行走企问政督效活动，聚焦企业遇到的困难点，积极为涉海企业排忧解难。推进市场化的企业投融资体制改革，在金融、文化、增值电信等更多领域取消或放宽外资准入限制，让所有市场主体在法律框架和市场规则下公平竞争，真正发挥市场机制的决定性作用，持续释放强大市场活力。要立足于更宽视野的全球竞争格局，对标中国香港、英国等全球最高标准，按照世界银行及国家相关部门的营商环境指标体系，梳理当前广东自贸区营商环境改革的难点及需要改进的地方，做好简政放权的“减法”、打造权利瘦身的“紧身衣”，又要善于做强化监管的“加法”、优化服务的“乘法”、啃政府职能转变的“硬骨头”，真正做到审批更简、监管更强、服务更优。

2. 健全有关国际资本流动的法律法规

李克强总理指出，“营商环境就是生产力”。可见，“造环境”和“抓项目”具有同样重要的作用。推动粤港澳大湾区的政府职能从“计划”向“市场”转变，要降低制度性壁垒，与建设国际一流的法治化、国际化、市场化和便利化营商环境。杨枝煌和黄奕恺（2019）认为，高质量营商环境首先必须有高质量制度作为保障，在建立健全一系列吸引外资的法律体系的同时，要加快出台配套实施细则和执行政策。他们对《中华人民共和国外商投资

法》的实施细则或配套法规而进行了展望，指出一要明确基本法律概念。特别是明确外商投资、间接投资、其他投资方式、投资新建项目、负面清单、国民待遇及强制技术转让等关键基础性概念的界定。二要明确投资管理举措。明确归口管理部门，统一信息报告要求，明确安全审查程序，明确“不可靠实体清单”，设立必要惩戒条款，细化五年过渡期操作办法，最终形成高效治理的抓手和举措。三要不断改进投资促进措施。四要不断完善投资保护措施。五要加强外商投资服务力度。建立面向所有企业的征求意见制度和流程，建立高层联系和区别对待机制，加快依法审批速度。此外还应建立和完善资本流动宏观审慎管理的监测和响应机制，构建银行部门跨境资本流动宏观审慎评估体系（杨枝煌、黄奕恺，2019）。

3. 以赋权改革为抓手，赋予自贸区更大创新试错空间

赋权也称“充权”，主要是指让下属获得决策权和行动权，较之授权，赋权意味着被赋权主体有更大的自主权和独立性。从赋权的视角看，实现发展理念和发展方式的根本转变，最终有赖于政府主导资源配置方式的转变，取消传统制度对人、对资源、对经济活动的束缚、限制和干预，把政府的权力用于整合社会资源，促进个人、企业等经济主体之间的合作，将会极大增强个人和企业自由发展的机会和能力（张亚丽，2009）。自贸区是营商环境建设试验的平台，广东自贸区处于中国制度创新的前沿，其制度创新是自上而下与自下而上相互作用的过程，在实施制度创新的过程中，诸多方面涉及中央事权，如海关、金融、税收和司法等，具有高度复杂性与多变性，应当加大对广东自贸区的赋权力度，以此打通自贸试验改革“最后一公里”的难点与堵点。在形成全面开放新格局、提升政府治理水平等方面，要赋予广东自贸区更大的改革自主权，享有更多的省级、国家级权限。在国家战略需要、市场需求大、国内其他自贸区暂不具备成熟条件的制度创新领域，

鼓励广东自贸区三大片区结合实际进行差别化试点试验，中央在特定领域、时间、领域内向广东一揽子、综合性赋权。在责任划分上，建议由地方自行承担主要风险防范责任，中央主管部门提出原则性要求并给予业务指导。

四 提升管理水平

1. 提升学习型政府和服务型政府建设成效

政府迫切需要解决包括监管环境中的各类结构性问题，一方面要加快设立成熟、稳定、透明且与国际接轨的制度；另一方面要切实提升政府的综合配套服务能力，重点做到以下几点要求。其一，要带头学习和执行新法律。各级政府要加强学习新的《外商投资法》《知识产权法》《电子商务法》，真学真用，提升学法、懂法、执法的自觉性。按照国际规则和自有法律体系，强化投资保护，保障投资的国民待遇、最惠国待遇和公平公正待遇，规范征收补偿与外汇转移，严格市场准入，建立公平竞争和争端解决机制。其二，全面贯彻落实新政策。要抓紧执行中央政府出台的一系列文件和政策，加快实现准入前国民待遇加负面清单管理体制，实现政策真正有效落地，从而更好地为外商服务。其三，不断提升预见性和前瞻性。政府应主动与时俱进，引导和服务新的盈利空间。其四，持续深化“放管服”改革，加强监管创新，优化政府服务，提高办事效率。按照国际可比、对标世界银行、中国特色原则，构建中国营商环境评价指标体系，并加快推出更多硬核举措，复制推广“零上门、零审批、零投资”三零专项服务行动等优秀经验成果，使企业真正具有获得感。应重点抓好大幅压缩工程建设项目审批时间，压缩开办企业、注册商标、登记财产、获得电力、跨境贸易、建筑许可等事项的办理环节、时限和成本，实施融资、纳税、退出等便利化服务，推动“互联网＋政务服务”，纵深推进“一网一门一次”改革，进一步做到利企、便民、惠民（杨枝煌、黄奕恺，2019）。

2. 构建分类施策的海洋产业政策体系

海洋经济涵盖一、二、三产业，各个子行业及企业特点各不相同，亟须强化顶层设计，梳理整合现有分散的政策制度，进一步细化海洋经济各子行业政策，以便金融机构针对海洋经济子行业设计差异化的信贷政策和授信制度。如对资金需求量大、贷款周期长的海洋装备、造船等行业企业，可鼓励政策性银行通过出口卖方信贷或买方信贷及转贷等形式，商业性银行通过银团贷款、同业合作等形式加大支持力度，满足企业资金需求；对高科技类中小企业则可创新抵质押融资方式，通过专利权、知识产权质押融资与风险投资基金、产业投资基金、财政贴息或贷款风险补偿相结合的方式予以支持；对受自然条件和环境影响较大的传统海洋养殖业，则可通过银行间接融资与政策性保险、商业保险保障相结合的方式予以支持。

五　发挥财政资金的引领和杠杆作用

一是统筹整合财政涉海资金，将目前分散在各个领域、各个部门、性质相同、用途相近的涉海资金进行整合，统一调配。二是健全完善粤、港、澳三地横向及纵向海洋经济贷款风险补偿资金池，通过财政贷款贴息、政策性担保等多种方式缓释涉海企业贷款风险，吸引更多商业性贷款支持。三是积极推行政府委托代建购买服务和政府特许经营模式，吸引更多社会资本参与海洋基础设施建设，具体可通过设立海洋经济产业引导基金的方式实现。四是充分发挥各级政府引导基金增信和杠杆撬动作用，通过投贷联动等方式吸引金融资本和社会资本加大对海洋经济投资项目的资金支持。发挥好政策性金融的主导作用，开发性、政策性金融应通过低息贷款、延长信贷周期、优先贷款、贷款贴息等方式，加大对海洋经济及海洋生态环境保护的信贷支持（王斌，2018）。

降低港资、澳资金融机构与内地往来门槛，鼓励其来内地开设分支机构，通过市场竞争财政资金的杠杆作用。

第四节 实现经济一体化发展

打破三地制度障碍，实现区域发展需要从设施联通、贸易畅通、产业连通、政策沟通、民心相通这五个方面着手。设施联通方面，建议增强跨区域协调，发展高铁经济、升级港口经济，注重设施联通下的区域合作。贸易畅通方面，建议完善 CEPA 框架下行业开放的实施细则和政策指引，贯彻负面清单思路，深化商事改革，破解服务贸易体制性障碍，建设海洋经济自由贸易港口群。产业连通方面，建议各地清晰定位、陆海统筹，发展港口经济，建设深汕合作区等典型海洋产业基地，把握海洋产业向高端化、智能化、绿色化、服务化方向发展。政策沟通方面，一方面建议重视政府之间签订的政府间合作协议，以行政协议为治理依据，逐渐转型联合治理，并针对协议建立各级配套的实施细则，努力探寻设计政府主导的制度一体化；另一方面建议统筹海洋经济和海洋资源的开发。民心相通方面，建议发挥民间机构和民营企业的作用，增强决策的科学化、民主化水平，加强粤港澳的人文交流融合。

一 设施联通

交通网络一体化方面，目前大湾区交通基础设施取得了快速发展，已基本形成了干支结合、四通八达的基础网络，为交通运输一体化发展奠定了坚实的基础；但在跨区域政策、市场、管理、信息等协调和一体化方面还存在很多问题，交通基础设施的效益没有得到充分发挥。

未来的政策发力点是实现大湾区区域内所有的交通资源进行统

一规划、统一管理、统一组织、统一调配，包括交通工具、交通设施、交通信息，达到大湾区交通运输系统的整体优化和协调发展。做到最充分地利用交通资源和最好地满足各种交通需求，提高大湾区交通运输总体效益和服务水平。建议新一届的粤港、粤澳合作联席会议发挥粤港澳区域发展中的政府间协调作用，改善粤港澳之间交通信息等各种软件要素的对接协调。

充分发挥交通基础设施高度互联互通所带来的经济效用。强化高铁经济带区域合作，发展开放型海洋经济。高铁贯通带来区域合作的升级，从而促进区域经济发展模式转变，促使各地由封闭型经济向开放型经济转型。"开放型海洋经济"扩大了市场的区域范围，产生"生产在本地、市场在外地"的海洋渔业和制造业，以及"消费在本地、消费者来自外地"的旅游业等服务型经济。高铁经济带沿线地区应发挥各地区特色和优势，探索适合本地区的开放海洋经济模式。

升级港口基础设施，建设智慧港口。港口经济将成为大湾区海洋经济的重要发力点。升级港口基础设施，搭建"港、产、城"深度融合机制，服务于大湾区海洋经济建设。湾区自由贸易港群要从"港、产、城"深度融合与协同发展方面培育特色，形成可持续发展的竞争优势。高标准完善港口基础设施，依托人工智能、智慧口岸系统对港口功能区进行科学规划与基础设施升级改造，创新国际港口合作方式，形成"小中心 + 大网络"的世界级港口服务体系。

设施联通让区域内部的联系更加紧密，大湾区内部的区域合作更加便捷。但在区域内部合作方面，有两点需要注意：一是选择"区域"；二是选择合作"领域"，实现精准合作。粤港澳大湾区区域拥有占全国约五分之一的国土面积、三分之一的人口和三分之一以上的经济总量，区域范围很大，因此应当筛选出若干能够进行紧密合作的地区进行"区域"的精准合作，而不是泛泛的区域合作。各地区之间应该根据本地的产业特色和优势，互通有无，优势互补，实现合作区高质量的经济增长。另外，粤港澳大湾区合作的领域是全方位的，包括基础设施、产业与投资、商务与贸易、旅游、农业、劳务、信息化建设、环境保护、卫生防疫等，但各地应当从自身出发，选择若干“领域”的精准合作，积极参与异地产业协作与建设，积极开拓新兴市场，扩大粤港澳大湾区的经济腹地的影响力。

二 贸易畅通

贸易市场一体化方面，建议完善 CEPA 框架下行业开放的实施细则和政策指引，贯彻负面清单思路，深化商事改革，破解服务贸易体制性障碍，建设海洋经济自由贸易港口群。

一是需要完善 CEPA 框架下行业开放的实施细则和政策指引。首先是表述规范、细化规定。只有表述规范、严谨的措施细则才能准确地界定东道国和外国投资者的权利义务，才能满足负面清单管理的透明度要求。细读《CEPA 服务协议》《CEPA 投资协议》《广东服务协议》《2018 版负面清单》，发现其中并无国际上通行的 7 种负面清单的项目，而仅有部门或事项、国内产业分类编码及简单的描述，缺乏实际可操作性（柯静嘉，2018）。如在《广东服务协议》中有关法律服务和医疗服务的规定，“由香港律师事务所向内地律师事务所派驻香港律师担任涉港或跨境法律顾问”。那么，如何厘定“涉港”和“跨境”的含义？这些表述模糊不清、语焉不详的规定在 CEPA 法律文件和自贸区负面清单中也属常态，故在制定负面清单时需进一步细化，以增加政府透明度，降低港澳和外国投资者识别“负面清单”的难度以及自贸试验区管理部门的操作难度。

其次是完善实施细则。在 CEPA 实施中，由于缺乏官方部门或机构的详细解释和阐述，某些已经开放的专业服务领域出现“政出多门”“大门开，小门不开”等协调问题而难以落实。比如某香港教育机构已在广州注册企业，注册时获批的范围为“教育咨询”，但不可提供“培训”服务。该企业本想借助《CEPA补充协议九》的规定“允许以独资、合资形式在内地经营培训机构”，扩大其经营范围至“培训”类，但由于无实施细则，对于经营性机构的经营范围缺乏清晰的定义，导致该教育机构无法获得审批。其间，该机构通过香港驻粤经济办事处向广东省教育厅、广州市教育局、广州市工商局、广州市外经贸局及广州市外国专家局查询，发现除市外经贸局外，其他机构表示不了解或者无权执行CEPA措施中的相关内容（柯静嘉，2018）。由此可见CEPA亟待进一步对服务业、制造业和其他产业所涉及的具体法律规范及实施细则予以整理，以增强“负面清单”在大湾区中的实效。

二是全面贯彻负面清单的管理思路。不仅仅是CEPA自身需要通过负面清单调整升级，粤港澳大湾区的其他事务也需要探索负面清单的管理思路。建议大湾区内部互相制定全球最优惠的准入门槛负面清单。内地9市可以在现有对全球投资者负面清单的基础上，梳理更开放的措施，为港澳制定全球最优惠的准入门槛负面清单，推动在金融服务、交通航运服务、商贸服务、专业服务、科技服务等领域对港澳开放取得突破，以推进港澳企业的投资。实施全面“负面清单”制度，深化湾区经济合作，有利于促进湾区内要素有序自由流动、资源高效配置、市场深度融合。目前“负面清单”模式正在被国际社会广泛接受，全面“负面清单”制度有利于加快建立与国际通行规则接轨的现代市场体系。

三是优化营商环境，以深化商事制度改革为主线，把开办企业便利度当作突破口。推进以“多证合一”为重点的商事登记制度改革，进一步降低市场准入门槛。全面推行“证照分离”改革，区分不同的证照性质，实行分类管理，该压减的坚决压减，该合并的及时合并。协同推进商事制度改革和行政审批制度改革，切实减少不必要的许可证，解决商事主体“办证多、办证难”“准入不准营”等突出问题。全面实施注册登记便利化改革，推行开办企业“一站式”服务，全面提升办事的透明度和可预期性，实现“准入”和“准营”同步提速，营造法治化的营商环境。

四是破解服务贸易体制性障碍，进一步推进服务贸易自由化。粤港澳大湾区建设中迫切需要通过体制机制的改革创新突破制度壁垒，实现服务贸易自由化和贸易投资便利化。体制机制改革创新第一是深化审批制度改革，推动政府管理从事前审批向事中事后监督转变；第二是推行权责清单制度，明确政府职能边界；第三是进一步取消和放宽港澳投资者准入限制，在项目资金互通、要素便捷流动等方面先行先试，推动三地人流、物流、资金流、信息流的自由往来；第四是推行投资备案制度，健全外商投资监管体系，率先打造公平、透明、可预期的国际化营商环境。

五是建设湾区内部海洋经济的“自由贸易港群”。充分利用粤港澳大湾区内外的区域联系性通道来促进人流、物流和资金流的充分流动，提高资源的配置效率，以创新引领经济发展和吸引各类要素的进一步集聚。考虑建立一个实现跨境资源自由化、便利化配置的平台合作模式，通过一系列的制度安排，重构跨境海洋产业链合作方式，探索粤港澳大湾区“9+2”共建“自由港群”。充分凸显港澳的战略功能，逐步对接香港海港和空港的监管和运作标准，与大湾区内地9大城市开展新形势下的产业合作与联动，合力建设一个跨境的自由贸易港区集群。让自由贸易港的“港”不仅仅是海港，还有内河港、信息港、数据港等，让“自由贸易港群”成为人员、货物、技术、资金等要素自由跨境流动的便捷流通机制，不断地实现国家对外开放的制度创新任务。

三 产业连通

产业结构一体化方面，建议各地清晰定位、陆海统筹，发展港口经济，建设深汕合作区等典型海洋产业基地，把握海洋产业向高端化、智能化、绿色化、服务化方向发展。

大湾区产业结构一体化发展的关键在于错位发展和一体联动，才能相互支撑和共同提升。建议巩固拓展香港国际金融、航运贸易中心和国际航空枢纽地位，推动金融、商贸、物流、专业服务等向高端高质方面发展；推动澳门建设成为世界旅游休闲中心和中国与葡语国家商贸合作服务平台；推动广州建设成为国际商贸中心、科技文化中心和国际交往重地以及国家创新示范城市；促进深圳发展成为具有国际影响力的创新创业中心。

对于海洋产业而言，产业结构的一体化需要湾区各地把握好自身定位，各城市在原有优势产业基础上打造一批特色产业园区，实现大湾区海洋三次产业科学布局。目前粤港澳三地在海洋经济的产业发展各具特色，较好地实现了产业错位发展和产业优势互补，逐步形成产业结构完善、产业链条完整、产业特色明显的海洋经济产业集群。具体来看，大湾区内地以海洋渔业、海洋生物、海洋油气、海洋工程装备制造、海上风电等为重点产业，形成了海洋第一、二产业集群，以海洋交通运输、滨海旅游为重点产业，形成海洋服务业集群；香港则发挥高增值海运和金融服务优势，发展港口物流、航运服务、海上保险、再保险、船舶金融及其他专业服务，结合海洋特色金融业发挥综合海洋服务优势；澳门发挥其在文旅产业上的优势，在海洋经济的发展上以滨海旅游为主进行发力。

做到陆海统筹。由于陆地产业与海洋产业之间存在互补性和关联性，陆海产业链整合是陆海统筹的有效途径。产业链整合存在产品整合、价值整合和知识整合三种模式。产品整合主要是对陆海产业链进行线性拓展，价值整合主要是对陆海产业链进行网络化拓展，知识整合主要是提升陆海产业链的协同程度。促进陆海统筹发展，需要从技术开发与应用、基础设施建设、资本市场、信息共享平台、对话交流平台等方面推动陆海产业链的产品整合、价值整合和知识整合。而最为关键的是如何打好陆地经济政策和海洋经济政策的组合拳。

加强区域之间在海洋经济产业的合作。大力发展深汕特别合作区的海洋经济，与深圳十区形成产业互补、各有特色、一体化发展的良好格局。尤其要重视深汕特别合作区优良海岸线的开发利用，将其全面纳入盐田港大港区的建设、管理、运营，与深圳一体化发掘海洋经济效应，将合作区建设为全国著名的海洋产业基地。

发展港口经济。做大做强港口金融产业，增加金融资源对港口产业链的服务供给，特别是鼓励民间资金参与港口设施建设，培育海洋贸易产品期货（现货）交易市场，提升港口贸易金融风险对冲产品设计能力。形成临港现代服务业聚集区，贯彻落实海洋强省战略，必须要培育强大的临港现代服务业，围绕船舶交易、货物贸易、港口物流形成全产业链条的服务业集聚，切实降低运营成本，进一步提升临港经济区的核心竞争力和国际视野。

整体上，粤港澳大湾区海洋经济产业集群的建设方向，是要充分基于海洋经济特色，优化海洋开发空间布局，粤港澳三地联合拓展蓝色空间，共同建设现代海洋产业基地，提升海洋的核心竞争力，推动粤港澳海洋产业向高端化、智能化、绿色化、服务化方向发展。具体体现为：第一，加快推进海洋传统产业转型升级，主要包括海洋交通运输、海洋油气、船舶制造、临海石化、海洋渔业等产业；第二，重点发展海洋先进产业，主要包括海洋电子信息、海上风电、海洋高端智能装备、海洋生物医药、天然气水合物、海洋公共服务等产业；第三，培育壮大海洋新兴产业，主要包括海水淡化和综合利用、海洋可再生能源等产业，通过引入高端产业要素提升优化海洋产业结构；第四，推动粤港澳三地海洋服务业融合发展，具体包括航运服务、滨海旅游、海洋金融等产业；第五，加快“智慧海洋”建设，提升粤港澳对海洋进行观测、监测、预报的能力，提高海洋防灾减灾水平，为海洋经济的发展提供安全的生产生活环境。

四　政策沟通

就政策沟通而言，可以分别对社会一体化融合和海洋开发两个角度提出建议。从社会一体化融合发展的角度来看，建议重视政府之间签订的政府间合作协议，以行政协议为治理依据，逐渐转型联合治理，并针对协议建立各级配套的实施细则，努力探寻设计政府主导的制度一体化；从海洋开发的角度来讲，建议统筹海洋经济和海洋资源的开发。

区域发展要求突破行政区划的刚性束缚。为实现区域内经济交流与生产要素的自由流动和区域经济效益最大化、形成区域统一大市场和经济利益上的互惠共荣，必须突破行政区划的刚性束缚。因此各地政府间的合作是区域经济一体化的客观要求，也是解决区域经济一体化中行政区的“自利性”障碍的必然选择。《CEPA》《粤港合作框架协议》《粤澳合作框架协议》等政府间协议则可以克服区域行政管理的刚性束缚，寻求超越行政区划限制的政府间的理性合作。在当前社会转型时期各种关系亟待法律调整的背景下，《CEPA》《粤港合作框架协议》《粤澳合作框架协议》等政府间协议发挥着尤为重要的作用。

区域发展要求转型联合治理。未来粤港澳大湾区的合作必定不再局限于中央和地方政府间单纯的互动关系，还将涵盖公私组织、志愿团体、专业社群、私人企业、准政府机构等多种共治关系。因此，调和好这些关系需要联合治理机制。在粤港澳发展中涉及跨行政区的重大事务由中央统筹或者协助地方完成，而交通、住房、环保、教育和投资等领域的跨区域共同事务，可由中央授予三地政府自行缔结行政协议和行使职权。联合治理机制的优越之处在于管理结构，它不排除中央政府或者上级的参与，无须严格的法律授权，也体现了各行政区为了共同的利益组成的区域结盟。另外值得一提的是，联合治理机制也为区域各利益主体提供了协商、沟通和表达的公共平台和合作机制，既避免了各自为政的自利行为，也促进了生产要素在区域间的自由流动。

区域发展的重大任务是建立对CEPA、负面清单等行政协议到组织机构的配套。深入粤港澳合作是CEPA以及广东自由贸易试验区的共同目标。港澳投资者或服务者进入内地后，分别适用内地与港澳的“负面清单”和广东自贸区内实施的《自由贸易试验区外商投资准入特别管理措施》中的“负面清单”。即在大湾区中存在两张“负面清单”，它们的共同问题是缺乏从制度到组织机构等的配套。未来，大湾区在政策沟通方面的重要任务是建立起各组织机构对负面清单的配套措施支持。

区域发展政策的关键是落实到具体推进制度性一体化。制度性一体化要求区域之间设计一定的规范从而降低区域内经济社会往来的相关交易成本，而设计政府主导的制度安排的重点是从根本上找到与市场驱动的合力点。具体而言有如下几点：对于人才方面，需要允许大湾区内港澳与内地合伙联营律师事务所的内地律师受理、承办内地法律适用的行政诉讼法律事务，允许大湾区内港澳与内地合伙联营律师事务所以本所名义聘用港澳律师；继续推进国际人才资格互认工作，加大力度引进国际先进的职业标准，拓宽行业及工种，推广国际通行的职业资格认证及相关认证培训，开展国际职业资格证书考试认证及鉴证服务；推进粤港澳职业教育在招生就业、培养培训、师生交流、技能竞赛等方面的合作，创新内地与港澳合作办学方式，支持各类职业教育实训基地交流合作，共建一批特色职业教育园区。对于教育方面，推动教育合作发展。支持粤港澳高校合作办学，鼓励联合共建优势学科、实验室和研究中心；充分发挥粤港澳高校联盟的作用，鼓励三地高校探索开展相互承认特定课程学分、实施更灵活的交换生安排、科研成果分享转化等方面的合作交流；支持大湾区建设国际教育示范区，引进世界知名大学和特色学院，推进世界一流大学和一流学科建设；鼓励港澳青年到内地学校就读，对持港澳居民来往内地通行证在内地就读的学生，实行与内地学生相同的交通、旅游门票等优惠政策。对于港口经济方面，围绕“优质休闲圈”开展制度设计与增加政策供给。港口经济的背后是人流、物流、信息流、资金流的便捷、自由、高效率通行问题。制度设计的本质应当是让上述“四流”与港口产业、港口所在的城市实现一体化，形成优质休闲圈，打造世界级的人员往来、文娱交流、高端生活品质元素等和谐、宜居、便捷的国际化城市。

除了社会一体化的政策沟通，在海洋经济的建设以及海洋资源的开发利用方面，大湾区各地政府也应该做到政策充分沟通、协调一致。

统筹土地政策和海域政策。近年来的海洋督察发现，在快速城镇化的进程中一些地方围填海出现了规模失控。因此，未来要把住土地占用和海域资源供给的“闸门”。严格落实海洋功能区划制度，强调功能区划的严肃性、约束性和长期性，加强海洋功能区划与土地利用规划、城市规划的衔接。尽快处理好历史遗留的“围而不填”“填而不用”形成的闲置海域和土地，这也是化解企业和地方投融资平台债务风险和银行呆坏账金融风险的关键举措。

统筹海水淡化和水资源供给。海水淡化是沿海城市新增水源的主要渠道，要把海水淡化作为一个产业做强做大，将海水淡化纳入国家和地区的水资源供给体系，统筹好淡化海水与跨流域调水供给的配置，并放在同一平台上给予政策扶持。

统筹推进海洋经济高质量发展。海洋是推动经济高质量发展的战略要地，当下要加快推进海洋经济新旧动能转换，发挥好海洋经济管理职能，会同有关部门适时制定《促进海洋经济发展的指导意见》。解决好海洋产业园区过多过滥和重复建设的问题，会同有关部门加强海洋产业园区统筹管理和政策协调，促进海洋产业的结构和布局调整。统筹陆海科技创新力量配置，加强政策性金融支持，推动海洋高技术产业化发展。

五 民心相通

粤港澳大湾区三地溯源相同、地缘相近，香港澳门两地居民97%以上是广府人及其后裔。粤港澳三地文化同宗同源，在语言、风俗、生活习惯、审美观、价值观等方面都非常接近，文化认同度很高。而文化同质性能突破地域体制的界限，使三地相互联结，拉近彼此的距离。建议寻求民间力量，从社会群众生活的角度实现民心相通，构建一体化的粤港澳大湾区社会。

民心相通着眼于构建多方参与、通力合作的民间交往大格局。重视发挥民间机构和民营企业的作用，是改善区域治理体系、更好提供区域公共产品的重要抓手。各地政界、商界、学界和民间社会组织等均应顺势而为，乘势而上，共建一体化的粤港澳大湾区社会。特别是各地意见领袖应强化历史担当意识，更好引领民意，深化民心相通，让民间力量成为“粤港澳大湾区社会一体化”建设的主力军和受益者，实现互联互通，顺潮流、惠民生、得民心、利天下。

促进民心相通，加强粤港澳的人文交流融合必不可少。虽然粤港澳大湾区处于广府文化的同一文化圈，但是由于历史、制度、背景的不同，在广府文化的大文化圈里还分为内地和港澳两个亚文化圈。湾区内地城市群中的居民普遍享有较高的经济和文化发展水平，但是在思想上与香港澳门相比还有一定的差异。湾区内地与港澳文化之间有重合、有交集，也有诸多差异。要解决这些冲突和跨文化交际障碍，必须在相互尊重的前提下加强人文交流。人文交流包括人员交流、思想交流和文化交流，旨在增强港澳对祖国文化的认同感，蕴含着四两拨千斤的效果。政府与民间组织可以通过组织人员互学互访、开展文化交流、举办文化展览等活动，加强港澳居民对地区文化同源性的认识和感受，通过"文化＋互联网"线上线下相结合的方式增强民众间的交流，增强对不同文化的理解和包容，逐步消除目前存在的文化差异和文化摩擦。发挥港澳同胞和海外侨胞人才荟萃、联系广泛的优势，为粤港澳大湾区实现社会一体化协同发展建立文化融合的良好基础。

第五节　优化海洋生态

习近平总书记指出，推动形成绿色发展方式和生活方式，是发展观的一场深刻革命。绿色发展是指以效率、和谐、持续为目标的经济增长和社会发展方式，强调以人与自然和谐为价值取向。现如今我国的社会主要矛盾已经转变为人民日益增长的美好生活需要和不平衡不充分的发展之间的矛盾，"绿水青山就是金山银山"的理念得到广泛认同，拥有绿水青山，就同时拥有了自然财富、社会财富和经济财富。《粤港澳大湾区发展规划》提出要把粤港澳大湾区打造为"大力推进生态文明建设，努力创建美丽中国"示范区和绿色发展示范区，以建设美丽湾区为引领，着力提升生态环境质量，形成节约资源和保护环境的空间格局、产业结构、生产方式、生活方式，实现绿色低碳循环发展，使大湾区天更蓝、山更绿、水更清、环境更优美。粤港澳大湾区坐拥得天独厚的海洋资源与环境，更应加强生态文明建设，把握绿色发展新机遇。

一　强化海洋意识，树立海洋生态理念

在海洋生态文明建设中，人们的海洋意识是最基本的。培养和塑造人们的海洋生态意识，使之承担起海洋生态责任，自觉地参与生态建设、保护海洋环境，这也是构建和形成协调发展的人海

关系的一个重要条件。对此可采取一系列措施，如深入开展海洋生态文明宣传教育，发挥新闻媒介的舆论宣传作用，培育和塑造公众的海洋生态意识，营造珍惜和保护海洋的社会氛围。在各院校开展认识海洋、亲近海洋教育，鼓励大中小学生参加海洋相关的实践活动，并举办粤港澳大湾区各级政府干部轮训班，组织学习海洋知识和海洋生态环境保护的法律法规。同时，还应尽快推进完善公众对海洋生态文明建设过程中的监督机制和信息公开制度，形成海洋生态文明建设的社会合力。通过以上举措，促进人们海洋生态理念的建立，使得各界人士都自觉自愿地投身到海洋生态文明建设中。

二 提供相应的制度、机制保障

为海洋生态文明建设提供相应的制度、机制保障。建设海洋生态文明不仅需要意识层面的培养，更需要规范的行为，必须在法律和制度层面对其予以保障。法律和制度上存在漏洞，或管理问责及事后的执法处置不严，往往会使得一些项目罔顾海洋生态被破坏、环境被污染。另外，海洋生态环境保护有着公益性的特征，若它要获得最大限度的发展，必须依靠法制的支持。

一是法律体系建设。海洋生态文明建设是巨大而复杂的系统性工程，需要全面、系统、完整的法律体系提供支撑。以“依法治海”为基础，明确立法主体，加强立法交流，从多个层面入手制定具有全局指导意义的法律，确保其系统性和连贯性。并创新部门管理机制，明确部门权限，积极开展多部门、跨区域的海上联合执法。加强海洋生态文明的法制建设，通过强有力的司法保障强化行政和法律手段，以起到指引、评价、教育和强制的作用。

二是责任制度建设。提高政府官员的海洋生态意识，使政府官员参与到海洋生态文明建设中，构建管理制度上的约束是必要的，以强化其在宏观决策上和具体监管上的责任到位、行为到位。如建立海洋生态环境问责制、海洋生态环保目标责任制，不仅要严格追究直接造成海洋生态破坏和环境污染责任人的法律责任，还应要求地方政府必须承担相应的责任。政府不仅要做好海洋生态修复和环境恶化遏制工作，还要担负起提高全社会海洋生态文明意识、实现海洋生态文明建设目标的责任。把海洋生态文明建设列入政府政绩考核评估内容，强化政府的责任意识和责任行为。

三是项目环境评估和准入制度建设。在确定粤港澳大湾区海洋区域开发开放项目、产业结构调整等重大决策时，要进行充分的海洋环境影响论证，从源头上加强海洋生态文明建设。首先，根据海洋生态环境状况和自然保护区、港口工业区等区域功能，合理安排项目，优化产业布局，把好空间准入关；其次，支持节能减排、结构优化的“绿色”项目，严禁高消耗、高污染、资源型项目，拒绝不符合环保要求的项目，把好项目准入关；再次，在区域海洋环境容量、海洋资源承载力基础上，实行“削减替代”原则，将减少污染物排放、维护海洋生态的指标任务落实到项目（企业）中，把好总量准入关。以此确保大湾区海洋生态系统不受破坏，海洋环境不受污染，促进大湾区的持续、快速和健康发展。

四是建立综合管理与协调发展机制。海洋生态文明建设是一项复杂庞大的工程，实施对海洋生态和海洋环境保护监督以及突发环境事件应急处理，需要跨部门、跨行业、跨地方的综合管理，协调海洋开发和海洋权益重大事项，形成综合管理与协调发展机制，以保障建设的顺利进行。首先，成立海洋管理委员会，完善海洋自然保护区和海洋资源与海洋环境功能区划，加强各功能区划的建设沟通协调。其次，整合涉海部门的力量，探索海洋生态文明建设与促进经济社会发展的新模式，沟通协调海洋行政管理，统一海洋行政执法，统筹开展海洋科技、海洋决策咨询、海洋生态建设公益服务。再次，海洋生态环境保护工作由各部门的分散管理，向由海洋、环保、发改委、农业等部门齐抓共管统一监督管理转型，有效管理和协调大湾区各行各业的涉海开发建设活动，保障海洋生态文明建设的顺畅推进（黄家庆、林加全，2013）。

三 修复和保护海洋生态，正确利用海洋资源

要严格保护海洋生态，首先是有针对性地、切实地建设各式各样的防治设施，直接对污染和破坏展开防护；其次是完善、创新相关机制体制，从根本上实现管控；最后是做好监测工作，关注海岸线动态。

第一，实施海洋生态工程，强化海洋生态保护。“绿水青山就是金山银山”，保护海洋生态环境是大湾区实现海洋经济长期可持续发展的保障。一是强化海洋生态防护屏障。加快建成珠三角国家森林城市群，推进珠三角绿色生态水网建设，建立湿地保护分级体系，加快建设一批湿地公园，健全河长制湖长制。二是推进重要海洋自然保护区及水产种质资源保护区建设与管理。开展滨海湿地跨境联合保护行动，加强滨海湿地、河口海湾、红树林、珊瑚礁等重要生态系统保护的同时也要重视对具有重大科学文化价值的海洋自然历史遗迹和自然景观的保护，建立类型多样、布局合理、功能完善的海洋保护区体系。三是强化近岸海域和海岛生态系统保护与修复，鼓励人工岸线生态化改造；实施“生态岛礁”保护工程，开展海岛生态状况普查，制定海岛保护名录，进行海岛物种登记，建立海岛物种标本与种质资源库，选择适合的海岛开展生态实验基地建设，加强海岛生态系统保护和利用技术研究。四是实施海洋水生生物资源养护工程。严格执行珠江禁渔、南海伏季休渔制度，推动以人工鱼礁为主要内容的海洋牧场建设，加强对浅海海域重要海洋生物繁殖场、索饵场、越冬场、洄游通道和栖息地的保护。五是集中国科学院和广东省政府、广州市政府之力共建南方海洋科学与工程广东省实验室，着力解决粤港澳大湾区岛屿和岛礁可持续开发、资源可持续利用、生态可持续发

展等科技难题。

第二，持续推进粤港澳三地合作，不断完善保护机制体制。一是强化粤港澳三地海洋生态环境保护领域合作，打造区域海洋生态文明建设合作典范，建设宜居宜业宜游的国际湾区。以环保科技为着眼点，在环保产业园建立方面实现三地合作，建立公共海洋生态旅游景点；开展典型海洋生态系统和生物多样性保护、海洋濒危物种保护和外来入侵物种监测与防范合作；推动粤港澳开展滨海湿地跨境联合保护，建设粤港澳大湾区水鸟生态廊道。二是创新海域使用制度，严格执行海域使用论证和建设项目用海预审制度，开展用海项目凭海域使用权证书按程序办理项目，建设手续试点、推进项目用海的海域使用论证、环境影响评价等同时进行，严格项目用海环境审批，规范行政许可管理，建立海域使用并联审核机制，严格核准建设项目环保措施，减少用海工程建设项目对海洋环境的影响。三是建立区域协作制度，建立污染联防联治工作机制和环境品质预报预警合作机制，推动环境执法协作、资讯共用与应急联动，建立区域流域生态保护补偿机制，合作开展海洋生态环境保护工作。四是完善粤与港、澳三地统一标准的渔业资源补偿制度，完善捕捞渔民转产转业补助政策，提高转产转业补助标准，继续执行海洋伏季休渔渔民低保制度，健全增殖放流和水产养殖生态环境修复补助政策，研究建立海洋自然保护区、海洋特别保护区生态保护补偿制度。五是不断完善转移支付制度，探索建立多元化海洋生态保护补偿机制，有效调动全社会参与海洋生态环境保护的积极性，促进跨地区、跨流域补偿试点示范取得明显进展。六是探索建立海洋资源环境承载能力评估机制，根据流域水质目标和主体功能区规划要求，明确区域环境准入条件，实行水环境承载能力评估，已超过承载能力的海域要实施水污染物削减方案，组织完成水资源、水环境承载能力现状评价。

第三，严守海洋生态保护红线，严格监测海岸线动态。严格落实海洋功能区划实行岸线分级分类管理。建立健全海岸线动态监测机制，综合运用卫星、航空遥感和海上监测等多种技术手段，采用数字化、可视化、网格化等多种方式，构建粤港澳三地互通共享的海岸线动态监视监测网络，对粤港澳大湾区实行全方位、实时、动态、立体化监测。推动海洋生态环境监测与评价体系有效衔接。加快建立海洋环境实时在线监控系统，对入海河流、重点入海直排口实施在线监控。控制把握海洋污染物排放、突发事件风险防控与应急管理、海洋工程建设等重要事项的动态。

海洋生态修复涉及的举措则基本可划分为污染预防与整治两方面。一是坚持以预防为主，推进综合治理，强化水、大气、土壤等污染防治，切实提升环境质量。二是统筹陆海水环境综合整治。实施东江、西江及珠三角河网区污染物排放总量控制，重点加强东江下游支流沙河、公庄河、小金河污染治理。三是实施重要江河水质提升工程，重点整治珠江东西两岸污染，规范入河（海）排污口设置，合理规划布局排污口。推进深圳河、广佛跨界河流、茅洲河、淡水河、石马河、东莞运河等流域综合整治，深化河海污染联防联控联治，全面消除劣Ⅴ类断面，消除珠三角城市建成区黑臭水体，实现重点河流水质明显改善。四是开展珠江河口区域水资源、水环境及涉水项目管理合作，贯通珠江三角洲水网，构建全区域绿色生态水网。五是深入开展“蓝色海湾”整治行动，推进珠江口近岸海域综合整治，建立重点海域入海污染物总量控制制度，大力整治不达标入海河流，建立海洋环境实时在线监测系统，建立健全跨境海漂垃圾信息通报和联合执法机制。六是实施更严格的清洁航运政策，联合港澳建立船舶排放控制监管联动机制，共同推进珠江口水域船舶排放控制管理工作，提高港口岸电使用率。七是建设“美丽海湾”和海洋生态文明示范区，科学评估主要河口和海湾重点海域环境容量，开展海洋生态修复，减少淤积、加强水动力、控制污染、改善水环境、提高生物多样性，完成企望湾、海门湾、碣石湾、大亚湾、大鹏湾、镇海湾、海陵湾、水东湾、雷州湾和安铺港等十个海湾的环境综合整治与修复，推动各地开展港湾整治和生态修复，达到每个沿海地级市都有美丽海湾示范项目。八是实施“美丽海岸”岸滩整治工程，完成砂质海岸整治修复，维护岸滩稳定，防止海岸侵蚀。九是实施“绿地修复”工程，严格保护现有红树林资源，逐步恢复遭到破坏的红树林资源，通过在海草场主要分布海域进行海草种植修复，加强广东海草床生态系统的保护和修复。十是实施海上污染物治理工程，加强河口入海污染物总量研究，开展重点港口和渔港环境整治，严格控制石油类污染物排放，强化港口污水处理与回用，集中处理港口、航道、船舶、海洋工程等的海上污染物，实现达标无害排放。十一是提高涉海项目环境准入门槛，加强沿海城市污染物排放控制与管理，控制围填海及占用自然岸线的建设项目，加强沿海工业企业环境风险防控。①

建立科学的海洋资源管理体系。加强海洋生物资源，海水资源、海洋可再生能源和海洋油气资源的保护和开发利用，合理高效利用海岸线、海域和海岛，建立良好的海洋开发秩序，进一步提高资源配置效率，最大限度地提升海洋资源的生态效益。要推进海洋资源循环利用，鼓励企业开展海水产品废弃物循环利用，完善再生资源回收体系，推进资源再生利用产业化研发。完善海洋资源市场化配置机制，建立健全海洋资源价值评估体系，创新海洋资源管理利用方式，探索开设海域和无居民海岛使用权交易和流转建设交流平台，完善无居民海岛使用审批相关配套制度，探索整岛规划、出让、开发的海岛综合保护模式。

---

①　参考《省委、省政府印发关于贯彻落实〈粤港澳大湾区发展规划纲要〉的实施意见》。

四 构建绿色低碳发展模式

发挥多元、开放的制度文化优势，深入粤港澳三地环保合作，推进机制体制疏导协调。完善组织机制，形成从上至下、覆盖三地的多层级权责明晰、多元主体互动的区域协调机制总框架。互相借鉴先进治理经验，实现理念制度融合，强化环境保护协作，推进生态环境保护机制区域合作。完善联防联控机制，健全区域一体化水环境、大气环境、海洋环境、生态系统等环境现代化监测体系。积极探索覆盖整个湾区的传播控制区、鸟类迁徙生态廊道、海岸带与海岛生态保护等协同共保机制。加快探索法律约束、政府主导、企业主体、公众参与、市场激励的生态环境治理体系，加快推进生态环境治理体系与治理能力现代化，为实现粤港澳美丽大湾区建设提供坚实的制度保障。

调整升级产业结构，优化第一、二、三产业结构与能源结构。《关于贯彻落实〈粤港澳大湾区发展规划纲要〉的实施意见》对湾区海洋发展作了明确指导：一是调整产业结构、能源结构，加快落后产能退出，完成“散乱污”工业企业（场所）综合整治。二是推进资源节约利用和循环利用，严控水资源消耗总量和强度，建立节约集约用地激励和约束机制，全面开展省级以上园区循环化改造升级。三是推进粤港清洁生产伙伴计划。四是加快粤港、粤澳在现代服务业如金融、旅游、中医药产业发展方面的合作，推动粤形成国际一流的现代产业体系，打造世界先进制造业和现代服务业基地。

依托重大平台共筑大湾区“海洋绿色金融生态圈”。生态海洋经济是海洋经济的重要内容之一，因此可考虑探索海洋绿色金融。海洋绿色金融既是金融产品概念，又是发展战略，即以实现海洋资源环境和海洋经济协调发展为目标，开展对绿色金融领域的实践与探索。粤港澳大湾区是珠三角、香港和澳门三大经济重地的结合部，有香港、深圳两大证券交易所，聚集了世界众多商业银行、投资银行、证券业、保险业等巨头，绿色信贷、绿色债务、绿色股票指数、绿色保险、绿色基金等金融产品创新能力较强，在建立海洋绿色金融核心区域方面优势显著。大湾区内部的重大平台建设要以绿色发展为指引，充分发挥绿色金融的推动作用，三地要进行多种形式的绿色金融合作，成立合资类绿色金融机构，引导居民提高绿色消费意识，刺激海洋产业向绿色转型。

以绿色发展理念构建现代海洋产业体系，大力发展海洋循环经济。习近平总书记指出生态环境保护的成败，归根结底取决于经济结构和经济发展方式。粤港澳大湾区在发展海洋经济的同时也需要严格遵守“低消耗、低排放、低污染”的标准，有度有序合理开发海湾资源，严格控制近岸海域开发强度和规模，从源头上防止人为割裂陆海联系和不计代价盲目开发海洋。大力发展绿色低碳能源，推动能源结构转型、清洁化，建设清洁、低碳、安全、高效的能源供给体系，提高天然气和风电等可再生能源的利用率，控制煤炭消费总量，不断提高清洁能源比重。加快海洋产业结构优化升级，大力发展符合海洋生态平衡要求的新兴产业，积极培育发展海洋第三产业，推进海洋优势产业转型升级，尽快形成绿色循环低碳的现代海洋产业体系。为此，要根据不同区域资源禀赋、区位特点与现有产业基础，实施差异化发展战略。在海工装备、海洋生物、海上风电、天然气水合物、海洋公共服务业五大海洋产业发展基本思路的基础上，打造高端智能海洋工程装备超级产业，发展海洋生物产业相关技术，突出海上能源优先发展，加快天然气水合物产业化发展，打造国际化旅游业。针对海洋环境质量下降、水产养殖空间萎缩等问题，可以生态理念谋划海洋渔业的发展，推动传统海洋渔业加快向现代海洋渔业转变。海洋新兴产业方面，可重点培育发展海洋工程装备制造、海洋生物医药、海洋电子信息、海水淡化和综合利用等产业，加快建设一批海洋新兴产业示范园，延伸产业链，增强产业集中度和综合配套能力，努力形成科学合理的海洋优势产业格局。

另外，可加快发展海洋资源循环利用类产业，鼓励海洋开发产业废物循环利用，完善再生资源回收体系。推动海洋循环经济的技术创新，大力扶持海洋监测技术、海洋可再生能源技术、海洋勘探技术等学科方向，形成产学研相结合的技术创新体系，并重点开展海洋循环经济关键技术研发，推动海洋产业链向海洋资源综合利用方向延伸，坚持集约用海，维护海洋生态健康，以实现消耗最低的海洋资源和环境成本来支撑海洋经济的可持续发展。

第六节 提升海洋科技

基于实证模型的研究结论，对于粤港澳大湾区未来海洋产业创新力提升，从区域合作制度、海洋科研人才引进、“海洋产业创新+海洋金融”模式及陆海统筹四大方面提出相应的体制机制创新建议。

积极融入全球海洋科技创新分工体系，制定和实施具有全球或区域竞争力的人才政策，吸引海洋领域高端人才就业。建立促进海洋科技创新的激励机制，制定完善海洋科技财税激励政策，完善海洋科技创新评价与考核体系，加强涉海知识产权保护。

一 推进区域合作

推进粤东西北科技合作平台对接粤港澳大湾区国际科创中心的建设。一是落实推动粤港澳高校联盟的建立，推动组建粤港澳高校专业联盟，组建粤港澳空间科学与技术联盟、粤港澳海洋科学与技术联盟、粤港澳新药创制高校联盟等，在教育领域服务并支撑粤港澳大湾区建设，夯实三地科技创新与人才培养的交流合作。二是加快广东省实验室的建设，瞄准新一轮创新驱动发展需要，以培育创建国家实验室、打造国家实验室“预备队”为目标，引导调动粤港澳各方力量支持省实验室建设，主动融入国际科技创新网络，建成具有国内国际重大影响力的一流创新高地。加快建设现代海洋产业集聚区，明晰海洋经济载体平台“港口—园区—城市—海岸带—近海—深海”的空间等级体系，在“一带一路”倡议下，为优化海洋国土开发和嵌入全球海洋经济体系指明方向。充分赋予省实验室研究方向选择、科研立项、技术路线调整、人才引进培养、职称评审、科研成果处置和经费使用等方面的自主权。以湾区办牵头推动各级政府、高等院校、科研机构、社会团体采取灵活多样的形式，部署建设一批新型研发机构。鼓励大型骨干企业组建企业研究院，鼓励发展研发型企业，加大转制科研院所改革力度，促进新型研发机构的数量和质量稳步提高。探索建立适应不同类型科研活动特点的管理体制和运行机制，支持新型研发机构承担国家、省科技计划，引导珠三角各市出台培育与发展新型研发机构的扶持政策，在能力建设、研发投入、人才引进、科研仪器设备配套等方面给予支持。三是建设若干个特色鲜明的海洋园区，以高起点、高标准编制特色海洋产业园区建设规划，对产业园区给予财政税收、专项资金、用地用海政策等的支持和倾斜。将广州、深圳建设成全球海洋中心城市，将珠海、汕头、湛江建设成区域性海洋中心，整合区域要素结构，培育具有区域比较优势和竞争力的海洋特色产业，建设国家级或区域性的科研平台，深度挖掘城市发展中的特色海洋文化，为海洋经济发展提供持久动力。

加强国际合作，深化大湾区内部合作。一是全方位拓展国际合作。积极参与国际重大科学计划与工程，通过多种方式交流合作，全方位融入全球创新网络。在国内开创性设立国际联合基金，与发达国家、地区或者国际研究机构共同开展重大科学问题研究等。二是深化粤港澳科技合作。组织开展粤港澳基础和应用基础研究领域重大科技战略问题研究，推动粤港澳联合实验室建设，探索设立粤港澳大湾区基金和国际合作基金，等等。积极推进港澳地区的基础性科研成果在内地转化。筹划大湾区知识产权交易所，搭建“港澳知识产权+国际化专业服务+内地产业园区”的科技成果转化机制，充分发挥依托科技合作的效应，开创粤港澳深度合作的新局面。共建探索“海洋强国战略”重大科学问题的“湾区实验室”。香港高校在海洋经济、气候变化、深海资源等领域，有着较好的学科基础和理论积淀，粤港澳大湾区一定要为国家海洋战略的推进提供前沿性制度创新框架和科技合作平台，特别是共建科研实验室项目，补齐三地在重大基础科研领域合作不足的短板。三是提升“广深港科技创新走廊”的服务能级。围绕智能制造、通信工程、生物医药、智慧城市等领域开展前沿科学研究，重点解决当前产业升级需要的核心技术瓶颈，建立与国际三大湾区的科技合作通道，丰富和提升广深港科技创新走廊的服务能级。四是合作建设大湾区海湾特色小镇，开发融合大湾区各地文化特色的滨海文旅产品，打造特色化海洋产业发展示范高地。

二 海洋科研人才引进和培养

粤港澳大湾区要根据自身“一国两制”的制度优势和发展规划的政策优势，成立专门的人才协调小组，涵盖海洋、高新科技等多个行业的人才，牵头和组织“9+2”城市的人才政策，联合培育、共享人才。建设人才高地，支持珠三角九市借鉴港澳吸引国际高端人才的经验和做法，创造更具吸引力的引进人才环境，实行更积极、更开放、更有效的人才引进政策，加快建设粤港澳人才合作示范区。

1. 成立人才专责小组

（1）树立湾区发展重点“抓人才”的统一方针

首先，重视人才建设工作。在大湾区人才专责小组的协调下，整合各相关部门人才政策功能，各市人才办要建立“一把手”抓“第一资源”工作机制，真正把人才政策的落实重视起来，抓在手上、扛在肩上，切实做好团结、引领、服务工作，确保各项人才政策得到坚决贯彻、全面落实。其次，要坚持党管人才原则。充分发挥用人主体的主导作用，切实把人才工作政策落实、抓实，让天下英才有一个“人才辈出、人尽其才，才尽其用”的干事创业环境，为他们提供发挥聪明才智的广阔平台。最后，要统一培育、引进和管理人才战略思想。各级教育部门、人力与社保部门、科技部门、人才办要进行有效的人才管理归口整合和协调，在人才信息上要系统联通，避免人才信息不对称和政出多门。

（2）加强城市与城市、部门与部门之间的政策配合

首先，人才政策的落实，要多部门积极开展调查研究，把握当前形势发展的脉搏，掌握协调沟通的时机方法，提高人才工作质量。其次，要明确人才政策落实中各自工作职责，做好分内工作，加强财税、金融、服务等各方面政策的协调配合，打好组合拳，切实形成政策合力。要理顺市场需求与岗位需求关系，整合企业、高校、政府等部门相关资源，强化部门沟通，打破部门之间交流少、沟通难的行业壁垒，加强通力合作，促进良性政策出台并落地见效。最后，各市人才专责人员要加强人才信息交流，共享人才。各市颁布的人才政策除了特色产业人才政策，对人才培育和青年人才引进要基本步伐一致，避免各自出台人才政策。

（3）人才引进与人才培育要“有的放矢”

首先，扩大人才政策的覆盖面。现在颁布的人才政策大部分是针对有突出贡献的高端人才，这些高端人才往往对居住环境和后续发展的智力支撑等条件要求比较高。适用对象不具有广泛性，导致整体力度较弱，粤港澳大湾区制定的人才政策应该扩大覆盖面，对各阶层各类别的人才实施不同的奖励措施，这样可以更大范围地吸引各领域的人才共同建设大湾区。其次，大湾区高校专业设置要侧重大湾区产业所需，引领湾区经济所需，不合时宜的专业要果断取消。增加对新兴产业人才的培育和投入，如对机器人专业、海洋大气、新能源等产业人才的培育。增加服务于地方

经济的地方高校专业投入，如增加对东莞理工学院、佛山科技学院等服务于大湾区城市的地方院校在硕士和博士培养上的投入。

2. 搭建人才集聚平台

（1）以广东自贸试验区为支点打造粤港澳大湾区科技创新走廊

通过自贸试验区制度创新优势反哺大湾区科技产业发展。对接好香港落马洲、深圳南山前海、东莞松山湖、广州大学城及琶洲互联网创新集聚区等科技资源集聚的园区，为科技人才的跨区集聚和流动提供便捷的交通和通关环境。基于深圳前海蛇口、广州南沙和珠海横琴现有科技企业基础和自贸试验区政策优惠，深化自贸试验区乃至整个珠三角高校、产业、企业与港澳的科技人才合作。

（2）积极争取国家支持在湾区内布局建设综合性国家科学中心

粤港澳大湾区要争取更多的大型科研平台落户以吸引全球顶尖的科研工作者。利用港澳高校资源，联合共建重点实验室，建立大型科学装置，为港澳和湾区内地科研人才流动提供平台。现在大湾区内大型科学装置只有东莞中子源、江门中微子和广州的超级计算机天河二号。下一步，要充分发挥广州、深圳的互联网优势，在人工智能上争取国家级科学中心的落户。珠海利用航展基础在航空航天以及海洋科学科考船方面也要争取国家级项目的落户。中科院东莞云计算中心、中山大学、华南理工大学等一些科研机构可以申请与香港高校共建科技创新平台。科学中心可以联合培养博士或博士后。

（3）尽快在湾区内形成高等院校集群，培育大量本土海洋人才

世界上的湾区有非常好的高等学校和高等职业学校。好的大学能为湾区带来持久的活力，其所在地对顶尖人才具有强大的吸引力，这是他们的事业所在、子女获取优质教育的资源所在、获取

优质医疗资源所在。科研事业成功感仅仅对研究型人才具有吸引力，而优质的教育、医疗资源是任何追求高质量生活的人都难以抗拒的。湾区各地政府要为高等教育发展提供良好的环境，尤其是要为本地高水平大学增加硕士博士生招生指标。增加佛山、东莞、江门、肇庆、惠州、深圳等地方院校的硕博士点设置和招生名额。增加中山大学、华南理工大学等“985”高校的固定编制科研人员数量，放开其招收硕博士的门槛。由中山大学牵头成立的粤港澳大湾区高校联盟，需进一步发挥大学联盟的作用，高校联盟之间可以推行交换生的常规化和学分互认制度。

（4）建设大湾区人才特区，提升人才吸引力

首先，优化提升“珠江人才计划”“广东特支计划”“扬帆计划”，重点引进创新创业团队、高尖精缺人才。对目前广东省级层面的引才政策进行评估和修正，过时的政策、没效果的政策暂停实施。除了保留“特支计划”外，其他的引才计划可以下放到湾区各市去实施。优化全国博士和博士后青年人才培养、引进和流动机制。对国外名校和国内名校博士或博士后采用数据库信息管理办法，分设于公职单位、事业单位和企业单位，每名在湾区内地工作的博士或博士后，特别是理工类或领域内有突出成绩的，对其工作去向采用统一的监测体系。这样做，有利于其在湾区内地城市中的快速、自由、精准流动。其次，实施国际人才“优粤卡”政策，在医疗、子女教育、住房、社保、父母养老等方面，让在湾区内地工作的港澳台和外籍人士等符合条件的高层次人才享受当地居民待遇。最后，试点推行“人才保税港”。在一定区域内创业就业的国外人才和港澳人才，通过评估，可以享受“人才保税港”的优惠政策。

3．加强人才培育力度

（1）积极布局湾区大学与跨区分校（校区）

首先，筹建“粤港澳大湾区大学”。由广东省教育厅、香港教

育局、澳门教育局联同湾区九市教育局牵头，在东莞或南沙设置“大湾区大学”，采取港澳和湾区内地9市共建的方式。教师队伍除了国际招聘，还可以从目前湾区内各高校的对应院系中借调，形成11对1的帮扶共建形式。“大湾区大学”的建设和运营投入由教育部、财政部以及湾区各个城市联合出资，待时间成熟可以引入民间资金或设置建设基金项目和奖助学金项目。“大湾区大学”采用市场化运作，引入理事会组织架构，引进国外私立大学的市场化管理模式，采用教授治校模式，对大学的重要决策采取投票方式。其次，积极向教育部申请放开港澳高校甚至国际高校在湾区内地设立校区或分校的门槛。在深圳、东莞、江门、肇庆，惠州、中山、南沙新区等高等教育资源缺乏的地方定点放开港澳高校在内地的办学资格。如香港科技大学（南沙）校区、澳门科技大学（中山）校区。积极探讨高校著名附属医院在湾区外围城市的布局，如中山大学附属医院可以在东莞、惠州、江门等再设附属医院。积极探索港澳高校和湾区内地高校的联合办学模式，借鉴香港浸会大学与北京师范大学在珠海的联合国际学院成功办学模式，增设港澳和湾区内地名校的联合办学试点，带动湾区内地的国际化办学水平。以华南理工大学广州国际校区为建设契机，探索“中方为主，国际协同”的国际联合办学模式，丰富湾区的高校教育培养途径。

（2）提升高等院校本土人才培育水平

首先，增强名校的人才培养水平。粤港澳大湾区港澳地区与湾区内地9市之间的高等院校因办学体制、办学资源、学科发展等多种因素差异办学定位有所不同。香港大学、香港科技大学、香港中文大学、中山大学、华南理工大学等科研实力具备创办“双一流”的高校及学科应当放眼全球，主动出击，吸引和培养具有国际声望和影响力的人才资源为我所用；建立国际顶尖的科研合作平台；大力提升课程国际化水平，使国内外课程体系接轨。湾区内普通省属高校和地方高校应当立足本市（城）实际和学科发展特点，吸引和培养具有潜力、外语水平突出和国际化视野的高水平人才，以提升师资队伍及课程的国际化程度；要建立人才队伍的淘汰机制，建立师资、管理队伍终身学习的机制，保障高校人才资源健康良性发展。其次，增强人才培养体系的国际化。大湾区高校的教育国际化战略的顶层设计不仅要综合考虑学校的办学实际及短期发展目标，更要把握教育规律，提升师资队伍国际化水平，提升学术起点、推动学科建设、提高科研能力和繁荣学术。高校教师应善于利用国家留学基金委、国家外国专家局、广东省教育交流合作平台、校际交流合作平台、高水平国际学术会议等渠道，积极参与出国研修、交流，以提高英语授课能力、国际化教育能力及课程国际化水平。课程国际化程度提升应从教师英文授课、教材引进、课程国际认证、教课方式等层面入手。加大教师英语能力培训，鼓励教师增开双语或全英文授课课程，引进国外优质经典教材，推动课程的国际化认证与国际知名度，采用互动式、小班授课等方式提升学生对课程的兴趣和参与度，增强学生的创新实践能力和综合素质，为进一步参与国际竞争奠定基础（师奇等，2017）。

（3）加强中小学教育的投入

首先，加强港澳地区中小学的国民教育投入，培养港澳地区中小学生的祖国意识和湾区意识，侧重把粤港澳大湾区中小学教师队伍建设作为教育的最基础工作。定期召开举办大湾区校长、教师专业论坛，对湾区人才培养工作作全面深入的研究和多方面的探讨，着力从教学模式、教学方法和培养途径等方面改革创新，培养湾区建设需要的创新人才。其次是积极推行港澳地区与湾区内地中小学的联合办学和缔结“姊妹学校”。在过往已进行的学校行政、教师、学生交流学习活动的基础上，深入开展学校行政、教师、学生的互换驻校学习、体验生活活动，增加更多的交流和互动，拓宽粤港澳三地行政、教师、学生的视野，使他们对国情、区情有更多的了解。最后，积极推动港澳青少年到湾区内地研学旅游和参加创新创业培育。在教育部的大力支持下，继续加大力度开展港澳特区面向青少年学生的“千人计划”内地实习活动，增加大中（包括职业技术学校）学生到内地企业，尤其是优秀创新企业的实习机会和名额，使青少年学生认识祖国的进步和改革开放四十周年所取得的巨大成就，激发学生为祖国服务的使命感和责任感，同时也为港澳青少年未来到大湾区就业、创业、生活搭台搭梯。积极开展多元化的港澳与湾区内地青少年研学旅游项目，让港澳青少年深刻了解岭南文化和珠三角工业史、科技史，让湾区内地青少年更加了解香港历史和澳门历史。

（4）增加人才的持续教育投入

首先，通过税收及政策优惠等措施，鼓励企业增加在研发、员工培训方面的投入，并根据产业需求对企业类型、培训内容有所侧重，如向新兴产业倾斜。其次，对企业每年用于员工教育与培训的经费做出规定，如不低于全员工资的1%。如没有用于培训，则上交作为国家技能开发基金。再次，向各市拨付继续教育基金，建立完善的培训系统，对企业与学术机构或院校合作、管理人员及教师素质等做出规定，并予以支持。最后，鼓励和支持民间协会、学会的创办和运营。

4. 优化人才引进措施

（1）突出用人主体是引进国外人才工作的核心

发挥粤港澳大湾区在全国领先的市场化优势，在引进国外人才政策中凸显用人主体在国外人才资源配置中的核心地位。刘国福（2020）对引进外国人才政策的研究认为，应当规范用人主体用好国外人才的义务和向政府部门提供的国外人才担保，对用人主体不履行义务及不履行担保责任进行处罚。用人主体是引进国外人才工作的核心，有得天独厚的条件配合政府部门、单位管理服务国外人才，引导和监督国外人才发挥作用。用人主体管理服务国外人才的义务，除2008年《引进海外高层次人才暂行办法》等政策规定的签订聘用（劳动）合同，积极协调解决工作、生活中的具体问题外，还可以包括按照申请时陈述的岗位和职责使用国外人才，向政府部门汇报使用国外人才的情况等。对用人主体不履行管理服务国外人才义务的处罚，可以包括罚款、停业整顿、吊销营业执照等。用人主体担保国外人才制度是指为降低和减少引进国外人才的成本和风险，政府与用人主体约定，当国外人才不履行义务时，用人主体按照约定履行担保义务的制度。用人主体通常担保国外人才提交真实材料，按照提交材料开展工作和发挥作用，按照规定办理和变更签证、居留、工作许可等证件，培养近似岗位的国内人才等。

（2）促进粤港澳大湾区国外人才引进的共享

首先，要注重粤港澳大湾区人才的均衡分布。湾区颁布的国外人才政策适用区域要从相对发达的香港、澳门、广州、深圳等地区向相对不发达的惠州、肇庆、江门等地区转移。平衡国外人才在湾区11个城市中的分布，缓解各地区各部门对国外人才的迫切需求与不平衡分布、不充分供给之间的矛盾。地区国外人才政策，除适用于相对发达地区外，要大力支持珠三角外围城市，形成国外人才在港澳珠三角自由流动的新格局。其次，授权粤港澳大湾区可以制定当地的引进国外人才政策。如果粤港澳大湾区批准了国外人才的永居、人才计划等申请，有关政府部门不再按照国家的条件、程序进行审批。争取逐年提高粤港澳大湾区聘请境外专家和引进境外青年人才的绝对数量和质量。最后，采取“港澳引进、服务内地”的人才引进和共享模式。港澳地区引进的人才通过湾区的港澳分校（校区）、共建实验室、孵化平台、分支机构等形式，让在港澳工作的国际人才增加到湾区内地工作的机会和时间。

（3）人才引进要重视归国华人的力量

发挥粤港澳大湾区华侨华人全国人数最多，分布最广的首要优势，有针对地实施面向海外华侨的人才引进措施。海外侨胞、港澳同胞在粤投资企业共6.18万家，占全省外资企业总数的60%以上，累计投资2600多亿美元，投资额占全省引进外资总额的近70%。截至2016年，广东省内共有华侨华人专业人士超过五万人①。粤港澳大湾区是许多海外侨胞的故乡，海外侨胞的贡献是大湾区建设过程中不可或缺的组成部分：他们普遍拥有具有较高的人力资本水平，受教育程度普遍高于侨居地平均水平；拥有雄厚的资金力量，可以为粤港澳大湾区的建设提供有力的资本支持；存在发达的社团组织与民间商会等非政府机构，这些组织机构在社会治理、地区发展等方面发挥着重要的补充作用，是粤港澳大湾区建设的一个重要主体，也是连接大湾区与“一带一路”沿线国家的重要纽带。粤港澳大湾区亦是华侨们未来发展的重要机遇，如江门是著名的华侨之乡，应积极发挥华侨华人网络，吸引外籍华人回江门创业就业。

（4）共享粤港澳大湾区外国留学生就业资源

首先，健全外国留学生在华就业制度，以国外人才视角看待外国留学生，参考发达国家和地区的积极放开、组合措施、平衡本外、渐进改革、弥补紧缺、永居导向等经验，放宽外国留学生在华就业条件，采取以市场调节为关键手段，不损害中国公民劳动权为政策底线，外国留学生、外籍毕业生、境外高校外国学生为主体，就业、创业、勤工助学分别为核心、辅助、铺垫的措施。其次，完善外国留学生创业出入境政策措施，促进在华高校外国留学生、境外高校外国学生在华创业。落实外国留学生勤工助学法

---

① 广东省人民政府：《广东是著名侨乡》，http：//www.gd.gov.cn/gdgk/sqgm/201805/t20180517_270449.html。

律规定，为就业和创业积累经验。优化非入选人才计划国外人才的发展环境，严格落实已有扶持政策，起草制定普惠性政策，助力他们在回国后顺利融入。最后，严格执行2000年《教育部关于妥善解决优秀留学回国人员子女入学问题的意见》等政策，切实解决非入选人才计划国外人才面临的子女入学难、海外经历不算工龄、缴纳社保期限中断、不能设立内资企业、不能独立申报人才计划等工作、生活中的具体困难（刘国福，2018）。

（5）粤港澳大湾区率先在国外人才流动便利性上进行制度性改革

以引进港澳人才为试验点，进一步减少国外人才流动的限制条件。要广泛给予国外人才相互免签、单方免签、过境免签、口岸签证等免签入境待遇，扩展适用的国家范围、护照种类、停留期限和停留区域，便利入境。借鉴与美国、加拿大、英国等发达国家达成长期多次签证互惠安排的经验，争取与更多发达国家达成签证互惠安排，更大程度地相互免签。完善单方免签政策，参考其他发展中国家给予发达国家公民单方免签的经验，积极考虑给予新加坡、日本以外的更多发达国家持普通护照公民单方免签待遇。完善过境免签政策，扩大适用的国家范围，增加适用的口岸，延长过境停留的期限，扩展过境停留的区域。完善口岸签证政策，简化申请程序，降低申请条件。

（6）制定粤港澳大湾区版本的外国人才保障性政策

首先，除特别情况外，逐步缩小区别对待国外人才的差异性政策，创造更加公正、透明和法治的国外人才发展环境。深化国外人才管理体制改革是应对引进海外人才面临的重大挑战时的重要举措。其次，建立标准统一、程序规范的外国人来华工作许可制度，制定高效合理、科学反映市场需求的国外人才评价办法，建立健全国有企业引进外国中高级管理人才管理制度，建立国外人才国家安全背景审查制度。最后，深化国外人才管理体制改革的突破点是在“两证合一”的基础方面，逐步统一《被授权单位邀请函》、《外国人工作许可通知》、Z字签证或者R字签证、《外国人工作许可证》、工作类居留证件，逐步实现“三证合一”“四证合一”“五证合一”，以证件统一带动有关政府部门国外人才管理职能的整合。

在技术移民等方面先行先试，开展外籍创新人才创办科技型企业享受国民待遇试点。支持大湾区建立国家级人力资源服务产业园。建立紧缺人才清单制度，定期发布紧缺人才需求，拓宽国际人才招揽渠道。完善外籍高层次人才认定标准，畅通人才申请永久居留的市场化渠道，为外籍高层次人才在华工作、生活提供更多便利。完善国际化人才培养模式，加强人才国际交流合作，推进职业资格国际互认。完善人才激励机制，健全人才双向流动机制，为人才跨地区、跨行业、跨体制流动提供便利条件，充分激发人才活力。支持澳门加大创新型人才和专业服务人才引进力度，进一步优化提升人才结构。探索采用法定机构或聘任制等形式，大力引进高层次、国际化人才参与大湾区的建设和管理。支持省内企业在国外设立研发中心就地引才，支持具有竞争力的本土国际人力资源服务机构走出去，加快引进国际高层次人才。建立科学的人才使用和评价机制，积极为各类人才干事创业、实现价值提供机会和条件，最大限度激发人才的创造热情和创新活力，努力做到人尽其才、才尽其用、各得其所、各展其长。实施更加开放的创新人才引进政策，完善高层次、高技能人才特殊津贴制度，出台高层次人才在住房、医疗、户籍、配偶安置、出入境等方面的配套政策，畅通外国人才申报永久居留的市场化渠道，推进外籍高层次人才永久居留政策和通关便利措施。通过优美的人居环境，激发创新型人才的创造热情，从而建成世界级创新团队的向往之地，构建开放型区域协同创新共同体（刘国福，2018）。

5．促进人才流动与分享

（1）加大政策宣传

首先，广东要积极联动港澳地区对外人才吸引的统一宣传。要加大人才政策宣传力度，准确把握媒体宣传尺度，结合现代新闻媒介，开展形式多样、又切合当地实际的招聘活动，不断扩大人才政策宣传的覆盖面和知晓渠道，促进人才政策真正落地见效。其次，突破传统的各市各单位人才政策宣传的单打独斗现象，组织粤港澳大湾区城市共用一张“宣传单”，粤港澳大湾区高校联盟“打包招聘”，所招聘到的国际人才和国内人才可以共享和自由流动。

（2）交流平台搭建

人才交流主要有“媒介交流”和“面对面”交流。面对面交流的成本高，但效果较好，面对面交流产生的人才黏性更强。可以从三种形式进行粤港澳大湾区人才交流平台的搭建。一是实体性的人才交流平台建设。如香港落马洲创新及科技园和广东自贸试验区前海、南沙、横琴国际青年创新创业基地等实体性区域平台。这些经验成功的平台可以复制推广到湾区内地其他城市。二是高校、企业项目平台。粤港澳大湾区高校联盟等协议性人才交流平台。借助港澳高校在湾区内地九市设置分校的契机，以课题申请、联合攻关、沙龙讲座、兼职等多元化形式促进湾区高校科研人员共享。支持湾区内地一些规模大的企业如腾讯、华为、大疆、美的、格力等企业成立国际人才交流项目或人才交流实验室。三是人才博览会。以广州留交会等国际人才交流展会为虚拟平台，为国际人才提供交流机会。

（3）重视粤港澳大湾区的人才输出

粤港澳大湾区人才要请进来，也要走出去。特别是对“21 世纪海上丝绸之路”提供优质人才输出。积极推行湾区内地学生到港澳地区交流访问，港澳地区学生到湾区内地研学旅游。湾区高校老师和港澳地区高校老师形成常态的合作关系，联合进行科研攻关。港澳和湾区内地共同举办节事，促进两地经济、文化、政治、科技等领域的交流。粤港澳大湾区联合向“一带一路”沿线国家宣传湾区，并向“一带一路”沿线国家和城市提供人才支援，增加“一带一路”沿线国家和城市的外国留学生名额。

6. 从流程管理角度优化人才政策体系

（1）制定环节：更加科学地制定针对性强的人才政策

从粤港澳大湾区产业转型升级、创新驱动发展遇到的实际问题和情况出发，聚焦人才发展存在的瓶颈问题，突破体制机制障碍，出台更多针对性强、重点突出的人才政策，释放人才活力，如进一步深化人才发展体制机制改革，下放用人单位自主选择权，促进人才自由流动，加大对人才的奖励激励等，激发人才工作积极性。改革创新，探索出台具有全国引领性、示范性的人才政策。在国家新一轮深化人才发展体制机制改革的浪潮中，广东应继续发挥敢为人先、锐意进取的精神，积极探索，率先在全国出台一批具有示范引领作用的人才政策，如探索靶向引才模式，进一步提高重大人才工程中的人力资源成本，为外籍高层次人才出入境营造宽松环境等。

（2）实施环节：解决人才政策“有政策、没实施”的卡脖子短板

首先，整合湾区内地各市的人才政策体系，避免遍地开花和无的放矢。一些行之有效的人才政策要敦促相关责任部门严格落实，重点评估现有的“珠江人才计划”“广东博士博士后支持计划”“孔雀计划”等人才政策的落实情况和人才感知度、满意度。其次，湾区各地人才管理部门要根据自身区域情况制定针对性的招才政策，避免效果不佳或流于形式。要避免所有区域均颁发高端人才政策，引进“院士”等千篇一律的人才政策。湾区中的一些经济和产业基础较差的地区应该把财政向高学历青年倾斜。要对

本地区产业和企业的人才需求进行大数据分析，在招才上对专业人才的引进有选择性，避免“胡子眉毛一把抓”。最后，激发广州大学城和香港高校青年来粤创新创业的潜能。一些不具备综合条件的区域应该把引进世界500强企业的招商政策预算转移到招人政策上。对广州大学城的优秀青年人才到湾区新区或欠发达地区工作或创业提供税收、购房、办公场所的实质性补贴。在现有前海深港青年梦工场基础上进行扩建，为香港创业提供更充足的空间。对深港创业孵化项目进行跟踪转化，优化和整合各类创业基金的实际用途，监督每一笔资金的使用去向，要让基金落实到企业和个人。重点吸引港澳地区硕士及以上毕业生到湾区内地创新创业。对于港澳年轻毕业生到湾区投资或工作，在住房上予以廉租房、保障房和免首期等多种形式的支持，以增强湾区内地对港澳人才的吸引力和植根性。

（3）评估环节：广泛性、吸引力、执行程度

粤港澳大湾区人才政策的评估主要从以下三个维度衡量。一是政策影响面的“广泛性”，如果人才政策只针对极小部分的人群制定，对大部分人不适用则会影响政策的广泛性。可以针对各个层次的人才对应的积极政策，扩大政策的使用范围和人才引进的规模。二是政策对人才的“吸引力”，主要看是否解决人才居住问题、落户难易程度及生活补贴。对硕士博士年轻人才除了提供廉租房之外，还应联合国企房地产机构提供“免首付”模式，吸引年轻人才进驻粤港澳大湾区的新区，带动新区经济发展和人气。三是人才政策的“执行程度”，主要是政策出台频率及财政支持。粤港澳大湾区积极申请中央、省级和市级财政补助，落实青年人才和紧缺人才的补贴到位。

三　提升知识产权保护

依托粤港、粤澳及泛珠三角区域知识产权合作机制，全面加强

粤港澳大湾区在知识产权保护、专业人才培养等领域的合作。强化知识产权行政执法和司法保护，更好发挥广州知识产权法院等机构作用，加强电子商务、进出口等重点领域和环节的知识产权执法。加强在知识产权创造、运用、保护和贸易方面的国际合作，建立完善知识产权案件跨境协作机制。依托现有交易场所，开展知识产权交易，促进知识产权的合理有效流通。开展知识产权保护规范化市场培育和“正版正货”承诺活动。发挥知识产权服务业集聚发展区的辐射作用，促进高端知识产权服务与区域产业融合发展，推动通过非诉讼争议解决方式（包括仲裁、调解、协商等）处理知识产权纠纷。充分发挥香港在知识产权保护及相关专业服务等方面具有的优势，支持香港成为区域知识产权贸易中心。不断丰富、发展和完善有利于激励创新的知识产权保护制度。建立大湾区知识产权信息交换机制和信息共享平台。推动珠三角各市及国家级高新区实现国家知识产权试点示范全覆盖，开展高新区及孵化器知识产权综合服务体系建设。贯彻企业知识产权管理规范，提升企业掌握核心专利能力。推动专利技术实施转化，建设一批知识产权密集型产业集聚区及专利创业孵化基地。整合财政资金和社会资本，组建重点产业知识产权运营基金，推动一批产学研专利育成转化中心和产业知识产权联盟建设，培育和运营高价值商标、专利、版权。依托横琴知识产权国际交易中心、广州知识产权交易中心及社会化专业平台，优化知识产权运营交易体系。推动珠三角全面开展全国专利保险试点及知识产权质押和投融资服务试点，探索设立知识产权保险公司，设立知识产权质押融资风险补偿基金，引导和支持金融机构开发更多面向中小微企业的知识产权金融产品，探索开展知识产权证券化。发挥国家专利审查协作广东中心辐射带动作用，加快建设省知识产权服务集聚中心，培育一批知识产权高端运用和服务机构。建立重大经济和科技活动知识产权评议制度，推进区域重点产业知识产权导航机制。完善知识产权行政与司法保护、知识产权纠纷国际仲裁机制。建立重点产业、重点市场知识产权保护机制和重点企业知识产权保护“直通车”制度。完善海内外知识产权维权援助和快速维权工作机制，争取在广东自贸试验区及重点产业集群地建设国家知识产权快速维权中心。强化电子商务和互联网领域知识产权保护。建立区域和部门间知识产权保护协作机制，探索跨地区知识产权案件异地审理机制，完善企业违法信息公示制度。探索新业态新模式的创新成果保护机制和政策。

本编总结

本书以粤港澳大湾区海洋经济发展制度创新研究为主题，基于前人的研究，从制度创新的角度对粤港澳大湾区海洋经济的发展进行分析和总结。以“认识问题—分析问题—解决问题”的逻辑思路贯穿全文，力求使读者对粤港澳大湾区海洋经济的制度创新问题有一个透彻的理解。

2019 年初，《粤港澳大湾区发展规划纲要》公布，提出要构建现代海洋产业体系，优化提升海洋传统优势产业、培育壮大海洋新兴产业、集中集约发展海洋能源产业、加快发展海洋服务业。海洋经济发展是国家发展大计，也是粤港澳大湾区未来经济发展的重要支撑点，近年来，粤港澳大湾区海洋经济生产总值占全国海洋经济生产总值约五分之一，占地区生产总值约五分之一，总体增长较为稳定。

首先是“认识问题”。粤港澳大湾区海洋经济发展现状如何？粤港澳大湾区地处中国东南沿海，是海岸带经济发展的典型地区，是海陆统筹发展的重要区域，其海洋经济总量庞大，以深圳、广州、香港、澳门四个中心城市为主要支撑点，增速稳定，但产业发展以传统产业为主，产业结构亟待升级，经济增长动力不足。

粤港澳大湾区如何通过制度创新实现海洋经济发展？要实现粤港澳三地海洋经济的协同发展，必须通过制度创新来突破粤港澳三地天然的体制机制屏障。未来，粤港澳大湾区展开进一步海洋经济制度创新合作的基础和平台有三，即 CEPA、自贸区和联席会议。其中 CEPA 在商品贸易和服务贸易自由化方面取得重要成就，自贸区则着力于推动三地深化金融合作、深化三地开放合作、营造法治化国际化营商环境、优化法治环境、以及推进贸易发展方式转变。联席会议的发展则为三地共建民生工程、政府合作规划、基础设施联通和产业协同发展方面提供基础。未来粤港澳海洋经济的发展要充分利用已有制度创新，并在三者基础上进一步扩大制度创新。

粤港澳大湾区海洋经发展制度创新仍存在那些问题？在海洋产业结构方面，粤港澳大湾区海洋产业发展未由传统产业转向新兴产业，产业布局存在诸多乱象，投入不足与开发过度现象并存。在海洋生态方面，粤港澳大湾区海洋绿色发展意识薄弱，生态环境总体形势严峻，海洋资源开发利用水平亟待提升，近岸海域生态环境亟待改善。在海洋科技创新方面，粤港澳大湾区科技创新水平有待增强，海洋科技自主创新能力较弱，海洋科技创新平台不完善。在海洋金融市场方面，粤港澳大湾区中小型海洋企业融资困难，缺乏系统政策支持，且缺乏有助海洋产业发展的专业金融服务人才。在海洋经济管理方面，粤港澳大湾区海洋综合管理服务能力不足，三地各自为政，政策体系不够健全，海洋统筹协调机制亟待建立。

其次是“分析问题”。通过对国外海洋经济发达国家及地区的管理经验进行梳理，本书总结出国外在海洋管理机构、法规体系、财政支持、金融支持以及人才支持五大方面的重要措施。基于海外经验分析，本书在前人研究的基础上建立了粤港澳大湾区海洋经济发展制度创新的系统动力学模型，对海洋金融、一体化发展、海洋科技、海洋生态等热点问题涉及的制度创新进行了分析和讨论。整个系统包括海洋经济、海洋社会、海洋生态及海洋科技子系统共四个子系统。

通过仿真结果得出结论，在海洋经济层面，开放水平、投资环境、市场化程度、人力资本是解释大湾区海洋经济增长的主要制度因素，从十年内海洋经济生产总值的增长角度来看，四者优先级逐渐递减。海洋经济一体化子系统从一体化角度着重梳理了粤港澳大湾区在基础设施一体化、贸易市场一体化、制度环境一体化及产业结构一体化四个方面的制度创新。海洋生态子系统对粤港澳大湾区在海洋环保投入、海洋环保政策及污染治理技术方面的制度现状进行了梳理，并对其海洋生态现有问题进行了分析。海洋科技子系统从科技创新角度出发，提出粤港澳三地政府的相关可以分为建设创新环境、建设创新载体、促进科技成果转化三个方面，并按此框架进行了系统梳理。

在上述的所有议题中，最具长期战略意义的无疑是科技发展问题。科学地评估各沿海城市创新效率提升的影响因素，对于粤港澳大湾区提高海洋产业的创新效率，指导今后的体制机制改革、优化资源配置和协调区域发展都具有极高的应用价值。本书建立了 DEA-Malmquist 指数模型，对全国沿海地区的海洋产业创新效率进行测度，得出如下几点结论。第一，临近地区之间存在海洋产业创新的竞争，而非紧密的合作，海洋经济发达和海洋产业创新力较强的地区会吸引周边临近地区的人才等生产要素。第二，当地海洋经济的发展并没有以海洋产业的创新水平为主要攻坚方向，而很可能是一种以产值为主要目标的发展模式，并没有形成“海洋经济—海洋创新”双向共生的发展机制，这可能会不利于海洋经济的长远发展。地区间的 GDP 竞争，极大可能会引发海洋产值的地区竞争，进而忽略了海洋产业的创新、海洋环境等问题。第三，对外开放水平的直接效应，仅在采用基于经济距离的固定效应模型中存在显著的负向作用，因此地区需要在提升对外开放与海洋产业创新力的双重目标之间进行权衡决策。第四，市场化的完善程度，对于海洋产业的创新而言，要产生外溢效应是通过海洋经济水平相当这条途径进行传递的。第五，海洋科研人员比重对于海洋经济发展有明显促进作用，但是各个地区的海洋科研人员之间的交流或许并不是十分紧密，也没有太多的知识交换和溢出，更多的是在本省或本市内部进行内化。第六，对于海洋科研投入强度而言，不存在显著的直接效应和空间外溢效应。在某种意义上说明，目前海洋科研投入是缺乏效率的。第七，目前金融的发展对于海洋产业的创新而言并没有形成良好的支持。第八，目前海洋经济和陆地经济的共生机制尚未形成，缺乏陆海统筹。第九，对于产业集聚水平而言，仅在基于地理距离的SDM固定效应模型当中对海洋产业创新水平存在显著的正向促进作用。对于人力资本水平而言，仅在基于地理距离的SDM固定效应模型当中存在显著的正向空间外溢效应。

最后是“解决问题”。本书在每个子系统分析的基础上，针对海洋问题提出相应的政策建议。在海洋经济层面，着重要从提升海洋对外开放水平、优化海洋投资环境、优化营商环境、提升管理水平、发挥财政资金的引领和杠杆作用五个方面进行制度创新。在实现经济一体化发展层面，推动三地人流、物流、资金流、信息流流动是重点，故而要从设施联通、贸易畅通、产业连通、政策沟通和民心相通等“五通”方面着重进行制度创新。在海洋生态层面，绿色理念的培养和执行是根本，故而应当以培养生态意识、设立生态制度保障、推进生态修复以及构架长期低碳发展模式为目标进行制度创新。在海洋科技创新层面，本书基于实证研究结果，从推进区域合作、推动海洋科研人才引进和培养以及知识产权保护三大方面提出建议。最后一编中，本书认为粤港澳大湾区海洋经济的规划应当为其战略定位服务，并从整个湾区海洋经济可持续发展的高度提出总体制度创新政策建议。

参考文献

一 英文文献

A. D. Muhammad, Development of Indonesian Ocean policy, *Proceedings On Ocean Policy Forum*, 2007.

A. M. Kjær, *Governance*, Polity Press, Cambridge, 2004.

Andersson J, Hammar L, et al., The critical role of informed political direction for advancing technology: the case of Swedish marine energy, *Energy Policy*, 2017.

Bond, Stephen R., Anke Hoeffler, and Jonathan Temple, "GMM Estimation of Empirical Growth Models", *CEPR Discussion Paper*, 2001.

B. Liu, M. Xu, J. Wang, Z. Wang, L. Zhao, Evaluation of China's marine economic growth quality based on set pair analysis. *Marine Policy*, 2021.

Benjamin S. Halpern, Shaun Walbridge, Kimberly A. Selkoe, A global map of human impact on marine ecosystems, *Science*, 2008.

Brun J. F, Combes J. L, R Enard M. F. Are there spillover effect between coastal and noncoastal regions in China, *China Economic Review*, 2002.

Chen J. D, Wang Y, SONG M L et al., Analyzing the decoupling relationship between marine economic growth and marine pollution in

China, *Ocean engineering*, 2017.

Costanzar, The ecological, economic, and social importance of the oceans, *Ecological economics*, 1999.

D. Yu, Z. Zou, Empirical research on the interaction between marine scientific and technological innovation and marine economic development, *Journal of Coastal Research*, 2020.

D. Zhang, W. Fan, J. Chen, Technological innovation, regional heterogeneity and marine economic development—analysis of empirical data based on China's coastal provinces and cities, *Journal of Systems Science and Information*, 2019.

D. O. Cho, Evaluation of the ocean governance system in Korea, *Marine Policy*, 2006.

F. Wu, X. Wang, T. Liu, An empirical analysis of high-quality marine economic development driven by marine technological innovation, *Journal of Coastal Research*, 2020.

Fang, J., et al., Spatial-temporal changes of coastal and marine disasters risks and impacts in Mainland China, *Ocean & Coastal Management*, 2017.

Goldsmith, R. W., *Financial Structure and Development.* New Haven: Yale University Press, 1969.

Grossman G. M. and Krueger A. B., Environmental impact of a North American Free Trade Agreement, *NBER working paper*, 2019, https://www.nber.org/papers/w3914.

H. Terashima, Integrated ocean management and the new basic ocean law of Japan, *Proceedings on Ocean Policy Forum*, 2007.

Heredia F, Cifuentes Rubiano J, Corchero C., Stochastic optimal generation bid to electricity markets with emissions risk constraints, *Journal of Environmental Management*, 2018.

Jiang, X. , T. Liu and C. Su, China's marine economy and regional development, *Marine Policy*, 2014.

K. Morrissey, C. O'Donoghue, The role of the marine sector in the Irish national economy: an input-output analysis, *Marine Policy*, 2013.

kiran Nazir, mu Yongtong, khadim Hussain, A study on the assessment of fisheries resources in Pakistan and its potential to support marine economy, *Indian Journal of Geo-Marine Sciences*, 2016.

KWAK S, YOO S, CHANG J, The role of the maritime industry in the Korean national economy: an input-output analysis, *Marine Policy*, 2005.

L. Juda, Changing national approached to ocean governance: the United States, Canada and Australia, *Ocean Development and International Law*, 2003.

Levine R, Financial Development and Economic Growth: Views and Agenda, *Journal of Economic Literature*, 1997.

Lingling Wang, Meng Su, Hao Kong, Yuxia Ma, The impact of marine technological innovation on the upgrade of China's marine industrial structure, *Ocean and Coastal Management*, 2021.

M. Howard, J. Vince, Australian Ocean governance-initiatives and Challenges, *Coastal Management*, 2009.

Mark Winskel, Marine energy innovation in the UK energy system: financial capital, social capital and interactive learning, *International Journal of Global Energy Issues*, 2007.

Meersman, Hilde M. A. , Port Investments in An Uncertain Environmen, *Research in Transportation Economics*, 2005.

N. C. Hoi, National marine governance policy of Vietnam: Issues and Approaches, *Proceedings On Ocean Policy Forum*, 2007.

NAZIR K, MU Y, HUSSAIN K, et al. , A study on the assessment of fisheries resources in Pakistan and its potential to support marine economy, *Indian Journal of Geo-Marine Sciences*, 2016.

Noailly J, Shestalova V., Knowledge spillovers from renewable energy technologies: lessons from patent citations, *Environmental Innovation and Societal Transitions*, 2017.

P. Ricketts, Lawrence Hildebrand, Coastal and ocean management in Canada: progress or paralysis?, *Coastal Management*, 2011.

Pascali, L., The Wind of Change: Maritime Technology, Trade, and Economic Development, *American Economic Review*, 2017.

Pontecorvo G, Wilkinson M., Contribution of the Ocean Sector to the U. S. Economy, *Science*, 1980.

PUTTEN I Van, CVITANOVIC C, FULTON EA. A changing marine sector in Australian coastal communities: an analysis of inter and intra sectorial industry connections and employment, *Ocean & Coastal Management*, 2016.

Q. Shao, L. Chen, R. Zhong, H. Weng, Marine economic growth, technological innovation, and industrial upgrading: a vector error correction model for China, *Ocean Coast Management*, 2021.

Qu, Y., et al., Coastal Sea level rise around the China Seas, *Global and Planetary Change*, 2019.

Ren, W., Q. Wang and J. Ji, Research on China's marine economic growth pattern: An empirical analysis of China's eleven coastal regions, *Marine Policy*, 2018.

Rorholm, Niels. Economic impact of marine-oriented activities: a study of the southern New England marine region, *Kingston*: *University of Rhode Island*, 1967.

S. G. Kim, The impact of institutional arrangement on ocean governance: international trends and the case of Korea, *Ocean & Coastal*

Management, 2012.

S. Y. Hong, J. H. Lee, National level implementation of Chapter 17: the Korean example, *Ocean & Coastal Management*, 1995.

Seung-Jun Kwak, Seung-Hoon Yoo, Jeong-In Chang, The role of the maritime industry in the Korean national economy: an input-output analysis, *Marine Policy*, 2005.

Sgobbi A, Simoes S G, Magagna D, et al., Assessing the impacts of technology improvements on the deployment of marine energy in Europe with an energy system perspective, *Renewable Energy*, 2016.

Song, W. L., G. S. He and A. McIlgorm, From behind the Great Wall: The development of statistics on the marine economy in China, *Marine Policy*, 2013.

T. T. H. Minh, Vietnam marine environmental policies and issues, *The Proceedings Of* 2010 *International Marine Environmental Policy Education Program*, 2010.

Van Putten, Ingrid, Cvitanovic, A changing marine sector in Australian coastal communities: an analysis of inter and intra sectorial industry connections and employment, *Ocean & Coastal Management*, 2016.

W. Ren, J. Ji, How do environmental regulation and technological innovation affect the sustainable development of marine economy: new evidence from China's coastal provinces and cities, *Marine Policy*, 2021).

Y. Wang, Q. M. Deng, Y. H. Zhang, Research on the coupling and coordinated development of marine technological innovation and marine ecological economic development, *Journal of Coastal Research*, 2020.

Yan, X., et al., The marine industrial competitiveness of blue economic regions in China, *Marine Policy*, 2015.

Zhao, R., S. Hynes and G. Shun He, Defining and quantifying China's ocean economy, *Marine Policy*, 2014.

二 中文文献

期刊论文

白俊红、聂亮：《能源效率、环境污染与中国经济发展方式转变》，《金融研究》2018年第10期。
包群、彭水军：《经济增长与环境污染：基于面板数据的联立方程估计》，《世界经济》2006年第11期。
毕重人、赵云、季晓南：《基于创新价值链的区域海洋产业创新能力提升路径分析》，《大连理工大学学报》（社会科学版）2019年第6期。
蔡兵、张海梅、江依妮：《建设海洋经济强省：广东的机遇与挑战》，《岭南学刊》2012年第4期。
曹小曙：《粤港澳大湾区区域经济一体化的理论与实践进展》，《上海交通大学学报》（哲学社会科学版）2019年第5期。
曹晓晨、张林华：《基于系统动力学的农村能源可持续发展动态模拟》，《节能》2012年第2期。
常玉苗：《海洋产业创新系统的构建及运行机制研究》，《科技进步与对策》2012年第7期。
陈春、高峰、鲁景亮、陈松丛：《日本海洋科技战略计划与重点研究布局及其对我国的启示》，《地球科学进展》2016年第12期。
陈东有：《中国是一个海洋国家》，《江西社会科学》2011年第1期。
陈杰、王俊：《粤港澳大湾区如何加快构建开放新体系?》，《中国经济特区研究》2018年第1期。
陈连增：《促进海洋资源的合理开发和有效保护》，《环境保护》2011年第10期。
陈明宝：《促进粤港澳大湾区海洋经济合作发展》，《中国海洋报》

2019 年第 7 期。
陈明宝:《区域主体网络、合作行为与海洋经济发展——一个演化博弈框架的分析》,《中国海洋大学学报》(社会科学版)2013 年第 3 期。
陈明宝:《要素流动、资源融合与开放合作——海洋经济在粤港澳大湾区建设中的作用》,《华南师范大学学报》(社会科学版)2018 年第 2 期。
陈秋玲、于丽丽:《中国海陆一体化理论与实践研究动态》,《江淮论坛》2015 年第 3 期。
陈婷婷:《构建蓝色金融体系支持海洋经济发展的思考——以福建省厦门市为例》,《福建金融》2017 年第 8 期。
陈甬军、丛子薇:《京津冀市场一体化协同发展:现状评估及发展预测》,《首都经济贸易大学学报》,2017 年第 1 期。
陈昭、吴小霞:《粤港澳大湾区市场一体化测度及其对经济增长的影响》,《财经理论研究》2019 年第 5 期。
程娜:《中国海洋产业的经济效率测度与评价》,《江汉论坛》2016 第 12 期。
程娜:《中外海洋经济研究比较及展望》,《当代经济研究》2015 年第 1 期。
程云鹤、王宛昊、周强:《安徽绿色经济发展系统动力学模型及政策仿真》,《华东经济管理》2019 年第 6 期。
崔冬:《粤港澳大湾区规划纲要带来的物流机遇》,《中国物流与采购》2019 年第 5 期。
代丽华、金哲松、林发勤:《贸易开放是否加剧了环境质量恶化——基于中国省级面板数据的检验》,《中国人口·资源与环境》2015 年第 7 期。
邓昭、郭建科、王绍博、许妍:《基于比例性偏离份额的海洋产业结构演进的省际比较》,《地理与地理信息科学》2018 年第 1 期。

狄乾斌、梁倩颖：《碳排放约束下的中国海洋经济效率时空差异及影响因素分析》，《海洋通报》2018 年第 3 期。
翟仁祥：《中国沿海地区海洋经济发展驱动效应测度分析》，《中国科技论坛》2018 年第 9 期。
丁黎黎、郑海红、刘新民：《海洋经济生产效率、环境治理效率和综合效率的评估》，《中国科技论坛》2018 年第 3 期。
董骥、李增刚：《金融开放水平、经济发展与溢出效应》，《财经问题研究》2019 年第 8 期。
董夏、韩增林：《中国区域海洋经济差异演化研究》，《资源开发与市场》2013 年第 5 期。
杜军、寇佳丽、赵培阳：《海洋产业结构升级、海洋科技创新与海洋经济增长——基于省际数据面板向量自回归（PVAR）模型的分析》，《科技管理研究》2019 年第 21 期。
杜梦娇、田贵良、吴茜、蒋咏：《基于系统动力学的江苏水资源系统安全仿真与控制》，《水资源保护》2016 年第 4 期。
樊双蛟、王旭坪：《考虑促销的大规模定制库存系统动力学仿真》，《科技管理研究》2018 年第 2 期。
颖诗：《粤港澳大湾区建设国际教育示范区为广州市教育发展带来的机遇及思考》，《文教资料》2020 年第 15 期。
盖美、刘丹丹、曲本亮：《中国沿海地区绿色海洋经济效率时空差异及影响因素分析》，《生态经济》2016 年第 12 期。
盖美、朱静敏、孙才志、孙康：《中国沿海地区海洋经济效率时空演化及影响因素分析》，《资源科学》2018 年第 10 期。
高乐华、高强、史磊：《中国海洋经济空间格局及产业结构演变》，《太平洋学报》2011 年第 12 期。
高乐华、高强：《中国海洋生态经济系统协调发展预警机制研究》，《山东社会科学》2018 年第 2 期。
高田义、常飞、高斯琪：《青岛海洋经济产业结构转型升级研究——基于科技创新效率的分析与评价》,《管理评论》2018 年第 12 期。

高新才、赵玲:《张掖市土地资源人口承载力系统动力学模拟预测——兼论干旱区土地关系调整》,《中国人口:资源与环境》1992 年第 4 期。

郭宝贵、刘兆征:《我国海洋经济科技创新的思考》,《宏观经济管理》2012 年第 5 期。

郭建科、邓昭、许妍、王绍博、谷月:《中国海洋产业就业结构变化及其影响因素》,《地域研究与开发》2018 年第 2 期。

郭军、郭冠超:《对加快发展海洋经济的战略思考》,《海洋开发与管理》2010 年第 12 期。

郭军、郭冠超:《加快发展海洋经济的思考》,《宏观经济管理》2011 年第 1 期。

郭倩、张继平:《中美海洋管理机构的比较分析——以重组国家海洋局方案为视角》,《上海行政学院学报》2014 年第 1 期。

国家开发银行党校 2019 年局处级专题研究班第 5 课题组,吴斌、袁东:《开发性金融助力粤港澳大湾区打造国际科技创新中心研究》,《开发性金融研究》2019 年第 4 期。

王义平、夏志胜、吴静怡:《税收视角下的粤港澳大湾区创新协调发展》,《国际税收》2019 年第 6 期。

韩晶、蓝庆新:《中国工业绿化度测算及影响因素研究》,《中国人口》(资源与环境)2012 年第 5 期。

韩增林、胡伟、李彬、刘天宝、胡渊:《中国海洋产业研究进展与展望》,《经济地理》2016 年第 1 期。

何晓兰:《基于 JMI 模式的农产品供应链管理研究》,《中国管理信息化》2009 年第 17 期。

洪伟东:《促进我国海洋经济绿色发展》,《宏观经济管理》2016 年第 1 期。

侯甬坚:《“环境破坏论”的生态史评议》,《历史研究》2013 年第 3 期。

胡金焱、赵建:《新时代金融支持海洋经济的战略意义和基本路径》,《经济与管理评论》2018 年第 5 期。

胡振宇:《中国海洋经济的国际地位——四大产业比较》,《开放导报》2013 年第 1 期。

黄超、陈奇:《“21 世纪海上丝绸之路”下的粤港澳大湾区联动开放新路径》,《现代经济信息》2017 年第 15 期。

黄家庆、林加全:《基于生态伦理视阈的广西海洋生态文明构建——生态伦理视角下广西海洋文化发展研究之二》,《广西社会科学》2013 年第 6 期。

黄金、周庆忠、李必鑫、樊荣:《基于系统动力学仿真决策模型的油库库存控制研究》,《物流技术》2010 年第 11 期。

黄丽珍、李旭、王其藩:《超市配送中心订货策略优化研究》,《同济大学学报》2006 年第 2 期。

黄林显、曹永强、赵娜、徐毅:《基于系统动力学的山东省水资源可持续发展模拟》,《水力发电》2008 年第 6 期。

黄晓慧、邹开敏:《“一带一路”战略背景下的粤港澳大湾区文商旅融合发展》,《华南师范大学学报》(社会科学版)2016 年第 4 期。

黄英明、支大林:《南海地区海洋产业高质量发展研究:基于海陆经济一体化视角》,《当代经济研究》2018 年第 9 期。

黄元生、张茜:《基于系统动力学的能源需求规划》,《华北电力大学学报》(社会科学版)2016 年第 1 期。

纪建悦、王奇:《基于随机前沿分析模型的我国海洋经济效率测度及其影响因素研究》,《中国海洋大学学报》(社会科学版)2018 年第 1 期。

姜旭朝、田颖、刘铁鹰:《中国现代海洋经济统计核算体系演变机理研究》,《中国海洋大学学报》(社会科学版)2016 年第 3 期。
姜旭朝、张继华:《中国海洋经济历史研究:近三十年学术史回顾与评价》,《中国海洋大学学报》(社会科学版)2012 第 5 期。
姜艳艳:《环渤海经济圈海洋高新技术产业发展战略研究——以山东省为例》,《改革与战略》2018 年第 2 期。
蒋殿春、张宇:《经济转型与外商直接投资技术溢出效应》,《经济研究》2008 年第 8 期。
金光磊、张开城:《广东海洋经济可持续发展路径探索》,《开放导报》2013 年第 1 期。
金永明:《中国建设海洋强国的路径及保障制度》,《毛泽东邓小平理论研究》2013 年第 2 期。
柯静嘉:《粤港澳大湾区投资合作的法律机制及其构建》,《广东财经大学学报》2018 年第 5 期。
孔一颖:《广东布局"大海洋,一盘棋""盟友"共同助力海洋科技创新发展》,《海洋与渔业》2018 年第 6 期。
李柏洲、苏屹:《大型企业原始创新系统动力学模型的构建研究》,《科学学与科学技术管理》2009 年第 12 期。
李岱素、刘启强:《南方海洋科学与工程广东省实验室(广州)》,《广东科技》2019 年第 10 期。
李华、高强:《科技进步、海洋经济发展与生态环境变化》,《华东经济管理》2017 年第 12 期。
李建平:《粤港澳大湾区协作治理机制的演进与展望》,《规划师》2017 年第 11 期。
李莉、司徒毕然、周广颖:《海洋循环经济如何借力金融支持》,《环境经济》2009 年第 4 期。
李莉、周广颖、司徒毕然:《美国、日本金融支持循环海洋经济发展的成功经验和借鉴》,《生态经济》2009 年第 2 期。
李廉水、周勇:《技术进步能提高能源效率吗?——基于中国工业部门的实证检验》,《管理世界》2006 年第 10 期。
李盛竹、马建龙:《国家科技创新能力影响因素的系统动力学仿真——基于 2006—2014 年度中国相关数据的实证》,《科技管理研究》2016 年第 13 期。
李伟:《SWOT 视角下广东海洋经济可持续发展研究》,《湖南科技学院学报》2015 年第 10 期。
李欣、孙才志:《中国海洋经济区域与结构均衡性研究》,《资源开发与市场》2017 年第 3 期。
李志伟:《创新驱动环渤海地区海洋经济发展》,《人民论坛》2019 年第 16 期。
李志伟:《"生态 +"视域下海洋经济绿色发展的转型路径》,《经济与管理》2020 年第 1 期。
林启太:《系统动力学在矿产品产销前景分析中的应用》,《中国矿业》1999 年第 2 期。
林香红、高健、张玉洁:《香港海洋经济发展的经验及启示》,《海洋信息》2014 年第 4 期。
刘东民、何帆、张春宇、伍桂、冯维江:《海洋金融发展与中国的海洋经济战略》,《国际经济评论》2015 年第 5 期。
刘国福:《引进外国人才政策:严峻形势、重大挑战和未来发展》,《国家行政学院学报》2018 年第 4 期。
刘健:《浅谈我国海洋生态文明建设基本问题》,《中国海洋大学学报》(社会科学版)2014 年第 2 期。
刘婧尧、胡雨村、金相哲:《基于系统动力学的天津市水资源可持续利用》,《华中师范大学学报》(自然科学版)2014 年第 1 期。
刘丽丽:《货存调节与控制系统动力学模型分析》,《现代商贸工业》2009 年第 24 期。
刘明:《区域海洋经济可持续发展能力评价指标体系的构建》,《经济与管理》2008 年第 3 期。

刘明:《中国海洋经济发展潜力分析》,《中国人口·资源与环境》2010 年第 6 期。

刘穷志:《税收竞争、资本外流与投资环境改善——经济增长与收入公平分配并行路径研究》,《经济研究》2017 年第 3 期。

刘声亮、张旭凤、朱丹:《基于系统动力学的零售店库存优化研究》,《物流技术》2011 年第 9 期。

刘云刚、侯璐璐、许志桦:《粤港澳大湾区跨境区域协调:现状、问题与展望》,《城市观察》2018 年第 1 期。

刘佐菁、江湧、陈敏:《广东近 10 年人才政策研究——基于政策文本视角》,《科技管理研究》2017 年第 5 期。

龙勇、王良文:《设立政策性海洋发展银行研究》,《南方金融》2014 年第 9 期。

鲁明泓:《制度因素与国际直接投资区位分布:一项实证研究》,《经济研究》1999 年第 7 期。

罗新颖:《加强海洋生态文明建设的若干思考》,《发展研究》2015 年第 4 期。

马贝、王彦霖、高强:《国外海洋产业发展经验对中国的启示》,《世界农业》2016 年第 7 期。

马苹、李靖宇:《中国海洋经济创新发展路径研究》,《学术交流》2014 年第 6 期。

马仁锋、候勃、张文忠、袁海红、窦思敏:《海洋产业影响省域经济增长估计及其分异动因判识》,《地理科学》2018 年第 2 期。

马仁锋、李加林、赵建吉、庄佩君:《中国海洋产业的结构与布局研究展望》,《地理研究》2013 年第 5 期。

马仁锋、王腾飞、吴丹丹:《长江三角洲地区海洋科技—海洋经济协调度测量与优化路径》,《浙江社会科学》2017 年第 3 期。

马树才、徐腊梅、宋琪:《信贷资金对海洋经济发展的贡献及效率分析——基于沿海 11 省面板数据模型和 DEA 模型的实证研究》,

《辽宁大学学报》（哲学社会科学版）2019 年第 3 期。
马滕:《一部揭示蓝色经济发展规律的力作——评《蓝色经济研究》》,《东岳论丛》2010 年第 2 期。
马铁成:《区域金融发展对海洋经济增长的影响机制研究》,《华东经济管理》2017 年第 8 期。
马翔、孙伍琴:《构建海洋经济金融支撑体系的八大策略》,《经济纵横》2012 年第 12 期。
毛其淋:《对外经济开放、区域市场整合与全要素生产率》,《经济学》（季刊）第 11 卷第 1 期。
毛艳华、肖延兵:《CEPA 十年来内地与香港服务贸易开放效应评析》,《中山大学学报》（社会科学版）2013 年第 6 期。
南日平:《把粤港澳大湾区建设抓紧抓实办好》,《珠江水运》2019 年第 4 期。
倪国江、刘洪滨、马吉山:《加拿大海洋创新系统建设及对我国的启示》,《科技进步与对策》2012 年第 8 期。
倪国江、文艳:《美国海洋科技发展的推进因素及对我国的启示》,《海洋开发与管理》2009 年第 6 期。
宁凌、胡婷、滕达:《中国海洋产业结构演变趋势及升级对策研究》,《经济问题探索》2013 年第 7 期。
牛南洁:《中国利用外资的经济效果分析》,《经济研究》1998 年第 5 期。
牛志强、王延辉、刘明珠:《河南省水资源承载能力系统动力学模型及其应用》,《水电能源科学》2009 年第 1 期。
彭春华:《以全面深化改革落实"四个走在全国前列"》,《岭南学刊》2018 年第 3 期。
齐丽云、郭亚楠、张碧波:《基于系统动力学的企业社会责任信息披露研究——以突发性事件为例》,《系统工程理论与实践》2017 年第 37 卷第 11 期。

钱春泰、裴沛：《美国海洋管理体制及对中国的启示》，《美国问题研究》2015 年第 2 期。

秦曼、刘阳、程传周：《中国海洋产业生态化水平综合评价》，《中国人口，资源与环境》2018 年第 9 期。

邱国鑫、张丽叶：《国内系统动力学应用研究综述》，《赤峰学院学报》（自然科学版）. 2016 年第 22 期。

任保平：《新中国 70 年经济发展的逻辑与发展经济学领域的重大创新》，《学术月刊》2019 年第 9 期。

阮晓波：《粤港澳大湾区港口融合发展研究》，《广东经济》2018 年第 11 期。

沈丽珍、顾朝林：《区域流动空间整合与全球城市网络构建》，《地理科学》2009 年第 6 期。

沈满洪、余璇：《习近平建设海洋强国重要论述研究》，《浙江大学学报》（人文社会科学版）2018 年第 6 期。

沈体雁、施晓铭：《中国海洋产业园区空间布局研究》，《经济问题》2017 年第 3 期。

史立军、周泓：《我国天然气供需安全的系统动力学分析》，《中国软科学》2012 年第 3 期。

师奇、陈莉霞：《陕西“追赶超越”背景下高校国际化办学的格局建立与作用发挥》，《中国市场》2017 年第 10 期。

帅珍珍、傅纯：《基于系统动力学的施工项目安全管理预测研究》，《铁道科学与工程学报》2017 年第 14 卷第 6 期。

苏明、杨良初、韩凤芹、武靖州、李成威：《促进我国海洋经济发展的财政政策研究》，《经济研究参考》2013 年第 57 期。

苏为华、王龙、李伟：《中国海洋经济全要素生产率影响因素研究——基于空间面板数据模型》，《财经论丛》2013 年第 3 期。

孙冰、王为：《企业自主创新动力仿真分析》，《商业经济与管理》2010 年第 8 期。

孙才志、郭可蒙、邹玮：《中国区域海洋经济与海洋科技之间的协同与响应关系研究》，《资源科学》2017 年第 11 期。

孙才志、王甲君：《中国海洋经济政策对海洋经济发展的影响机理——基于 PLS - SEM 模型的实证分析》，《资源开发与市场》2019 年第 10 期。

孙大元、杨祁云、张景欣、蒲小明、沈会芳、林壁润：《广东省农业面源污染与农业经济发展的关系》，《中国人口 · 资源与环境》2016 年第 1 期。

孙晓华、杨彬：《企业自主创新的系统动力学分析》，《系统科学学报》2008 年第 2 期。

唐旭、张宝生、邓红梅、冯连勇：《基于系统动力学的中国石油产量预测分析》，《系统工程理论与实践》2010 年第 2 期。

陶经辉、王陈玉：《基于系统动力学的物流园区与产业园区服务功能联动》，《系统工程理论与实践》2017 年第 10 期。

田甜、陈峥嵘：《广东省海洋产业布局的现状、问题及对策》，《经济视角》2013 年第 5 期。

田文：《海洋经济发展的金融需求与金融支持模式分析》，《中共青岛市委党校．青岛行政学院学报》2015 年第 6 期。

汪克亮、杨力、杨宝臣、程云鹤：《能源经济效率、能源环境绩效与区域经济增长》，《管理科学》2013 年第 6 期。

汪长江、刘洁：《关于发展我国海洋经济的若干分析与思考》，《管理世界》2010 年第 2 期。

王艾敏：《海洋科技与海洋经济协调互动机制研究》，《中国软科学》2016 年第 8 期。

王斌：《金融支持海洋经济发展过程中面临的问题及政策建议》，《时代金融》2018 年第 11 期。

王波、韩立民：《中国海洋产业结构变动对海洋经济增长的影响——基于沿海 11 省市的面板门槛效应回归分析》，《资源科学》2017 年第 6 期。

王海菲、卢相君、叶陈刚:《海洋金融中心发展的决定模型构建与路径选择》,《经济问题探索》2016 年第 3 期。

王灏景、夏国平:《基于系统动力学的广西区域创新系统研究》,《科学学与科学技术管理》2008 年第 6 期。

王宏杰、夏凡、潘琪、杨龙:《金融支持海洋经济发展:粤沪等 6 省市的主要实践及其对琼启示》,《中共南京市委党校学报》2020 年第 1 期。

王洪庆、朱荣林:《制度创新与区域经济一体化》,《经济问题探索》2004 年第 5 期。

王华、姚星垣:《海洋经济发展中的技术支撑与金融支持——基于沿海地区面板数据的实证研究》,《上海金融》2016 年第 9 年。

王佳、宁凌:《创新驱动战略引致广东海洋经济供给侧结构性改革研究》,《当代经济》2017 年第 27 期。

王进富、张耀汀:《基于系统动力学的科技创新政策对区域创新能力影响机理研究》,《科技管理研究》2018 年第 8 期。

王历荣:《中国建设海洋强国的战略困境与创新选择》,《当代世界与社会主义》2017 年第 6 期。

王玲玲:《海洋科技进步对区域海洋经济增长贡献率测度研究》,《海洋湖沼通报》2015 年第 2 期。

王明葆、杜志平:《基于 SD 的食用油料生产流通多级库存管理模式研究》,《物流技术》2015 年第 15 期。

王鹏、谢丽文:《污染治理投资、企业技术创新与污染治理效率》,《中国人口》(资源与环境)2014 年第 9 期。

王树文、王琪:《美日英海洋科技政策发展过程及其对中国的启示》,《海洋经济》2012 年第 5 期。

王双、张雪梅:《沿海地区借助“一带一路”战略推动海洋经济发展的路径分析——以天津为例》,《理论界》2014 年第 11 期。

王双：《日本海洋新兴产业发展的主要经验及启示》，《天府新论》2015 年第 2 期。

王涛、宋维玲、丁仕伟、殷悦、杨黎静：《粤港澳大湾区海洋经济协调发展模式研究区域经济》，《海洋经济》2019 年第 1 期。

王涛、宋维玲、丁仕伟、殷悦、杨黎静：《粤港澳大湾区海洋经济协调发展模式研究》，《海洋经济》2019 年第 1 期。

王伟伟：《浅析主要海洋大国海洋财政政策及与我国的比较》，《商品与质量》2011 年第 6 期。

王文普：《污染溢出与区域环境技术创新》，《科研管理》2015 年第 9 期。

王玉明：《粤港澳大湾区环境治理合作的回顾与展望》，《哈尔滨工业大学学报》（社会科学版）2018 年第 1 期。

王园、张仪华、李梅芳：《我国新常态下海洋经济与产业结构演进的辩证研究》，《华东经济管理》2016 年第 10 期。

王泽宇、韩增林：《基于产业体系的辽宁省海洋循环经济发展模式》，《海洋开发与管理》2008 年第 10 期。

王泽宇、卢函、孙才志、韩增林、孙康：《中国海洋经济系统稳定性评价与空间分异》，《资源科学》2017 年第 3 期。

王泽宇、卢函、孙才志：《中国海洋资源开发与海洋经济增长关系》，《经济地理》2017 年第 11 期。

王泽宇、卢雪凤、孙才志、韩增林、董晓菲：《中国海洋经济重心演变及影响因素》，《经济地理》2017 年第 5 期。

王泽宇、徐静、王焱熙：《中国海洋资源消耗强度因素分解与时空差异分析》，《资源科学》2019 年第 2 期。

王泽宇、张震、韩增林、孙才志、林迎瑞：《区域海洋经济对国家海洋战略的响应测度》，《资源科学》2016 年第 10 期。

魏耀武、常军：《基于系统动力学的山东省土地资源人口承载力研究》，《山东师范大学学报》（自然科学版）2014 年第 2 期。

温信祥、郭琪：《蓝色金融创新综合试验区设想》，《中国金融》2016 年第 7 期。

翁立新、徐丛春：《海洋循环经济评价指标体系研究》，《海洋通报》2008 年第 2 期。

吴东武、鄢恒：《基于“点轴系统”理论的广东省海洋经济区发展研究——以大广海湾经济区为例》，《韶关学院学报》2017 年第 4 期。

吴少将：《对外开放与经济增长的非线性效应研究——基于吸收能力视角的分析》，《价格理论与实践》2019 年第 1 期。

武靖州：《发展海洋经济亟需金融政策支持》，《浙江金融》2013 年第 4 期。

夏立平、苏平：《美国海洋管理制度研究——兼析奥巴马政府的海洋政策》，《美国研究》2011 年第 4 期。

向晓梅、燕雨林、陈小红：《广东建设海洋经济强省的抓手》，《开放导报》2016 年第 4 期。

向晓梅、张拴虎、胡晓珍：《海洋经济供给侧结构性改革的动力机制及实现路径——基于海洋经济全要素生产率指数的研究》，《广东社会科学》2019 年第 5 期。

肖立晟、王永中、张春宇：《欧亚海洋金融发展的特征、经验与启示》，《国际经济评论》2015 年第 5 期。

肖新成、何丙辉、倪九派、谢德体：《三峡生态屏障区农业面源污染的排放效率及其影响因素》，《中国人口·资源与环境》2014 年第 11 期。

谢国娥、许瑶佳、杨逢珉：《“一带一路”背景下东南亚、中东欧国家投资环境比较研究》，《世界经济研究》2018 年第 11 期。

谢丽琨、张力菠：《基于系统动力学的石油价格分析》，《价值工程》2010 年第 13 期。

邢军伟：《产业结构升级、对外开放对经济增长及波动的影响效应分析》，《统计与决策》2016 年第 4 期。

胥爱欢、刘爱成：《金融支持我国海洋经济发展的主要做法及启示——以粤鲁闽浙为例》，《海南金融》2019 年第 2 期。

徐磊、刘明：《中国海洋经济预测研究》，《生态经济》2012 年第 1 期。

徐胜、方继梅：《海洋经济结构转型的科技创新影响因子研究》，《中国海洋大学学报》（社会科学版）2017 年第 4 期。

徐胜、张双、唐佳婕、张宁、孙鹏静：《绿色金融促进海洋经济绿色转型的驱动效应研究》，《中国海洋大学学报》（社会科学版）2019 年第 6 期。

徐胜：《我国海陆经济发展关联性研究》，《中国海洋大学学报》（社会科学版）2009 年第 6 期。

徐质斌：《加强 CEPA 框架下的粤港澳海洋事业合作》，《湛江海洋大学学报》2006 年第 5 期。

许罕多、罗斯丹：《中国海洋产业升级对策思考》，《中国海洋大学学报》（社会科学版）2010 年第 2 期。

许林、赖倩茹、颜诚：《中国海洋经济发展的金融支持效率测算——基于三大海洋经济圈的实证》，《统计与信息论坛》2019 年第 3 期。

许文瀚：《浙江省海洋产业转型升级的财政金融支持研究》，《合作经济与科技》2016 年第 17 期。

鄢波、杜军、冯瑞敏：《沿海省份海洋科技投入产出效率及其影响因素实证研究》，《生态经济》2018 年第 1 期。

闫实、张鹏：《中国［1－13］沿海省域海洋科技创新效率空间格局及空间效应研究》，《山东大学学报》（哲学社会科学版）2019 年第 6 期。

杨浩雄、李金丹、张浩、刘淑芹：《基于系统动力学的城市交通拥堵治理问题研究》，《系统工程理论与实践》2014 年第 34 卷第

8 期。

杨剑、杨锋、王树恩：《基于系统动力学的区域创新系统运行机制研究》，《科学管理研究》，2010 年第 8 期。

杨黎静、钱宏林、李宁：《广东：海洋强省建设策略》，《开放导报》2016 年第 6 期。

杨森平、季露：《促进我国海洋产业发展的财税政策》，《税务研究》2012 年第 6 期。

杨涛、董建军、郭宗逵：《基于系统动力学的地下物流系统对城市发展影响研究》，《地下空间与工程学报》2020 年第 16 卷第 1 期。

杨涛：《金融支持海洋经济发展的政策与实践分析》，《金融与经济》2012 年第 9 期。

杨鑫、史文钊、屈慰双：《基于系统动力学的中国石油供需预测分析》，《中国能源》2015 年第 2 期。

杨瑛哲、黄光球：《基于系统动力学的企业转型的技术变迁路径分析仿真模型》，《系统工程理论与实践》2017 年第 10 期。

杨长岩：《区域信贷政策与海洋经济发展》，《中国金融》2013 年第 7 期。

杨振姣、郭纪斐、王涵隆：《中国海洋生态安全治理现代化的实现路径研究》，《中国海洋大学学报》（社会科学版）2017 年第 6 期。

杨枝煌、黄奕恺：《营造高质量发展的外商投资环境》，《辽宁行政学院学报》2019 年第 6 期。

叶初升、惠利：《农业生产污染对经济增长绩效的影响程度研究——基于环境全要素生产率的分析》，《中国人口》（资源与环境）2016 年第 4 期。

于丽丽、孟德友：《中国海陆经济一体化的时空分异研究》，《经济经纬》2017 年第 2 期。

于璐:《香港海洋经济演化及其海洋交通运输业》,《中国水运》（下半月）2010 年第 3 期。

于璐:《香港海洋经济演化及其渔业经济》,《现代商业》2010 年第 7 期。

于晓勇、张跃军、杨瑞广、尚赞娣:《基于系统动力学方法预测中国的煤炭投资需求》,《北京理工大学学报》2011 年第 4 期。

俞立平:《我国金融与海洋经济互动关系的实证研究》,《统计与决策》2013 年第 10 期。

袁红平、陈红、刘志敏:《基于系统动力学的建筑废弃物管理模型研究》,《科技管理研究》2018 年第 14 期。

原峰、李杏筠、鲁亚运:《粤港澳大湾区海洋经济高质量发展探析》,《合作经济与科技》2020 年第 8 期。

曾青:《区域经济与区域交通一体化发展模式研究》,《武汉理工大学学报》2006 年第 12 期。

张兵兵、田曦、朱晶:《环境污染治理、市场化与能源效率：理论与实证分析》,《南京社会科学》2017 年第 2 期。

张芳、于涛、陈赵焕:《资本市场支持海洋经济发展研究》,《沈阳农业大学学报》（社会科学版）2018 年第 2 期。

张根福、魏斌:《习近平海洋强国战略思想探析》,《思想理论教育导刊》2018 年第 5 期。

张浩良:《开放型经济新体制下广东自贸试验区改革困境与突围》,《中国发展》2019 年第 3 期。

张继华、姜旭朝:《国际海洋经济区建设中的金融支持》,《山东社会科学》2012 年第 2 期。

张紧跟:《论粤港澳大湾区建设中的区域一体化转型》,《学术研究》2018 年第 7 期。

张晓磊:《日本〈第三期海洋基本计划〉评析》,《日本问题研究》2018 年第 6 期。

张雪花、郭怀成：《系统动力学—多目标规划整合模型在秦皇岛市水资源规划中的应用》，《水科学进展》2002 年第 3 期。

张耀光、刘锴、王圣云、刘桓、刘桂春：《中国和美国海洋经济与海洋产业结构特征对比——基于海洋 GDP 中国超过美国的实证分析》，《地理科学》2016 年第 11 期。

张耀光、刘锴、王圣云、王涌、刘桂春：《中国与世界多国海洋经济与产业综合实力对比分析》，《经济地理》2017 年第 12 期。

张震、贾善铭、王泽宇：《中国海洋经济协调发展研究综述》，《资源开发与市场》2018 年第 8 期。

章海源、王立：《CEPA 服务贸易协议机遇探析》，《国际经济合作》2016 年第 8 期。

章洪刚、王瑾：《浙江海洋经济发展及金融支持问题研究》，《新金融》2013 年第 2 期。

章熙春、李善民、丁焕峰：《粤港澳大湾区：打造最具竞争力的国际科创中心》，《光明日报》2019 年第 7 期。

赵培阳、杜军：《国内外海洋金融研究综述》，《合作经济与科技》2019 年第 6 期。

赵昕、井枭婧：《支持中国海洋经济发展的货币政策路径探索》，《海洋经济》2012 年第 4 期。

郑贵斌：《中国海洋强国梦的历史机遇与战略创新》，《东岳论丛》2013 年第 7 期。

郑淑娴、杨黎静、吴霓、章柳立、陈绵润：《粤港澳大湾区海洋生态环境协同共治策略探讨》，《海洋开发与管理》2020 年第 6 期。

郑义、赵晓霞：《环境技术效率、污染治理与环境绩效——基于 1998—2012 年中国省级面板数据的分析》，《中国管理科学》2014 年第 1 期。

钟韵、胡晓华：《粤港澳大湾区的构建与制度创新：理论基础与实施机制》，《经济学家》2017 年第 12 期。

仲雯雯、郭佩芳、于宜法：《中国战略性海洋新兴产业的发展对策探讨》，《中国人口·资源与环境》2011 年第 9 期。

周跃辉：《打造新时代高质量发展的粤港澳大湾区——〈粤港澳大湾区发展规划纲要〉解读》，《党课参考》2019 年第 6 期。

朱健齐、胡少东、陈笑莉、覃薇：《广东省发展海洋金融的机遇与挑战》，《汕头大学学报》（人文社会科学版）2016 年第 1 期。

朱静敏、盖美：《中国沿海地区海洋经济效率时空演化特征——基于三阶段超效率 SBM-Global 和三阶段 Malmquist 的分析》，《地域研究与开发》2019 年第 1 期。

朱来雨：《关于对外开放对我国经济影响的研究分析》，《中国物流与采购》2020 年第 2 期。

朱凌：《日本海洋经济发展现状及趋势分析》，《海洋经济》2014 年第 4 期。

朱婷婷、戚湧：《基于系统动力学的国家自主创新示范区聚力创新内在机理分析》，《中国科技论坛》2019 年第 1 期。

朱煜：《完善自由贸易港区对粤港澳大湾区的功能支撑》，《新经济》2017 年第 10 期。

邹婧：《广东省海洋经济改革发展的若干思考》，《经贸实践》2017 年第 15 期。

左晓安：《对粤港澳海洋经济合作的几点思考》，《新经济》2011 年第 11 期。

学位论文

白书源：《民航企业竞争力系统动力学模型应用研究》，硕士学位论文，大连海事大学，2018 年。

狄乾斌：《海洋经济可持续发展的理论、方法与实证研究》，博士学位论文，辽宁师范大学，2007 年。

丁雨雯：《中国利率市场化改革及其对 GDP 增长影响的研究》，硕士学位论文，上海社会科学院，2019 年。
董骥：《金融开放水平的增长效应与危机效应研究——基于 85 个国家和地区的 2005—2017 年的数据》，博士学位论文，山东大学，2019 年。
范青青：《城市交通治理干预的系统动力学研究》，硕士学位论文，太原理工大学，2019 年。
高乐华：《我国海洋生态经济系统协调发展测度与优化机制研究》，博士学位论文，中国海洋大学，2012 年。
高跃博：《市场化水平对我国吸引外商直接投资的影响研究》，硕士学位论文，河南大学，2019 年。
郭可蒙：《中国区域海洋经济与海洋科技之间的协同与响应关系研究》，硕士学位论文，辽宁师范大学，2019 年。
黄晓光：《基于系统动力学的建设工程造价控制研究》，硕士学位论文，大连理工大学，2008 年。
金洁：《市场经济体制对地方政府职能转变的影响机理研究》，硕士学位论文，浙江大学，2019 年。
来风兵：《艾比湖流域社会经济与自然生态协调发展系统动力学仿真研究》，硕士学位论文，新疆师范大学，2007 年。
黎秀秀：《我国对外贸易、产业结构升级与经济增长关系研究》，硕士学位论文，重庆大学，2014 年。
李政道：《粤港澳大湾区海陆经济一体化发展研究》，博士学位论文，辽宁大学，2018 年。
连莲：《基于系统动力学视角的产业经济增长研究》，博士学位论文，北京交通大学，2017 年。
潘亮儿：《人力资本对中国经济增长地区差异的影响》，硕士学位论文，广东外语外贸大学，2019 年。
宋腾飞：《海洋循环经济的系统动力学仿真研究》，硕士学位论文，中国海洋大学，2012 年。

宋喜斌:《基于系统动力学的煤炭资源枯竭型城市经济转型研究》,博士学位论文,中国地质大学,2014 年。
王甲君:《中国海洋经济政策的演进及其对海洋经济发展的影响》,硕士学位论文,辽宁师范大学,2019 年。
吴静:《基于系统动力学的供电企业绩效预测研究》,硕士学位论文,华北电力大学,2018 年。

著作

崔旺来、钟海玥:《海洋资源管理》,中国海洋大学出版社 2006 年版。
陆大道:《区域发展及其空间结构》,科学出版社 1995 年版。
朱晓东、李杨帆、吴小根、邹欣庆、王爱军:《海洋资源概论》,北京高等教育出版社 2006 年版。

规划与政策

2009 年广东省城乡规划设计研究院:《大珠江三角洲城镇群协调发展研究之专题四:城镇群协调发展机制与近期重点协调工作建议》。
2019 年《粤港澳大湾区发展规划纲要》。